科學文化　A04

Who Got Einstein's Office?

Eccentricity and Genius at the Institute for Advanced Study

| 原書名 柏拉圖的天空 |

愛因斯坦
的辦公室
給了誰？

普林斯頓高研院大師群像

Ed Regis

瑞吉斯──著　邱顯正──譯

愛因斯坦的辦公室給了誰？

普林斯頓高研院大師群像　　　　　　　目錄

Who Got Einstein's Office?
Eccentricity and Genius
at the Institute for Advanced Study

導讀

榆樹後的智慧巨岩

黃宇廷

　　第一次造訪高研院，是在 2008 年的一個夏夜。我那時還是研究生，獨自一人從紐約長島搭著火車，輾轉了三條線，要去參加高能理論暑期學校。五個多小時的旅途，最後一段是要搭只有兩節車廂的「Dinky」老火車，它一百多年來忠實的載著外地學子進普林斯頓鎮。

　　由於小時候看過《柏拉圖的天空》（本書改版前的書名），在火車上我腦海裡浮出兒時的想像：一位穿西裝打領帶的年輕人，疲憊的斜靠在車廂的窗邊，手中的鋼筆靜靜的落在膝上的筆記本上；他凝視窗外，無視手底下正在擴散的災難。或許他希冀這片段的呆滯能帶來新的啟發，抑或是在一片空白的未來前，他不知如何下筆。

　　一聲如釋重負的歡氣把我從夢遊中驚醒，我慌張的張羅行李，然後隨著一陣騷動來到了深夜的月台上。月台旁有間叫「WaWa」的不起眼便利商店，窗上貼滿了各種廣告，好像宣告這是鎮上唯一可以交換資訊的地方。讀者若看過 2015 年在台灣上映的紀錄片「粒子狂熱」（Particle Fever），或許會對這家小便利店有些印象。那時隨意的瞄了一眼，我就迫不及待的向店後的黑夜走去，殊不知

這家小便利店對許多高研院人而言，是深夜裡靈魂的休憩站。

雖然火車站已經位在普林斯頓大學裡，但離高等研究院還是有約四十分鐘步行的距離。只知道大約方向的我，原本打算沿途問路，但從校園裡遇到的學生身上，只能得到了模稜兩可的指引。於是我只好根據出發前下載在印象裡的 Google Map 摸索前進，先沿著一座高爾夫球場的邊際緩緩向上爬，不久就走到普林斯頓大學的研究生宿舍。在黑夜裡的這座哥德式建築，看似燈火通明的城堡，唯獨角落上的巨塔倔強的披著黑衣，在星空下用沉默來標示普林斯頓校園的邊境。

初見高研院

高等研究院就在黑塔旁一排榆樹的後面了。我還記得那時行李下的滾輪嘎嘎作響，催促著我心裡的焦躁，一方面擔心太晚我會拿不到宿舍的鑰匙，另一方面擔心這噪音會擾醒一間間躲在樹林裡的老木屋。就在心中該跑快點或走慢點的爭論瀕臨臨界點時，眼前豁然開朗，一片巨大的草原向天邊展開。草原中間有兩排楓樹，之間點綴著一隻隻好像想要分散你惺忪視線的螢火蟲，以防你注意到靜靜座落在遠端的福德大樓。就在那入口處的警衛室裡，有一件等待我的小信封。

福德大樓是高等研究院創始時的主要建築，也是附近樹林裡唯一晚上不眠的燈火。它的樓上是一座很老的圖書館，沿用著老式填書卡借書的系統。很多時候在這些書卡上，你可以找到一些大師的借書紀錄，看到他們也曾和你一樣生澀的查閱基本教科書，有時候你會不禁猜想，他們借這本書時是被什麼問題困擾，好奇他是否就

在這些平凡無奇的字句與公式間，看出下一個問題的雛形。傳統的延續，即是給我們機會參與某一種傳承，我一直覺得高研院的借書卡，是這種論調的最佳範例。

往後的幾年間，我以訪客或成員的身分前前後後待了三年，中間歷經了許多自己在研究上，以及人生上的轉變；但不變的是，每一次看到晚上燈火通明的福德大樓，心裡就會升起泰然的安心，知道不論是什麼時候或什麼狀況，裡面總有某一樣東西靜靜等著自己。

今天的高研院在某些方面，和書裡的描述有不少落差。最鮮明的差異，就是年輕人在高研院裡扮演的重要角色。在自然科學院裡，每年都大約會有四十名的博士後研究人員任職，分屬天文物理、高能物理以及系統生物三個領域。這些多半二十來歲，在各自領域已經頗有名聲的學者，他們的辦公室面對面的緊密座落在只有兩層樓的彭博大樓（Bloomberg Hall）內。

在高研院的一天，通常約上午十到十一點開始，這裡所謂的開始，是開始討論。事實上在自然科學院裡，白天的活動除了午餐和研討會外，大部分的活動就是一群一群的人，聚集在不同角落的黑板前討論。黑板在自然科學院裡基本上和牆壁是同義詞，除了每間辦公室外，所有公共區域只要有足夠的空間，黑板漆就會毫不猶豫的由地面延伸到天花板將它占滿。下午三點是下午茶時間，這些討論會移師到已備好咖啡、茶以及各式餅乾水果的福德大樓。準備要在辦公室待到晚上的人，就會趁這個時間搜刮儲糧，所以從每個人手中抓了多少餅乾，你就可約略猜到他今天晚上會待到多晚。

如果是在溫暖的春天，人們會自動聚向福德大樓前的湖邊。但即便是澈寒的冬天，也是會有幾位不耐室內暖氣的靈魂，向湖後的

森林走去，重溯當年狄拉克用斧頭闢出來的林道。

人才交織的樂曲

　　約略在晚上六點，研究院裡的氣氛開始慵懶的轉向。這時候熱絡的討論聲開始漸漸歇息，老教授抱著他們晚上的作業回去，而已經和大家成為老朋友的清潔人員，也準備開始他們的第二份工作。這個時候，就輪到高研院裡的年輕人開始正式上工了，把白天討論出的臆測，用紙筆或程式去測試，將黑板上還沒擦掉的論述，用解析的式子建構出嚴謹的論證。晚上的高研院是一種奇妙的生態，走廊上的聲音是由不同人的工作習性所交織出的小調。我還記得有一年，每天晚上走廊上可聽到謝丹（現任職於哈佛大學）播放的美式足球轉播，山崎雅人（現任職於東京大學）用力敲寫黑板，拉馬林金（Loganayagam Ramalingam，現任職於 ICTS）徘徊於走廊上清唱家鄉老歌，以及何頌（現任職於中國科學院理論所）在辦公室裡與人朗聲討論。

　　能夠吸引、並且聘用這些博士後人員，事實上是高等研究院很重要的資產。不論是美國或是世界各地的研究機構，由於經費來源主要是政府單位，以致於招聘人才時，都是以既定的研究方向或題目做為考量。高等研究院由於經費來源有大約百分之七十是私人基金，因此招聘人才的時候，反而沒有既定的研究題目，只以他是否已經（或是有能力）在自己的領域裡開拓新方向做為考量。因此在研究院工作時，遇到任何困難往往只需踏出自己的辦公室，你所需要的指引就在走廊上的某一扇門後。

　　相反的，高研院成員唯一的責任就是要找到自己的方向。高等

研究院一路傳承下來的精神，或許就是深信人類有能力享有絕對的
學術自由，並且承擔自由所帶來的責任。這也反映在很多時候我在
高研院聽到的研究成果，是當事人不打算發表的；因為一方面他並
不覺得有非發表不可的重要性，但更重要的是，發表文章並不是他
做研究的目的。因此我常跟人說，物理學家的能力是跟他有多少未
發表的成果成正比的。

　　我在高研院的日子裡，有幸遇見各式各樣的頂尖學者。他們的
研究習性可以說是南轅北轍，有的朝九晚五，桌上擺著整整齊齊的
論文以及計算紙；有的偶爾睡辦公室、偶爾長期消失，桌上除了一
排排的可樂罐什麼都沒有，但他們的共通點是無可言喻的誠懇。或
許當你每天追尋的是知識上的真相時，誠實就成為你唯一流暢的語
言。

　　在我成為院內成員那一年的迎新晚宴上，現任高研院院長戴克
拉夫（Robbert Dijkgraaf），說了一個老先生帶小女孩在林子裡找到
千年智慧巨石的故事。細節我不是記得很清楚，但最後那老先生從
石頭上敲下了一塊小石子，給了那小女生要她帶回去。戴克拉夫以
此勉勵我們，希望我們最後都能把高等研究院的精神，像這小石子
般帶回我們各自的家鄉。我不是很確定是否有帶回來什麼，但我可
以告訴你的是，我親眼看過那顆巨石，而它就在那排榆樹後等你。

　　　　　　　　　　　　（作者現為台灣大學物理系專任助理教授）

作者序
記錄偉大心智之旅

　　1983 年秋，我為了製作雜誌的專題報導，第一次踏入普林斯頓高等研究院。在抵達校園之前，僅對高研院的聲譽略有耳聞，知道愛因斯坦以及大數學家哥德爾（Kurt Gödel），在此地為科學奉獻了大半生的心血。就和其他對科學有興趣的門外漢一樣，以愛因斯坦舊辦公室為場景，於愛氏死後不久的 1955 年 4 月拍攝完成的那些照片，在我年輕歲月留下不可磨滅的印象。它們在各種傳記文學中出現過，也在以二十世紀科學為題材的書上露過臉，都為世人所熟知。其中一張，正中央掛著寫滿了方程式的黑板，旁邊有一張轉向一側的空椅子，可能是愛氏最後一次起身離座時的準確位置。書架上隨意排列著書冊。尤其看到愛氏凌亂的桌面，更令人難以忘懷，紙張、期刊、草稿、墨水、菸斗、菸盒子……散發出一股宇宙大業未竟全功的遺憾。我很好奇，在一片凌亂的背後，隱藏的是怎樣不為人知的宇宙奧祕。

　　記憶中還有另外一位科學家的照片，是在院內的數學圖書館拍攝的，照片上面是一位骨瘦如柴的人，幾乎全白的頭髮上斜掛著一絡黑髮；乍看之下，還以為是摩和克族（Mohawk）印第安人；而

他臉上的表情，更加強了這種戲劇效果：怒目圓睜的瞪著照相機，好像在對攝影師說：「滾回你的老巢！」。他就是哥德爾。

記錄大師的事蹟

對我而言，愛因斯坦和哥德爾是當代科學界數一數二的天才，而兩個人竟然同一時間，在同一地點──紐澤西州的普林斯頓共事，實在是有點玄。到底他們二人是如何因緣際會，同時來到高等研究院的？當時這間研究院是何等光景？兩位科學巨擘在此究竟做了些什麼事？愛因斯坦和哥德爾過世以後，此地又發生了什麼變化呢？

不過，無論如何，我倒是未曾懷疑高等研究院的了不起。事實俱在，幾乎所有二十世紀物理界和數學界赫赫有名的大師，或早或晚均造訪過此地，包括十四位諾貝爾獎得主，像波耳（Niels Bohr）、狄拉克（P. A. M. Dirac）、包立（Wolfgang Pauli）、拉比（I. I. Rabi）、葛爾曼（Murray Gell-Mann）、楊振寧以及李政道。1980年，高研院出版了一本書，稱為《學者名錄》（*A Community of Scholars*），書中記載了該院成立最初十五年間，到訪及從事各項研究的專家事蹟。這部巨著厚達五百餘頁，二十世紀頂尖科學家的名字，幾乎無一遺漏。

人文學家也在受邀之列，但是數目遠遜於科學家，名氣也較不響亮，其中唯一的例外是詩人艾略特（T. S. Eliot）。艾略特以降，高研院就沒有再支持過文學或文學評論方面的研究，轉而集中於社會科學和歷史方面。但是這方面的成果有限，高研院成立迄今達五十多年，文史方面的進展顯然無法與科學方面的成就相比。能夠進

入高等研究院的科學家，均是在物理界有革命性貢獻的一時之選，他們的努力已使人類智識趨近或許是最完整的理論階段，從量子力學的一線曙光，進到大一統理論的邊緣——萬有理論（Theory of Everything）。其中花費的時間，恰好約是人一生的光陰。高等研究院的歷史，就是這群科學家的故事，也就是本書所要介紹的內容。

偉大心智

　　全部算起來，高研院的科學家為數還真不少，這相當可以理解。畢竟，他們的目標是任何群體所能建立的目標中，最大、最難的一個。他們差不多是想……大小通吃，要明白並解釋一切的自然現象。他們要知道宇宙本體為何是現在的面貌，為什麼這樣運行。高研院的存在，似乎正是要誇耀人類偉大的心智，而此目標需要的是一群桀驁不馴、自信能有所貢獻的人。本書則是筆者小小的嘗試，帶你一窺學術堂奧，以及其中一些人在生活和工作上的雪泥鴻爪。

——瑞吉斯

1986 年 12 月 5 日於馬里蘭州長老堡

緣起 _____

第1章

科學夢土

　　紐澤西州的普林斯頓一向是個靜謐的小鎮，眾人對它的印象多半來自美國獨立前的普林斯頓之役。此役華盛頓及其率領的民兵打得英軍落花流水，潰不成軍。再則就是鎮內夙負盛名的那所大學。1685年，貴格會教徒在此定居。沃野平疇，清澈淺溪，蓊鬱森林，吸引了大批的移民，普林斯頓也因此位居首府的地位達六個月之久，1783年第二屆美國大陸會議（Second Continental Congress）就在此地召開。1756年，紐澤西學院在此奠基，由一群長老教徒捐資籌建，此時適逢正統喀爾文教派狂熱大覺醒運動（Great Awakening）的顛峯期。經過一段時間的募款，學院內聳立起第一棟建築。這座納韶堂（Nassau Hall）曾經有好一段時間是殖民地最宏偉的建築，而且禮聘了向來以振聲發聵本領而聞名的愛德華（Jonathan Edwards）擔任牧師，同時兼任校長職務。

知識的伊甸園

愛德華是康乃狄克州的神學家，承襲了柏克萊主教（Bishop Berkeley）的方式，以備受推崇、千錘百煉的柏拉圖式宗教精神，教授哲學理想論的微言大義。他認為外在的世界純屬虛構，而主張：「這個世界，亦即物質宇宙，僅存乎心。」期望二百年以後普林斯頓的科學家，能以其專業方式，將「物質宇宙」濃縮成純粹的抽象精神網路。

愛德華也開課傳授令人迷惑的喀爾文教義。這種教派主張：雖然上帝在你未出母腹之前，即已決定你將來要上天堂或下地獄，不過你還是可以想辦法（他對此語焉不詳）選擇最終的目的地。很顯然，上帝決定愛德華不應擔任紐澤西學院校長太久，因為在他宣誓就職後，不久即得了天花而病故。到了 1896 年，該學院終於正式易名為普林斯頓大學；不過一直到 1902 年威爾遜（Woodrow Wilson）繼任校長，才算結束神職人員主掌該校的局面。

1933 年 10 月，幾乎是一夜之間，普林斯頓由紳士雲集的大學城，搖身一變為物理學界的重地——愛因斯坦堂堂進駐高等研究院。

此研究院是個嶄新的嘗試，沒有學生、沒有老師、沒有課程。世界頂尖科學家濟濟一堂，攜手研究，但是沒有實驗室、沒有機器、沒有儀表設備，差不多全憑學者想像和推論。自設立伊始，高等研究院就是純理論的搖籃。愛德華地下有知也會欣然同意，因為他得天花的原因無他，不是遭人傳染，而是他自告奮勇試驗天花疫苗。當時那種疫苗尚在試驗階段，愛德華為了表示對現代科學的信心，乃身先士卒，結果一命嗚呼。

今日的高等研究院少了愛因斯坦及哥德爾，號召力已非昔比，但仍不改初衷，繼續致力理論的鑽研。高研院就座落在普林斯頓邊緣，但是甚至連在普林斯頓住了一輩子的居民，都常常不知道該院在哪裡，遑論親自帶你走一遭了。問住在大學旁邊幾條街外的居民，高等研究院怎麼走，他們很可能聳聳肩告訴你，從來都沒聽說過高等研究院。「什麼研究院來著？」他們能夠指點你普林斯頓神學院的方向，或者史布林岱爾高爾夫俱樂部，高等研究院？不知道！過去四十年來在高研院堅守崗位的考古學家湯普森（Homer Thompson）就說：「這個研究院在歐洲的名氣還比在普林斯頓大咧！」

林中別有天地

其實居民不清楚也情有可原，因為高研院貌不驚人，很難在外觀上一眼看出：座落在普林斯頓南緣的老街（Olden Lane）上，約2.5平方公里的開闊地點，森林環抱，看起來很可能是校園一角或是一所預校，可是又沒有學生在附近走動，怎麼看都不像。接著你或許會猜測，該不會是療養院？孤兒院？或者榮民之家什麼的？

主建築福德大樓（Fuld Hall）是一棟喬治亞式結構的紅磚建築，和其他大學內所見的大同小異。福德大樓裡有教職員辦公室、行政中心、數學圖書館與交誼廳。此外，福德大樓兩側還有一些較低矮的建築物，都是同一樣式的學院建築，內中也有辦公室；再走遠些，映入眼簾的是一座突破傳統格局的玻璃建築，裡頭有研究院的餐廳、社會科學學院辦公室和歷史研究學院圖書館。館後有一座寧靜小湖，躺臥在樹林前方。

1940 年代，戴森（Freeman Dyson）剛到院裡的時候，常偕三五好友駕著一輛道奇老爺敞篷車，呼嘯穿過那片樹林。如今，林蔭下的訪客僅剩散步的、慢跑的和獵鹿的人；後來，鹿群太過囂張，院裡的副主管羅伊（Allen Rowe），發起了一項「抑制鹿群計畫」，每年公布備忘錄，解釋研究院的做法：「將林中鹿群的數目降到一個合理、平衡的標準」。備忘錄並說，院方會請一小隊神射手，用弓箭定時「剔除」一些鹿。每次備忘錄開始傳閱，一些年輕一輩的研究員就在商量要不要揭竿而起，對院方的行徑聊表抗議，結果都不了了之；他們只是幾個星期不靠近樹林就是了。畢竟到林間散步，出來時頭中一箭，實在有失高研院人的風範！

歐本海默（J. Robert Oppenheimer）在此擔任院長近二十年。他常形容高研院是知識份子的旅館、避難所，學者、專家可以在此養精蓄銳，沒有時間、進度的壓力，而又有人悉心照料一切瑣事。通常，他們停留的時間是一年或兩年；而事實上，在任何期間內，總有約二百人左右在院內，其中仍以短期訪問的年輕學者居多。高研院分為四個學院（school）：數學、自然科學、歷史研究和社會科學。大部分成員的專長屬於數學和物理，社會科學是最小的學院，每年大約只有二十位常駐學者。

要加入這個人文薈萃的菁華圈殊非易事，就好比少林和尚要通過十八銅人陣的考驗，嚴格篩選，揚淨糠粃，只有真正出類拔萃的菁英才能入選。如果三生有幸，雀屏中選，就將有一筆可觀的薪俸、一間專用辦公室，以及該院安家專案提供的、一棟由建築師布勞耶（Marcel Breuer）設計的公寓，屬於仿包浩斯式（Bauhaus）的建築精品。自抵達之日起，至離開之日止，高研院一週五天供應早、午餐；週三及週五晚上並供應晚餐，此舉獲得一致的好評。不

過的確有極罕見的幾樁抱怨，但都是針對家具的。一位研究員回憶道：「宿舍裡的普通椅子，坐起來極不舒服！書桌椅倒挺好。這簡直令人懷疑是否院方早有預謀，故意設計讓你每分每秒都得工作。」

再者，要談到床鋪問題。床鋪倒不是說不舒適，只不過清一色都是單人床，連一張雙人床的影子都沒見過……或許唯一的例外是老莊園（Olden Manor）——院長及夫人的宅邸。年輕夫婦看在眼裡，都不禁啞然失笑。一位研究員打趣的說道：「他們要不就是在跳樓大拍賣中一次購齊所有床，再不然，就是擺明了要我們把全副精力放在工作上！」

撇開休憩的安排不談，該院真是不折不扣書呆子的快樂天堂。不管是客座研究，或為數甚少的族群——約二十五位左右的終身職教授，一律各搞各的研究計畫，隨心所欲自訂進度，沒有責任，也沒有義務，更不必向誰報告；停留期限截止時，你不用交任何工作心得報告，只要收拾行囊，揮手告別知識的伊甸園，回到原來的現實世界。

或許以下正是現代烏托邦的模式：高研院的教授都是終身職，薪水一律相同，在本書撰寫之時，年薪約在九萬美元之譜，這個數字贏得了「高薪研究院」的雅號。高研院每年營運預算約一千萬美元，由它目前已逾一億美元的資產，以及投資事業的盈餘支付。投資報酬率每年都有些變動，但最近平均約在每年 17% 左右；不過在 1984 和 1985 會計年度，曾高達 26.9%。不像歷代理想主義者幻想的烏托邦，高研院從不畏懼處理金錢。

普林斯頓高等研究院成立於 1930 年，由發起人路易斯・邊伯格（Louis Bamberger）和妹妹卡洛琳・邊伯格（Caroline Bamberger

Fuld）集資興建；並由傅列克斯納（Abraham Flexner）籌劃組織章程。但高研院真正的始祖、知識前輩及精神的源頭，則可遠溯到古希臘哲學家柏拉圖。柏拉圖的創舉之一是很久很久以前，就在雅典市郊創辦了世界第一所高等研習院——稱為學院（Academy）。學者、研究員和諸子百家齊聚於此探究世界奧祕，並嘗試以單一知識體系來了解萬物的全局。柏拉圖倡導的可說是人類史上第一次系統化的大規模努力，為萬象賦詩，將全部肉眼可見的宇宙，濃縮為一組觀念與原則的小集合。高等研究院正傳承了柏拉圖的衣缽，接下來將告訴你為何柏拉圖是高研院的真正始祖。

窺探世界奧祕

柏拉圖對知識探究的目標，並不是眼可見、身可感的暫態及變化的本質；他認為「理型」（Form）才是更真實的東西。柏拉圖俯視大自然，仰觀天象，觀察瀑布、植物、動物，歸結後宣稱這些粗略物體根本都不是真的實體。真的實體全都存在於另一空間，亦即他所謂「理型世界」（World of the Forms）之中。感官無法察覺理型的世界，因此可能有人會將它視為幽暗、撲朔迷離的奇幻世界，然而柏拉圖本人卻從不如是想。對他而言，理型的世界澄明耀眼，宛如正午的太陽。總之，理型的世界是一切物體的濫觴，是萬物的起源。

柏拉圖的觀點是：理型和日常生活中普通物體的最大不同，在於普通物體一直在改變，會腐朽；理型則是完美、不變、永恆的。由於「理型」永恆不變，所以比「實物」更為真實；又因為它們身處另一個空間，一個遺世獨立的國度，所以不能用感官來觀察理

型、理解理型，否則豈不太簡單了？道可道非常道，名可名非常名是也！要一睹理型的風采，得做些較困難的事：你要閉上雙眼，沉潛內斂，用心冥想。反正得不厭其煩，反覆的閉目、內斂、冥想才行。這也難怪市井的匹夫匹婦對理型的了解微乎其微，甚至完全無知了。

高等研究院裡的科學家，當然已不時興柏拉圖那一套理型的論調，不過他們研究的主題，確實遠超過感官經驗的範疇，而且也真的捨思想一途，別無他法可以理解。以院裡的數學家為例，也極少會去煩心世上可感知的東西。相反的，他們研究的是抽象而理想化的數學物件，即自然界中不存在的本質。在真實的世界裡，雖然近似圓形的東西俯拾皆是，卻找不到任何標準的圓；然而在數學家眼中，一個抽象的幾何圓，遠比任何近似圓形的物件要「真實」得多。你的車輪每一刻都在改變形狀，並且漸漸失去彈性，但是數學上的圓總是完美無缺，永恆不變。

不僅是該院的數學家成日與不可捉摸的本質及物體為伍，就連物理學家和天文學家也不例外。大地之上的東西都存在不久——即使是山脈，只要百萬年的時間就可能夷為平地，但是星辰和銀河的生命週期，則以數十億年計。大自然的基本粒子，譬如質子與電子的生命幾乎是無限長，這些事實使得看不見的本質更接近柏拉圖的「理型」。

說了這許多，其實只是換一種方式來闡明，高等研究院的科學家如何不食人間煙火。地質學家、生物學家、心臟外科醫生甭想進到裡頭，這些人的雙手沾滿了塵土與血，不可能被允許加入這一批純潔、高傲理論家的殿堂。高研院的科學家齊聚在自然的屋頂下，絞盡腦汁要探究造物主無遠弗屆、難以企及的極限；他們不製造

產品，不做實驗，他們生命的終極關懷很單純，也很專一，就是要「了解」。

有一次數學家摩爾斯（Marston Morse）這麼說：「雖然我研究的是天體力學，但我對登陸月球可沒什麼興趣！」

投桃報李嘉惠眾人

研究院是如此崇高而得天獨厚的地方，它的奠立基礎卻再俗氣不過了，研究院可以說是在收銀機裡錢幣的鏗鏘聲中呱呱墜地。高等研究院能成立，得歸功於紐澤西最大的邊伯格百貨公司，它在1929年的總營業額高達三千五百萬美元，總樓層面積占地約九萬平方公尺，為當時全美第四大百貨零售商。

該公司的老闆路易斯和卡洛琳於1929年出讓整個生意。在理論科學家看來，此舉不啻是逃過一場浩劫，因為在出讓後不久，股票市場旋即宣告崩盤。他們與梅西百貨公司簽訂一紙契約，轉讓所有權以換得現金與梅西股份，總值估計在二千五百萬美元左右。路易斯在9月初收到款項，約在黑色星期四大崩盤的前六個星期。他把進帳與卡洛琳二一添作五之後，又自掏腰包，分發一百萬美元給以前的經理人員。

這只是大手筆奉獻的序曲，路易斯和卡洛琳都是真摯且博愛為懷的人，覺得取之於社會，應還之於社會；既然所賺的錢都來自每天光顧他們的紐澤西善良百姓，當然應該投桃報李一番。於是兩人就決定，捐資興建一所大型的研究院，讓紐澤西州民均能受惠。原本的構想是設立牙醫學院或醫學院，就建在他們南橘郡（South Orange）的土地上，但是他們對醫學院一竅不通，充其量也只知道

幾種市售成藥罷了。不過，事隔不久，他們就找到一個人選，其對醫學院的認識，恐怕全世界的人都望塵莫及，他就是傅列克斯納。

美國傳奇教改者

　　傅氏是美國高等教育的黑面判官，畢生最大職志就是興革美國學院系統，而其石破天驚之作〈傅列克斯納報告〉（Flexner Report）揭發了全國醫學院招搖撞騙的醜聞。稍後，他出任某基金會祕書長一職，負責自全美慈善家的荷包裡，募得五億美元以上的基金──精確點說，六億美元，再將基金分撥給他認為最能善用捐款的大學院校。

　　一如處理其他大小事情，傅氏在處理金錢上也秉持忠貞廉潔，一絲不苟。從貧困生活中走過來，養成他節儉又堅持原則，每一塊錢都算得清清楚楚的個性。1866 年出生於肯塔基州的路易斯維（Louisville），傅氏在九個兄弟姊妹中排行第六。雙親於十九世紀中葉移民到美國，初時為沿街叫賣的小販，然後逐漸發跡，成為帽子批發生意的大盤商，著實得意了好一陣子，但是最後在 1873 年經濟大恐慌中，產業罄蝕殆盡。

　　當時美國南方教育的品質，可謂介於低劣到零之間。傅氏念的正是一所極落後的小學，很少有家庭作業，因此常獨自泡在圖書館，並因而迷上了古典文學，包括狄更斯、莎士比亞、梭羅、霍桑等人的著作。十幾歲的時候，在一間私立圖書館謀得一職，得以博覽群書，並旁聽每週一次在館內舉行的小組聚會，討論最新國內外大事。至此，傅氏都純靠自修；一直等到他進入約翰霍普金斯大學就讀，情況才完全改觀。

　　傅氏稍後回憶說：「1884 年是我生命的轉捩點，那年我十七歲，大哥雅各送我進約翰霍普金斯大學就讀。那個選擇，是扭轉我後半生的關鍵。」

　　當時約翰霍普金斯才剛成立不久，而傅氏躬逢其盛，眼見高樓平地起，從最初巴爾的摩豪爾街（Howard Street）上兩幢改造的宿膳房開始，到後來富麗堂皇，座落於市中心的公園化校園；霍普金斯成了傅氏心目中屹立不搖的典型，高等研究院後來也是仿其典範建造經營的。

　　約翰霍普金斯大學校名的由來，是紀念 1873 年辭世的巴爾的摩富商約翰・霍普金斯（John Hopkins），此人把將近七百萬美元的財產全數捐出──這是當時全美最大的一筆遺贈義舉。遺囑中說明，這筆財富應用於興建一所半大學、半醫院的研究機構。當時較有名的幾所大學，如哈佛、耶魯、哥倫比亞等，都僅提供受教育的機會，不像今日的教學、研究並進。所以當約翰霍普金斯大學在 1876 年成立時，全美才破天荒第一次見識到現代研究層次的大學。

　　在傅氏心目中，約翰霍普金斯大學可謂高等教育真、善、美的代名詞，而首任校長吉爾曼（Daniel Coit Gilman）更是傅氏崇拜的偶像。大學草創之初，吉爾曼遍訪歐洲，找尋第一流教學陣容，但他不只要會手執粉筆、板擦的授課型老師，他還想找到兼具原創力，能夠獨當一面的好研究員。傅氏形容吉爾曼深諳「善教者不需教」的道理。善教者根本不教，因為真正的天才如達爾文、法拉第、瑞立男爵三世（Third Baron Rayleigh）等人，之所以能在世界舞台上占有一席之地，完全是因為他們不必把寶貴時間，浪費在準備授課內容等瑣事上面。這個觀念深深烙印在傅氏腦海中。

　　傅氏自約翰霍普金斯畢業後，回到肯塔基他念過的那所中學任

教；由於他在約翰霍普金斯只花了兩年時間就拿到學位，因此回去後所教的學生，有許多還是從前同校的同學。執教鞭第一年結束，傅氏把全班都死當，十一位同學無一倖免。這項史無前例的「大屠殺」，令路易斯維的家長錯愕萬分，並且成了地方報紙的新聞。家長會強烈反彈，要求還他們親愛的、聰明的小孩一個公道，更集體陳情要求校方召開公聽會。董事會應家長要求召開公聽會，博徵眾意。但傅氏的作為隨即受到支持，使他成了地方上的紅人。大家一致公認，傅氏不是無理取鬧的教師，而是高教育水準的擁護者與教育家。

從此以後，那些望子成龍、望女成鳳的父母，因為希望孩子除正規學校教育之外多學一點，開始將子女送給傅氏調教。有一位律師，兒子剛遭預校退學，央求傅氏擔任他兒子的家教，看看能否讓他考上普林斯頓。傅氏答應了，但條件是律師得再覓四位學生一起上課，學費是每人每年五百美金。律師悉數照辦後，傅氏旋即辭去中學教職，專心經營他的小私塾預校。

春風化雨有教無類

人們口中的「傅列克斯納學校」，辦學非常優異。傅氏有教無類，駑鈍頑劣的學生也照收，並且信誓旦旦的向家長保證，會勤教嚴管，將他們一個個逼進普林斯頓、哈佛等一流學府。令人跌破眼鏡的是，傅氏成功辦到了，不是靠威脅、強迫或施壓；他稍後補充道：「我早就胸有成竹，這些學生不須靠強逼就可以有所成就，我的學校沒有校規，沒有考試，不用做筆記，也不用交報告。」

傅氏學校裡的學生，不用負什麼責任，很類似後來高等研究院

的研究員。傅氏一貫的原則是「沒有責任，只有機會」。學生上不上課，悉聽尊便；他們可以隨時進課堂，功課做多做少，隨個人高興。也許連傅氏本人也不敢相信，學生開始在星期六也登門造訪，只想多學點。其實這也不是什麼奇蹟，傅氏只是以身作則，以自己的人格與強烈求知慾感召學生，春風化雨。

傅氏的「私塾」前後辦了十五年，自 1890 年至 1905 年止，後來因老師本身決定回學校充電而宣告中止。他到哈佛修心理學，但覺得實驗工作太無聊而中輟，重回自修的老路。這次他選的題目不再是狹猛而枯燥如實驗心理學之類的專門學術，而是全美高等教育、研究所等學術機構的訪查。最後的作品則是一本對整個高等教育系統大加撻伐、一針見血的報告書──《美國大學院校》(*The American College*)。

書中批評說，大學原該啟迪學生，使其有寬廣的胸襟，並激發他們的想像與創意，結果許多大學反而成了學生心靈的桎梏。傅氏指責大學過分強調專門知識的研究，忽視了教學品質的提升；還有許多大學部的課程設計簡直荒腔走板。忠言逆耳，當然大多數教育界人士掩耳拒聽，不過傅氏仍然獲得不少共鳴。其中之一是卡內基教學促進基金會（Carnegie Foundation for Advancement of Teaching），該基金會並且重金禮聘傅氏特別針對醫學院做一番調查評估。

在當時的美國社會，「醫學院」的經營方式無異於今日的模特兒訓練班、電腦維修班或駕訓班。也就是說他們收了報名費，給你上一、兩堂課，然後送一張漂漂亮亮的畢業證書，把你的名字用特大號的古典英文藝術字體印上去。這些野雞醫學院如雨後春筍般冒出來，密蘇里州有四十二家，而單是芝加哥市內就有十四家。上課

與否，任君選擇。反正學費付清，一年後就是現成的醫生；乾淨俐落，絕不推拖。

傅氏走馬上任後的第一個行動，就是自行研究基本的醫學教育，然後先走訪約翰霍普金斯醫學院，以及紐約的洛克斐勒醫學研究所，他哥哥賽門（Simon Flexner）當時在此擔任實驗室主任。傅氏就以這兩所醫學院為典範，考核全國醫學院校的辦學品質。為了查明真相，常常鍥而不捨，甚至不惜耍詐。

他寫道：「有一次，我一大早到狄蒙（Des Moines）拜訪一所骨骼矯正學校，在校長前導下參觀校區，儘管教室前都掛著閃亮的名牌——解剖學、生理學、病理學等等，但都大門深鎖，連工友都找不到。其中必有緣故。我故意點點頭表示滿意，校長親自開車送我去火車站搭車，他認定我會搭乘下一班火車到愛荷華市。然而待校長走遠之後，我出其不意回學校突襲，找到了工友，給他五塊錢請他打開教室。結果我發現每個房間裡的設備都完全一樣——一張書桌、一個小黑板、幾張椅子；沒有掛圖、沒有儀器、什麼都沒有。」

傅氏親自逐一檢視其餘一百五十五所美國及加拿大境內的醫學院。發現只有六、七家維持了應有的入學、授課與畢業標準。傅氏為野雞學校下了如下評語：「任何地方都不會比這所學校更爛，還敢稱為醫學院，真是斯文掃地。」他指的是喬治亞醫學院外科折衷學院。至於加州醫學院也好不到哪裡去，傅氏說：「州政府的法律容許其存在，真是丟臉。」

傅氏提出了一份評鑑報告，由卡內基教學促進基金會出版，稱為《卡內基基金會四號公告》（Carnegie Foundation Bulletin No.4），後來則簡稱《傅氏報告》。這本書比《美國大學院校》更聳人聽

聞，因此作者不但誹謗官司不斷，甚至有人威脅要取他性命。一封匿名信寄自芝加哥，即傅氏口中的「醫學教育首惡之城」，聲稱傅氏若膽敢踏進芝加哥一步，準教他血濺五步。他稍後說：「我後來去那裡出席一場醫學教育會議，並在會場演說，還不是毫髮無損的回來。」

邪不勝正，傅氏終究還是贏得這一仗。野雞醫學院一家家關門，悶不吭聲的結束營業。芝加哥的十四所僅殘存三所。在教育圈中，傅氏因為作品洛陽紙貴，儼然成為美國醫學教育的捍衛戰士。他旋即進行歐洲方面的調查，同樣由卡內基基金會贊助。待一切大功告成，傅氏也成了世界首屈一指的醫學教育泰斗。

理想學府應運而生

1929 年秋，邊伯格兄妹構思在紐澤西捐建一所醫學院，此時傅氏則根據他在牛津大學的演講稿，正在寫一本新書——《大學：美國、英國、德國》（*University: American, English, German*）。他回憶道：「有一天，當我正埋首工作，電話鈴聲突然響起，原來有兩位先生想與我見面討論一筆為數不小資金的可能用途。」他們是賴德朵夫（Samuel Leidesdorf）和馬斯（Herbert Maass），代表邊伯格兄妹請教他有關在紐瓦克（Newark）籌建一所醫學院的事宜。這所醫學院擬對猶太人提供最惠待遇，因為邊伯格家族是猶太人，認為現存的醫學院不管在教職員或學生的錄取上，都有歧視猶太人之嫌。

傅氏自己也是猶太人，但是認為他們的說詞不足採信。他堅持一個觀點：優良的醫學院必須附屬於大學，並且要有完善的教學

醫院；兩者紐瓦克市都無法提供。更何況紐瓦克與紐約只有一河之隔，怎麼可能和對岸林立的高級學府相匹敵？而傅氏根據其廣闊的交遊，認為醫學院事實上並沒有歧視猶太人，而且一所高級學府不論在師資延聘或學生招攬方面，都應該唯才是用，否則他不願與其有任何瓜葛。

　　不過話又說回來，這兩位先生代表的是三千萬美金左右的巨資，傅氏當然不願立即回絕，所以他出了一個權宜之計。他問兩位代表：「你曾有過夢想嗎？」傅氏本人自然是有的，而且近在眼前，白紙黑字，都寫在新書的手稿上，開宗明義的第一章正擺在書桌上。

　　只不過，和他們的期望大相逕庭，傅氏的腹案並不是一間純研究的研究院。原則上，他反對純研究院已有一段時日了。事實上，在 1922 年 11 月，他就寫過一篇持反對立場的報告，交給洛克斐勒教育基金會的總教育理事會，題目是〈設立一所美國大學的建議書〉，其中傅氏言及：「純研究機構的價值與必要性雖毋庸置疑，但是執行上有實際的困難。第一、因為絕大多數人並不樂意終日埋首研究，而且也缺乏效率；第二、純研究機構一次培訓的人才，數目上究屬有限……純研究機構不能……取代一般大學的地位，因為後者可使人們獲得較佳的造就。」

　　話雖如此，卻並不表示傅氏就對當時各大學的研究所絕對滿意。一則，學生畢業後仍顯得訓練不足，因為教授忙著做自己的研究，無暇多花時間在學生身上；再則，只有少數幾個領域，畢業後可立刻派上用場，例如法律和醫學，其餘則否。不管哪一種，對傅氏而言，師生之間的相互合作程度都不足以構成真正的「學人社會」（Society of Scholars），亦即他心目中那種目標單純又專一，只

為了推進尖端知識領域的學社，專心探索未知的世界。這就是傅氏心中的夢想，他夢想有一所綜合大學——或研究院，高興怎麼叫就怎麼叫。在裡面教職員和學生可以共同開拓知識的處女地，關係也許不是完全平等，但至少可以夥伴的地位相處。然而，先決條件是對外界壓力有充分豁免權。

他寫道：「它必須是自由自在的學人社會。要求自由自在，乃是因為賦予成熟的人知識的任務，就應該放任他們以自己的方式去達成。也必須具備單純的環境，尤其重要的是寧靜——不必受俗事的干擾，也毋須負責教養那些不成熟的學生族群。」

傅氏將上述理念悉數寫在刻正撰寫的新書上，並影印第一章〈現代大學理念〉送給他的訪客。他們帶回後轉交給路易斯和卡洛琳兄妹。他倆讀後心有戚戚焉，遂不再執著於醫學院的計畫。

拍板定案

是年秋天音樂季期間，路易斯和卡洛琳下榻於紐約麥迪遜飯店。一天傍晚，他們邀請傅氏共進晚餐。緊接著的數週，三人定時共進午餐；直到元月中旬，他倆啟程赴亞利桑納渡寒假前夕，傅氏方起草完成資金運用的計畫書。文件中建議道：「謹捐贈研究院乙所，旨在從事高等研究，設置地點應在紐瓦克市內或其近郊，命名應包括紐澤西州字樣，以表彰吾人對該州之認同，並深以身為州民為榮。」待路易斯和卡洛琳啟程赴陽光普照的西南部時，雙方皆了解到他們行將建立傅氏夢想中的大學。

4月時，二人自亞利桑納渡假歸來，決定唯一要改變的是院名，那時的全名可能是「高等研究院」或「高等教育院」。沒有大

學部，同時重金禮聘研究員。特別重要的是，研究員、研究生均應獻身於新而基礎的科學領域。

研究院名義上成立於 1930 年 5 月 20 日，並定名為高等研究院（Institute for Advanced Study）；正式開張則是三年後的事。這中間還有兩大問題要解決。第一是設置地點：邊伯格兄妹仍希望爭取設立在南橘郡，但鑑於章程上明載應設立於「紐瓦克市內或其近郊」而作罷。麻煩的是，紐瓦克市或許可以當乾貨集散市場的黃金地點，可是做為高級尖端科學研究的地點，怎麼看都不適合。傅氏暗自思量，紐瓦克市幾乎沒有絲毫學術氣息可言：市區內沒有大學，沒有像樣的圖書館、博物館或稍有價值的收藏品，而油漆、塗料工廠倒是遍布全市。最後逼急了，傅氏大撒英雄帖給近四十家全國知名的教育單位，徵詢他們對設校地址的高見。回函所建議的一些都市──紐約、劍橋、芝加哥、費城等等，沒有一封提到紐瓦克市。

最富創意的回函來自普林斯頓大學數學教授萊夫謝茲（Solomon Lefschetz），邊伯格不是說研究院應設置在紐澤西州某處嗎？萊夫謝茲辯稱，創意推理可以說服大家，研究院設置在華盛頓首府，不就結了。他的看法是美國的首府屬於當時全美四十八州共有，而廣義的解釋，當然也屬於紐澤西的一部分。這種一網打盡的推理，幾乎使傅氏有些心動，並重新玩味「紐瓦克近郊」可不可以延伸到涵蓋整個州的北部，或甚至到紐澤西州的中部地域。

至此，傅氏心上一塊石頭落了地，他很篤定要把高研院設在普林斯頓，因為那是相當理想的地點。普林斯頓遠離了大城的塵囂干擾與生活壓力，而紐約、費城和首府華盛頓又都近在咫尺。普大早已擁有世界馳名的數學系，而且那兒的圖書館典藏豐富，院裡的同仁又有權分享，塵埃可說已告落定。傅氏雖動作上仍在紐瓦克尋尋

覓覓，實則已經和普林斯頓的土地仲介公司取得聯繫。

　　另一項考慮是人才的問題。傅氏自忖，研究院往後的榮枯，就維繫在開天闢地的首批員工身上，職是之故，他要不惜任何代價，延聘頂尖的人才。不過他做夢都沒想到，高等研究院第一位延攬到的教授，竟然是紅透半邊天的萬世科學巨星——愛因斯坦。

宇宙的祭司_____

第2章

物理教宗 —— 愛因斯坦

「你正在寫一本有關本院的書？好，那或許你可以告訴我……」塔布斯（Rob Tubbs）說道。塔布斯是高研院的短期訪問學者，是超越數論（transcendental number theory）領域的青年數學家。結束訪談後，他隨手把辦公室的門帶上並上鎖，與我一起步出辦公室。

「我們很多人皆對此傳聞耳熟能詳，就是愛氏辭世以後，他們就將其辦公室原封不動的保存著，一直到現在，是……是真的嗎？」

嗯！這是個好問題。每個人第一次踏入高研院，都會很自然的做此假設。愛因斯坦就是在這兒渡過了二十幾個寒暑……愛因斯坦，有史以來最偉大的科學家，唯一一位老少皆知，家喻戶曉的科學家，任誰都能脫口說出他的大名；這樣的人，他的辦公室難道不值得保存嗎？……就連他的腦子都一樣，此刻正懸浮在一罐甲醛溶液中，置於密蘇里州威斯頓市哈維（Thomas Harvey）醫生的辦公

室內。當然他們應該把愛氏的辦公室關閉，甚至原封不動的永久保存下來，就像一個凍結時間的膠囊，否則的話，簡直就是對他的人格、成就的一種……褻瀆、冒犯、汙辱。畢竟，有誰夠資格在那兒工作？誰能套上他的鞋子（像灰姑娘的鞋子）？誰又敢坐在同一間辦公室，日復一日，年復一年，假如他知道這間辦公室就是愛因斯坦以前工作的聖地？

　　「愛因斯坦的辦公室究竟在哪裡呢？」塔布斯疑惑的問道。

曠世奇才

　　愛因斯坦未進高等研究院前，早已經是風靡全球的人物了。1919 年，當天文學家證實了他的預測，光線會受太陽的重力偏折時，舉世為他如痴如狂。新生兒命名、香菸品牌都用上愛氏的名字。倫敦智慧女神（London Palladium）劇場邀請他去參與演出三週，酬勞隨便他開。兩位德國教授合作拍製了「相對論影片」在大西洋兩岸同時放映。愛氏拜訪英國生物學家霍登（J. B. S. Haldane），並於他家中過夜時，霍登的女兒才看了此人一眼，即暈死過去。新聞界更將愛氏的理論，捧為人類思想史上最偉大的成就，而愛氏本人則為有史以來最傑出、最優秀的人。

　　畢竟，他真是新秩序的發言人。光有重量、空間是彎的、宇宙有四維空間。人們愛死他了，雖然對他講的東西毫無概念，可是又有什麼關係？他是這些理論的創始者，真正懂得的人，是眾人的英雄，新的彌賽亞，第一位真正的飽學之士，是廣闊無邊物理宇宙的最高元帥。

　　愛氏備受尊崇，然而他本人卻極謙虛、和藹，不懂人家為何要

大驚小怪。至少他待人很民主，一視同仁，愛氏說：「我和每個人的說話方式都一樣。不論對方是清潔工還是大學校長。」當然，如果要吹毛吹疵的話，還是可以發現一些例外……比方有次他寄了一篇論文給《物理評論》（Physical Review）審核，編輯竟敢退回論文要求重寫。哇！這下可好了！那位可憐的編輯只不過克盡本分，將文章送交審稿委員評閱而已，但這卻不見容於愛因斯坦，並終身視《物理評論》為拒絕往來戶。這說明了什麼呢？這位曠世物理奇才，終究自我中心：如果某項見解是高研院首席科學巨星肯定的，那就是健全而完整的點子，絕不容許別人有絲毫質疑。

在凡人眼中，愛氏可能是謙卑的天才，只是從來不穿襪子（至少還穿了鞋子）。但是在那柏拉圖的天空，可又另當別論了。這個人絕對的高傲自信，令人咋舌；他自認可以徹底了解整個宇宙的奧祕——沒有漏網之魚，大至最龐大的星系，小至最微小的夸克；他認為自己無所不通，而且可以找出一組簡單原則，即是跨越兩個極端，涵蓋大、小宇宙的統一場論（unified field theory）。他怎麼做呢？純靠推理，完全符合了柏拉圖天空的優良傳統。當那些迴旋加速器（cyclotron）工程師使勁撞擊他們的王國，天文學家架出碩大的高倍望遠鏡，朝著億萬光年外的浩瀚、冰冷星際瞭望的時候，愛因斯坦則將自己關在斗室裡，放下窗簾，然後，以他特有的口吻說：「我要想一下。」他寫下幾行潦潦草草的方程式，做做頭腦體操，仔細瞧瞧！他很快的就把一切搞定了。只靠冥想……沒有機器，沒有儀器設備。

曾經有人問這位偉大的物理學家，他的實驗室設在哪裡？愛氏微微一笑，從胸前的口袋中摸出一枝鋼筆，說：「在這裡！」

三顧茅廬

1932 年冬，傅列克斯納遠赴加州尋找新研究院的合適成員。名叫摩根的加州理工學院教授，建議傅氏去和愛因斯坦碰個面，愛氏正巧在那兒客座。相談之下，愛氏很喜歡高等研究院的構想，頗有相見恨晚的感慨，當時愛氏仍是柏林大學的教授，但在德國的處境每況愈下。

1920 年時，蹦出了一個反愛因斯坦的聯盟，自稱是「日耳曼自然哲學家研究小組」，出錢資助任何肯出面反對「猶太物理」，特別是什麼「相對論」那檔子事的人。1920 年 8 月 24 日，這個愛氏稱之為「反相對論有限公司」的組織，贊助了一場在柏林愛樂廳舉行的會議。愛氏本人也參加了那場會議，卻當場哭笑不得，因為對方的攻訐實在是荒謬絕倫。

這些亞利安物理學家煞有介事的恣意攻訐，而愛氏則人在屋簷下，忍受了他們十年的無理取鬧。1931 年前夕，「反相對論公司」出版了一本書《一百位作家反愛因斯坦》(*100 Authors Against Einstein*) 後，他就決意離開德國，永不再回來，因此對傅氏所言側耳傾聽。兩人沿著加州理工教職員俱樂部的長廊來來回回走了數趟，討論行將在普林斯頓成立的新研究中心。愛氏要求與傅氏擇期再敘，兩人便約定在 1932 年的春季班開始時再見面，屆時他們二人都會在英國的牛津。

5 月一個美麗的週六早晨，晴空萬里，小鳥輕啼，傅氏和愛氏二人穿越基督教堂前的草坪，緩步微吟，宛如兩個體面的牛津教授。傅氏開門見山，直陳來意：「愛因斯坦教授，在下不揣冒昧，願在新研究院內提供您一個職缺，倘若閣下經過深思熟慮，覺得本

院有幸能提供您珍視的機會，本院將竭誠期待您的大駕光臨。」

愛因斯坦有點心動，但一如往常，不願倉促行事。畢竟，全世界如耶路撒冷、馬德里、巴黎、萊登和牛津等地的知名大學，都爭相虛位以待，提供教授、研究員和各式各樣榮譽職位給他——只要他肯大駕光臨，能使學校蓬蓽生輝，幾乎是任何要求都行。早在1927年，他已經回絕過普林斯頓一次，不過事過境遷，或許該是拜訪新大陸的時候了。

「你今年夏天會在德國嗎？」愛氏問道。

翌月，傅氏飛抵德國卡普特（Caputh），在下午三點於寒風細雨中邁步進入愛氏的鄉居，直到深夜十一點才離去。此行他獲得了夢寐以求的答案，因為愛氏的回答是：「我心如火焰，熱切期待這一刻來臨！」就在1932年6月4日，愛因斯坦成為了高等研究院第一位教授。一夕之間，傅氏夢中的研究院，有了全新的意義和展望，就像上帝親自臨幸傅氏在普林斯頓的新家一樣。

當然還有一些問題待解決：愛因斯坦的薪水、再加上愛氏同僚梅爾（Walther Mayer）的去留問題。愛氏要求年薪三千美元。他問傅氏：「數目再少些，可以應付生活所需嗎？」傅氏回答：「不行，那樣不夠！」

最後「薪事」以年薪一萬美元定案，愛氏也欣然同意；至於梅爾的聘約則延期再議。愛氏通常都避免與其他人共事——他以前常這麼說：「我是一匹只披單轡的馬」。不過事實上，他曾和奧地利數學家梅爾合寫過幾篇論文，而且兩人亦有共同的夢想，要完成統一場論。此外，愛氏考慮到，如果分派一些較為例行的計算工作給助手，自己就可專注於較為抽象而創新的推理。綜合這些原因，他肯定梅爾是不可或缺的人才。

　　傅氏原則上同意延請梅爾入院，但不是以他的名義，給他獨立的聘約，只同意他擔任愛氏的助理。梅爾畢竟並不真正符合該院人才延攬的標準；他曾出過一本有關非歐幾何方面的書，但也是他唯一的成名作，因此不管愛氏如何器重他，為他冠上教授頭銜這件事，對研究院的聲望並沒有實質的幫助。可是，愛氏卻很堅持，並於1933年春寫信給傅氏說，除非院方聘請梅爾，否則全部協議一筆勾銷。愛氏寫道：「不瞞您說，我會深感遺憾，如果梅爾寶貴的合作權遭剝奪，沒有他在院中鼎力相助，甚至會妨礙了我的工作推展。」因此，傅氏終於聘請了梅爾。

恭迎物理巨星

　　1933年10月17日，愛因斯坦偕妻子愛兒莎、祕書杜可絲，以及他的合作夥伴兼助手梅爾，乘西進島號（Westmoreland）郵輪，航抵紐約港。愛氏的朋友朗之萬（Paul Langevin）說：「此事的重大意義，就好比把教廷梵蒂岡自羅馬遷往新大陸一般，物理界的教宗已經移到新大陸，美國將成為自然科學的重鎮。」

　　愛氏一行在紐約附近登陸，院方委任路易斯的姪子艾格（Edgar Bamberger）和馬斯前往迎接，並轉交傅氏的歡迎函。傅院長設計了明修棧道、暗渡陳倉的策略，讓愛氏一行避過紐約市長歐布萊恩（J. P. O'Brien）籌備的歡迎會、啦啦隊、遊行隊伍和演說。歐布萊恩當時正如火如荼的秣馬厲兵，準備迎戰問鼎市長寶座的競爭對手拉瓜迪亞（Fiorello LaGuardia），眼見討好猶太裔選民的大好機會來得正是時候，豈容放過。但另一方面愛氏卻早已登上預備的遊艇，接往紐澤西另一處海灘上岸，然後隨即驅車南下，穿越垃圾

堆奇觀和北紐澤西的煉油工廠，直奔普林斯頓的新家。

　　愛氏頭幾天投宿於孔雀客棧，那是離大學只有幾條街的老舊房舍；稍後搬到研究院對面的圖書館路二號。最後，他買下了一座紅瓦白牆的宅邸，位於莫梭街（Mercer Street）112 號，在此渡過餘生。那座房子的歷史大概可溯至 1800 年代初期，位在一條熱鬧的街上，似乎並不是安靜沉思的好所在，但是愛氏挑了一間二樓後側的房間，做為私人的研究室，可遠眺高大的松林和橡樹。至此，愛氏終於又可以開始提筆上陣了。

縈繞腦海的問題

　　愛氏在普林斯頓安頓下來時，相對論已經三十而立，幾乎成了科學陳史。他的狹義相對論發表於 1905 年，廣義相對論則發表於 1915 年，然後他的研究就告一段落了。但是這期間，有個懸而未決的問題一直縈繞在他腦海中，揮之不去，帶來的困擾遠比相對論的總和還多，那就是量子問題。從本世紀初直到愛氏逝世的 1955 年，量子問題都快把他逼瘋了。他說：「我思考量子問題的次數，差不多比花在廣義相對論上的時間要多出百倍有餘。」但總想不出個所以然來。愛氏直到晚年仍然苦思不得其解，甚至困惑的程度比初接觸時有過之無不及。「長達五十年的日夜沉思，並未讓我更接近『光量子是什麼？』這個問題的答案。」愛因斯坦說：「今天，張三、李四、王二麻子，都號稱自己知道答案，其實他們都錯了！」

　　量子理論是物理史上最成功的理論架構之一，其預測也一而再、再而三的得到印證，可是一次也沒有獲得愛氏的青睞。他在

1912 年說：「量子理論愈成功，愈發顯得愚蠢、荒謬。」

在高等研究院的那些日子，量子理論一直是愛氏魂牽夢繫的主題；當他的同僚早已移情量子力學，視其為柏拉圖天空降下的靈糧之際，愛氏卻總是狐疑的搖頭三嘆。其中所講的：觀察者會影響實體、事件隨機出現等等論調——真是沒有道理；反正就是不合理，而愛氏一有機會就陳述這種觀點，搬出他的成名雋語：「上帝不擲骰子」、「上帝或許隱晦難明，但是祂絕不會心懷惡意。」等等。

EPR 事件的震撼

愛氏於 1935 年夥同了另兩位院內同仁，波多斯基（Boris Podolsky）和若森（Nathan Rosen）合寫了一篇四頁的論文，目的在反駁量子力學——或者至少在研討會上挑起一些波瀾，蓄意吹皺一池春水。那篇三人合寫的論文，中心議題成為物理學家耳熟能詳的「EPR 弔詭」（EPR paradox，取三人姓氏縮寫），在物理界造成無比的震撼。他們的論點非常詭異，物理學家一時也都無言以對，僅能說它錯誤。愛氏收到四面八方如雪片飛來的信件，告訴他 EPR 弔詭其實談不上是一個自相矛盾的詭論，整件事根本就是單純的誤解，全然荒謬。愛氏可樂了，因為一百封信，倒有一百零一種見解，各家對錯誤的所在真是眾說紛紜，莫衷一是。

EPR 事件最曲折離奇之處，在於主角愛因斯坦本人於 1905 年首度提出革命性的看法，認為光是由量子所組成，而不是當時眾人所認為的是一種波動。諷刺的是，年輕時以相對論寫下物理學的劃時代新頁、並率先提出光量子說的同一人，現在卻陣前倒戈，積極投入對抗自己徒子徒孫的大論戰。高等研究院延聘他加入的原

意，是要證明該院的高瞻遠矚，殊不知他第一件重要行動卻是把矛頭對準象徵未來希望所寄的學說，並企圖推翻它。如今他的研究似乎將物理學又帶回黑暗時代，令其他物理學家感到有些苦惱。1935年，歐本海默到訪高研院，恰好是愛、波、羅三人完成爭議性 EPR 弔詭的時候，歐本海默當時說：「愛因斯坦簡直神智不清了！」

　　愛氏涉入量子論，最早可追溯到十九、二十世紀之交。約在1900 年左右，柏林大學的物理學家普朗克（Max Planck）發現了電磁輻射變化的方式是離散、階梯式的而非連續的。例如燒熱的煤炭或者太陽，只能放出某個能階的光，或者其他某特定能階的輻射，而不能隨意發出介於兩能階之間的能量；宛如兩能階之間有一塊無形的「禁區」，又好像自然是數位式而非類比式，為什麼呢？

　　整件事都神祕兮兮的；能量以波的方式出現——至少是當時普遍的想法，而波定義上是平滑、連續的，那麼應該能以任意的振幅或頻率出現才對。但是實驗結果卻截然不同，能量以離散的、許可的幾個單位出現——即普朗克稱呼的「量子效應」（quanta of action）。普朗克展示這些量子能階總是以某個數值的整數倍出現，亦即 6.55×10^{-27} ergs／sec（耳格／秒），眾所周知的普朗克常數，以符號 h 表示。普朗克將他的發現，總結為下面的公式：

$$E = h\nu$$

　　意思是說，能量（E）等於普朗克常數（h）乘以能量發射頻率（ν）。奇怪的是，雖然這個公式和實驗結果配合得天衣無縫，不過普朗克自己不願接受這項事實。能量竟然以離散方式出現；物質，還說得過去，能量，怎麼可能呢？

　　五年之後，愛因斯坦證明了能量不是以波的形式，而確實是以粒子的形式傳播。在粗淺的表象上，愛氏承認光像波動一樣具有連續性；然而，實際上是以自含性包裹的方式成套出現。愛氏在1905年有關光量子的一篇論文中寫道：「與本假設密切吻合，光芒的能量由點光源展開，並非連續分布於漸進的空間，而是由有限個光量子，分布於空間中的特定點，運動時量子不會分裂開來，被物質吸收也是以整個單位進行。」

　　光量子論於焉誕生，不過當時採信的人少之又少。當然，儘管經歷了不少激辯，愛氏最後仍然贏得論戰。例如芝加哥大學實驗物理學家密立坎（Robert Millikan）便矢志要拆穿這個「大膽狂妄又魯莽的電磁場光微粒假說」，於是埋首試驗這套理論，「我花費人生中寶貴的十年，來試驗愛氏1905年所提出的預測，結果不得不於1915年認輸，雖然看來簡直毫無道理，但他的推測千真萬確。」

學者樂園問世

　　1933年秋，高等研究院在萬方期待之下與世人見面；不是在紐瓦克，而是在普林斯頓，尤其集中於范氏館（Fine Hall）——普大的數學系館。從此以後，人們就常把二者聯想在一起，常說成：「普林斯頓大學高等研究院」。其實不然，因為高研院只是暫時棲身於普大的辦公室，同時正積極物色自己專用的校地。皇天不負苦心人，到1930年代末期，事情終於有了眉目。在這之前，高研院一直使用范氏館，客居普大，為此高研院搬家後還投桃報李，致贈約五十萬美元聊表謝意。無論如何，兩個單位自始至終在財務、行政，甚至配置上都是獨立作業的。

高研院剛成立時，除了愛因斯坦之外，教授陣容另有：亞力山大（James Alexander）、馮諾伊曼（John von Neumann）和維布倫（Oswald Veblen）三位數學家。這四大天王聯手，游刃有餘的讓傅列克斯納早期的雄心壯志得以逐步實現，亦即「將高研院塑造成超級巨星」以及「構築教育的烏托邦」、「建立學者專家的天堂樂園」，好的開始已是成功的一半。然而，天堂樂園裡還是未能盡善盡美。

求才若渴

首先，理不直、氣不壯的事實是：四大天王中有三位是從普大數學系挖角過來的，儘管傅氏信誓旦旦的表示，他的舉動「絕對不會妨礙普林斯頓正在蓬勃發展的偉大數學工程」。或許良心不安，為了彌補這項罪過，傅氏與路易斯先後向普大數學系主任艾森哈特（Luther Eisenhart）拍胸脯保證永不再犯。儘管偶有風言風語，懷疑高研院信守承諾的程度如何，從此高研院技術上也真的奉此不成文的「禁止挖角協議」為行動準則。但幾年以後，當高研院意圖染指普大數學家米爾諾（John Milnor），整個事件發展成為瞞天過海的最佳例證。

米爾諾曾是普大高材生，最後升任教授，大半生在普大渡過，都快成了當地的代表人物了。但是高研院對他頻送秋波，有意邀請加入巨星行列，畢竟米爾諾卓越出眾，曾勇奪象徵其專業領域的最高榮譽——菲爾茲獎（Fields medal），而高研院對此獎章的得主又是情有獨鍾。可是禁止挖角的約定猶在，總不好明目張膽吧！於是窮則變，變則通；如果米爾諾先周遊列國一、兩年，再來高研院

如何？那他就是從第三機構投奔而來，在技術上高研院就不會遭致挖角罪名，當事的各方在法理上也站得住腳。於是，米爾諾先在加州大學洛杉磯分校任教一年，復轉往麻省理工學院盤桓數年，於1970年秋，正式出任高等研究院數學教授一職。

　　當時面臨的另一個問題是薪水；不是太低，剛好相反，而是太高了……至少在那些落榜者眼中看來是這樣，尤其是普大那些未獲選的教授。傅氏一直有個想法，希望以豐厚的酬勞讓高研院的教授終生不必「靠著編寫不必要的教科書，或是兼些賤役來貼補家用」。總之，高研院成立的初衷，原來就是要照顧成員的一切世俗需要，使其免去所有後顧之憂；唯一的未竟之功就只剩思考一項。但就事論事，傅氏對敘薪一事，實在是漫無標準。他給維布倫的年薪高達一萬五千美元（比愛氏的起薪整整高出五千美元），加上退休金八千，並且維氏的妻子還有終身俸五千美元可領。在1930年代，這個待遇不啻是天文數字，令人咋舌。光是維氏的退休金，就相當於、甚至多過普大某些極傑出教授的全職薪水。這點頗令許多人耿耿於懷。誠如幫高研院撰寫歷史的史坦（Beatrice Stern）數年後所評述：「這些特例實在令人無法忍受，尤其在做法上巧立名目，讓三千寵愛集於一身，更令人憤憤不平。」

　　除此之外，高研院內部也存在一些爭議。傅氏一開始就宣稱高研院將頒授「博士學位或其他同等的學位頭銜」，這件事也明載於高研院組織章程裡。突然，在未公開解釋的情形下，傅氏對外宣布：「只有已獲博士學位的學生，或專業訓練上與博士程度相當的人士，並受過額外進階訓練，足以進行獨立研究大任者，方得獲准加入高研院。」換句話說，高研院已擺明根本不願頒授博士學位。

　　這項一百八十度的大轉變，著實震驚了時任該院數學教授的維

布倫。不過，換個角度看，或許還真不該頒授什麼學位。1932 年夏，傅氏帶領維氏到紐約，實地參觀洛克斐勒醫學研究中心，當時他哥哥賽門已升任主持人。傅氏詳述洛克斐勒中心也沒有頒什麼學位，其存在的唯一理由就是做研究，高等研究院也當見賢思齊。一年後，就在高研院開張之前，傅氏發函給維布倫說：「我不打算頒授博士學位，因為我不想把教職員捲入論文審核、考試以及雜七雜八的相關行政工作上。世上多的是提供學位的地方，我們志不在此，而是有更崇高的理想。」

　　儘管如此，維氏卻仍我行我素，收了兩位學生為博士學位候選人，其中一位僅有理學士學位。這項舉動惹火了傅氏，在院務理事會上重申不授博士學位的政策，並砲轟維氏的剛愎自用。傅氏向眾理事（而非向教職員）解釋，雖然法律上，高研院已獲得紐澤西教育理事會授權，可以頒授博士學位，但這項做法卻不是他的本意。直至今日，高研院從未頒過任何學位，雖然有部分教職員還是認為應該要頒。

頂尖人才紛紛湧入

　　前述的諸多問題，都是高研院成長期的陣痛；雖然如此，全世界頂尖的青年科學家卻仍如潮水般湧入。包括人稱「工頭」的兩位邏輯學家哥德爾和丘池（Alonzo Church）；還有當代大數學家蒙哥馬利（Deane Montgomery）、波多斯基與若森。1931 年，當愛因斯坦、波多斯基和托曼（Richard Tolman）三人都仍在加州理工學院任教時，在《物理評論》上合寫了一篇短短兩頁的文章，揭發量子力學上一個「明顯的矛盾」。如今在高研院，年屆五十六歲的愛氏

正卯足了勁，對困擾他最久最甚的理論，發動一次你死我活的猛烈攻擊。

　　愛氏的攻擊方式，絕不是全盤放棄他自己早先提出的光量子理論，而是反對後來別人畫蛇添足加上去的學說，亦即所謂的「哥本哈根詮釋」（Copenhagen interpretation）。按照這個由波耳和海森堡（Werner Heisenberg）共同提出的見解，必須在基本階段時就考慮觀察者的因素。這兩人堅持說，談論物質微細結構卻不說明量子現象觀察的方法和儀器，根本就毫無意義。波耳因此執意設法隔開測量儀器和待測物之間的界線。他說道：「量子效應的有限強度，全面阻絕了明確區分觀測到之現象，和觀測儀器之間的可能性」。

　　究其原因，是觀察的動作就已經改變了待測物。誠如物理學家喬登（Pascual Jordan）所說：「觀察一事，不單會干擾到待測物，甚至會無中生有……我們強迫注入（電子）以假設一個定點……我們自己製造出測量結果。」或者像物理學家惠勒（John Wheeler）稍後所表示的：「一個現象，在受觀測之前，都不能算是真實的現象。」

　　但是愛因斯坦對此說法嗤之以鼻，聽都不想聽。他以前常問道：「當一隻老鼠在觀察宇宙時，你想宇宙會因此受到改變嗎？」在他看來，世界上的萬物有什麼本質就是有什麼本質，有人在看、沒有人在看，都不會改變其本質。這種想法在巨觀的世界沒有人懷疑，但是他堅持在微觀的世界，小至量子的尺度，也都是千真萬確，一以貫之。對愛氏而言，任何技術性的科學學說，都不能喧賓奪主，凌駕更根本的哲學意念——「客觀事實」準則，亦即萬物天生的特性和本質，在觀察之前就存在，而且與任何觀察無關。愛氏認為，觀察的舉動是無法產生特性的。

　　至少，在這一點上，愛氏不是相對論者。為愛氏立傳的作家派斯（Abraham Pais）說：「我們常常討論客觀事實這個理念，我還記得有一次和愛氏同行，他突然停下腳步，轉身問我是否當真相信，月亮只有在我們看著它時才存在？」

　　愛氏認為他已發現量子論的嚴重矛盾，而想進一步闡明。於是找到他的老搭檔波多斯基，以及二十六歲甫獲得麻省理工學院物理博士的若森，共同發表一項有關量子論的聲明：自然界必定存在某些超越實驗觀察的東西，必定有什麼真理是一以貫之的。量子論不但並未提及任何這類真理，還公然否認有此類真理存在。意思就是說，以整個大自然的宏觀世界而言，量子論是有缺陷的。因此，他們把該文章命名為〈物理實體的量子力學描述可能完備嗎？〉，而他們三人異口同聲的回答說：「不！」

　　五十年過去了，他們的聲明仍然備受爭議。三劍客以海森堡的「測不準原理」（uncertainty principle）當起點。海森堡發現量子屬性皆成對出現，例如位置與動量，能量與經過的時間，而這些成對出現的「共軛變數」（conjugate variables），彼此有一種關係，就是說你不可能在單一實驗中，同時完全無誤的測出兩者的準確值。他將之表示成一個數學關係式，其中 Δx 代表其中一個屬性的不準度（例如位置），而 Δy 代表另一個屬性的不準度（例如動量），而兩者的乘積必大或等於普朗克常數 h：

$$（\Delta x）\times（\Delta y）\geq h$$

　　雖說名為測不準，這個原理在量子階層並非一成不變的維持「一切都測不準」。事實上，恰恰相反，它說明了一項用途，量子階

層的任一粒子屬性可以完全無誤，並且超乎尋常的精準定出；只是精準性的代價，是粒子的另一共軛屬性完全付之闕如。舉例來說，你可能確知一個電子的位置；不過，另一方面，根據測不準原理，你完全無法知道其動量是多少。海森堡有一次如此比喻，他說：「就像在氣象報告室的男、女預報員，一個人出來，另一個人就進去。」攔阻我們同時了解兩個屬性之精準值的，並不是量子本身有什麼形而上的害羞特性，而是量子力學的基本假設，亦即量測的舉動干擾了待測物。一個受測量過的粒子，隨即就消逝了，以深一層的觀點來看，就是如此。

EPR 震撼量子理論

愛因斯坦、波多斯基和若森則辯稱，量子的各種特性，和古典物理中提及的無異，可以一樣確定而客觀。他們解釋，試想你有兩個粒子 A 和 B，也知道其動量與相對位置。現在，再加上一個正統量子論也都允許而深信不疑的情況：兩個粒子的動量總和，以及相對位置，都可以確定得知。接著他們又說，假設這兩個粒子起了交互作用，然後分開，朝兩個不同方向飛去，愈離愈遠，甚至相隔好幾光年的距離。由動量不滅定律，我們知道兩粒子的總動量在交互作用前、後保持不變。但是，愛氏和同僚注意到：如果現在你量測兩粒子當中任何一者的動量，那麼你將不只知道這個粒子的動量，連另外一個也知道了。而且，你可以算出答案，絲毫不須驚動另外那個粒子。這點很重要，因為它意味著某個物理量就是又真又活的存在那兒，不管你是否測量它，偏偏這點是量子力學矢口否認，認為絕無可能的。

　　舉例來說，如果 A 和 B 兩粒子的總動量是十個單位，而分開後測得 A 的動量為六，十減掉六，我們就知道 B 的動量是四，而且不必攪擾到 B。既然從頭到尾都不用驚動它，就能得知其動量，則此粒子勢必就具有該動量，無論你是否採取行動去量測它。換句話說，它的動量必是某種存在的「客觀」物理量，與觀察行為無涉。

　　同理，兩粒子的相對位置也可獲致類似的結論。測量一者的位置，即可推知另一者的位置，而不用干擾到它。但是果真如此的話，那兩粒子必定在交互作用前後都保有相互的位置關係，不會受量測行為的破壞，也就是意味著位置與動量一樣，皆為客觀的屬性。

　　因此，對愛氏等人而言，這兩個量子特性都是與量測與否沒有關聯的客觀既存事實。但是既然量子力學拒不承認有客觀特性之存在，愛因斯坦、波多斯基和若森就大膽宣布，量子力學要成為自然律的一種，有著先天的不周延性。

波耳的反擊

　　這些論調聽在波耳心中，實在不是滋味到了極點；他不是很喜歡「客觀事實」這玩意兒。實際上，在他的物理學家生涯中有大半時間都想否定那種觀念。他亟思以「互補性」（complementarity）取而代之；根據互補觀點，真相與知識密不可分，互相纏繞在一起，他描述道：「物體本身的行為，以及它與量測儀器間的交互作用，這兩者不可能黑白分明畫出清晰的界線。」對於愛氏及其朋友號稱可以將真相與知識涇渭分明的剖析，如同往昔，回溯到古典物理的

太平歲月——這種開倒車又異想天開的觀念，應該連根拔除，以防患未然。問題是，要怎麼拔？

當 EPR 弔詭發布時，與波耳同在哥本哈根的駱森菲德（Leon Rosenfeld）說道：「對我們而言，這個打擊真是晴天霹靂，對波耳的影響實在太大了！」「波耳一聽到我報告愛因斯坦的說法，就立刻放下所有的工作說，我們得馬上澄清這個誤解。」EPR 弔詭甚至成了新聞的焦點：1935 年 5 月 4 日的《紐約時報》，以頭條刊登了這個爭論，上面寫著：「愛因斯坦抨擊量子理論。」

波耳極端激動，立即口述了回覆，命人記錄下來發給愛氏及其同黨。但是，他發現沒那麼容易。他好像走迷宮一樣，先上了一條路，發覺不對又改變主意，倒退回來，再重新出發。他抓不到問題的重心，他問駱森菲德：「他們到底是什麼意思？你懂不懂呢？」

經過六星期左右的潛心研究，波耳有了答案；但需要「全面放棄古典理想的因果律」，以及「急遽扭轉我們對物理真相的態度」，外加「從根救起，修改一切對物理現象絕對特性的想法及看法」。波耳堅決認為量測一個粒子，的確會以一種未知的方式影響到另外一個粒子，若對量子現象有正確的理解，當可適切的涵蓋量測行為對兩個特定粒子帶來的影響。

今日，EPR 弔詭的正確性仍是物理界的懸案。康乃爾大學的物理學家梅旻（David Mermin），在重讀那段期間堆積如山的文獻之後，於 1985 年寫了一篇半揶揄、半認真的文章：「當代物理學家可概分為兩大類，第一類物理學家飽受 EPR 弔詭的困擾……第二類（占大多數）則否。不過應再細分為兩個次族群，二類 a 型物理學家，對他們未受困擾的原因提出解釋，但他們的解釋往往不是完全荒腔走板、牛頭不對馬嘴，再不然就是包含了一些物理主張，稍後

可證明是錯誤的。二類 b 型則是不受困擾、也拒絕解釋為什麼。他們的立場曖昧，也無從指責（二類 b 型中還有些衍生型，主張波耳已經把整件事擺平了，但拒絕進一步說明他如何擺平）。」

　　1980 年代初期，實驗物理學家艾斯倍（Alain Aspect）和同事，在巴黎大學理論及應用光學研究所進行一項試驗，似乎隱隱約約顯示出，假使認真執行 EPR 弔詭，可以瞬間產生極大距離的傳送信號。其中有一位研究員雀躍不已的將這個可能性，寫成建議書送交美國國防部，聲稱 EPR 相關性（EPR correlation）可應用在潛水艇間的超光速通信。無論這項提議的可行性如何、優點何在，愛氏地下有知，必定會不覺莞爾。五十多年了，他所提出對量子力學最有名的挑戰──EPR 弔詭，仍然在一些物理學家心中餘波蕩漾。

　　這期間，自然也有些物理學家要為愛氏扼腕，因他竟對自己建立起來的理論不停的痛加撻伐。玻恩（Max Born）在 1949 年時說道：「在攻克量子現象的荒野，他算是先驅者。殊不知到後來，眼看他研究的統計和量子原則就可以匯集起來，同時也幾乎得到全體物理學家的一致認同，他卻裹足不前，懷疑起來。我們大多視這為莫大的悲劇：對他而言，要忍受孤寂，獨自在黑暗中摸索；對我們而言，則痛失一位領航員和公認的典範。」

　　但是，愛氏獨自摸索的問題，今天仍舊困擾著我們。費曼（Richard Feynman）於 1982 年說到 EPR 弔詭，「我找不出真正的問題，所以我懷疑真正的問題根本不存在，可是我又不能確定沒有真正的問題。」

　　換句話說，「客觀事實」或許還有一線生機。

在大時代中找歸宿

　　愛因斯坦為了量子論與群雄論戰之時，還得分神對付傅列克斯納。從一開始，傅氏就希望高研院六根清淨，與世隔絕愈徹底，他愈高興。他說道：「高研院應該是個樂園，學者和科學家可以將世界萬象當成試驗場，而不必立即捲入危險的漩渦。」目睹高研院從構想到實現的人，並非都同意遺世獨立必定是好事。芝加哥大學的文生（George E. Vincent）告訴傅氏，無論如何，芝加哥大學的高層人士不會斬斷與現實的臍帶。相反的，他們讓自己置身於「大漩渦中」，淬煉過後，如浴火鳳凰，更加健壯。同樣的，歷史學者湯恩比（Arnold Toynbee）也告訴傅氏，他渴望與現實完全剝離，但很可能到頭來導致知識的不孕症。人必須在大時代中找到歸宿，湯恩比勸傅氏說，千萬不要「斬斷他們的根」（湯恩比很顯然覺得自己可以隨心所欲不踰矩；可以收放自如、隨時斷根，因為他曾五進五出高研院，在 1940 年至 1950 年代初五度應邀客座）。

　　傅氏處心積慮防範他的教職員中，有任何人耽溺於外務，對愛氏更是特別關注，因為他不願這個人須臾擅離使命，亦即發現更多劃時代的物理創見。愛氏尚未正式踏入高研院，他的信件、電報、電話就蜂擁而來，當然傅氏就自作主張攔截下來，甚至代為回覆（時至今日，高研院偶爾仍會接到寄給愛因斯坦的信）。過分的是，甚至在愛氏依約走馬上任後，傅氏依然故我。

　　高研院剛成立不久，接到了來自美國總統羅斯福祕書麥金泰（Marvin MacIntyre）的電話，欲邀請愛氏伉儷參加白宮晚宴。這通電話奇妙的穿越重重攔截到達愛氏的祕書，祕書也代為接受了邀請。傅氏獲悉後，回電給白宮，措辭頗不客氣——說愛氏有任何邀

約都得經過他（傅氏）的首肯，這次很不巧，愛因斯坦教授沒有空赴晚宴。一不做，二不休，傅氏接著寫了一封措辭嚴厲的信給白宮：「愛因斯坦教授應聘來普林斯頓，為的是能與世隔絕，專心從事科學工作。」信尾還加上一句「我們絕對不可能開此惡例，免得使他無可避免的成為公眾人物。」

最後，愛氏當然是排除萬難參加了白宮的晚宴。只是傅氏卻一如往昔，頑強的以愛氏發言人自居，儼然是愛氏的公關經理一般。過了不多時，愛氏開始有遭軟禁的感覺，因此寫信給私交甚篤的朋友時，還會自我調侃的把寄件人地址寫成：「普林斯頓高等集中營」。最後，他忍無可忍，只好向高研院理事會提出申訴，指控傅氏「數度侵犯我的隱私權，而且做得破綻百出……他還寫過侮辱性的信給我妻子及我本人。」此外，傅氏還曾企圖阻止愛氏在倫敦皇家艾爾柏廳（Royal Albert Hall）公開露面，攔截許多重要信件、電報，惡形惡狀，不勝枚舉。如果傅氏不痛改前非，愛氏就辭職不幹了。屢試不爽，每當面臨麾下大將萌生去意，有倒戈之虞時，傅氏就軟化了。

處境艱難

不過，愛氏的難處不光局限於應付傅氏；他還得找尋適當人選來代替梅爾。梅爾似乎一進入高研院之後，就和愛因斯坦保持距離。他們合作的成果只有 1934 年發表的一篇論文。之後，梅爾就鑽進純數學的小天地，拒絕再投入統一場論的研究。在 1936 至 1937 學年度，愛氏收了兩名新助理，柏格曼（Peter Bergmann）和英費爾德（Leopold Infeld）。他原先希望兩人在 1937 至 1938 學年

度繼續留任，卻立刻陷入無法再支付兩人薪水的困境。在數學學院，財政權掌握在維布倫手中。就在院方為愛氏緣故，特地延聘梅爾進來的時候，維氏開始接掌數學學院，所以愛氏名下便落得沒有任何助理。不得已，愛氏直接向傅氏反映，終於為柏格曼爭取到往後數年的薪資，至於英費爾德的問題則仍懸而未決。

1937 年 2 月，愛氏不得已請求同事撥出六百美元的微額，資助英費爾德 1937 至 1938 學年度的生活。愛氏甚至一反平時的個性，破例出席學校教職員會議，以便為英氏緊急請命。結果大出他意料之外，竟然無功而返。他事後告訴英氏：「我使出渾身解數，力陳你的優秀，並提及我們正攜手進行重大科學研究，他們卻以預算不足來搪塞……我不知道他們的說詞可信度有多高。我從未用過如此強烈的字眼，我告訴他們，依我看來，他們正在做一件極不公平的事……可是沒有人拔刀相助。」

愛氏至此乃提議自掏腰包，付給六百元，但遭英氏婉拒了。後來，他建議寫一本有關當時正熱門的物理學演進的書，出版時就掛名與愛因斯坦合著。愛氏同意了，1937 年夏天，英費爾德的新書大功告成。當《物理學的演化》（*The Evolution of Physics*）一書於 1938 年問市，即搶購一空，並為作者賺進遠超過六百美元的收入，不過愛氏對高研院的吝嗇卻久久不能釋懷。

再來就是薛丁格（Erwin Schrödinger）那件事。薛丁格當時甫榮獲 1933 年諾貝爾物理獎（與狄拉克共同獲得），也是愛氏於 1920 年代在柏林大學的同事。薛丁格於 1934 年春造訪普林斯頓，在普大擔任客座教授。他和愛氏二人在物理界真是英雄所見略同，惺惺相惜，合作愉快。普大提供薛丁格一個終身教授職，然而他卻以為高研院在不久的將來就會延攬他，於是婉拒了普大的美意，因為他

比較嚮往高研院的工作。哪知道落花有意，流水無情，高研院並不打算聘他，而且很顯然音訊全無。雖然愛氏再度直接向傅氏陳情，可是對方不為所動，薛丁格最後只好帶著遺憾回到歐洲。

對於愛氏這些遭遇與委屈，有人言之鑿鑿，認為是維布倫這個搞純數學的從中作梗，有文人相輕之嫌，對愛氏這位物理學家懷有敵意。另外一種說法則認為，當時已在教授之列的其他物理學家，有意排擠愛氏，因為他總是想辦法扯量子力學的後腿。第三個說法則主張，愛氏愈老，大家對他愈失望，他對物理學的貢獻也相形見絀，因此他們也就對愛氏的聲音愈來愈不熱中。畢竟，愛氏最大的功用就只是身在高研院而已，他其實用不著做什麼事，他的角色變成象徵、活偶像、神話代表。「他是里程碑，但不是燈塔。」歐本海默後來就曾這麼說。

愛因斯坦很快就意識到自己的地位。每年春天高研院都會舉辦迎春舞會，傅氏最後一年任院長的迎春舞會那天早晨，愛氏向他的助理巴格曼（Valentine Bargmann）說舞會見，巴格曼很驚訝愛氏有此雅興。愛氏說：「我當然要去，我不是在開玩笑，因為這就是傅老闆買我來此的最大目的。」

喬遷之喜

1936 年，高研院買下了老農場（Olden Farm）及毗鄰的地皮，全部加起來約有八十公頃大，在普大校園南方約八百公尺左右。三年後，邊伯格家族又捐贈了另外一筆巨款，高研院便堂堂遷入福德大樓新居，一幢四層樓高的紅磚建築，裡頭設備一應俱全，有所長、教職員、短期研究員各自專用的辦公室、數學圖書館，以及可

供應下午茶的交誼廳。

　　高研院上上下下都很高興有自己的窩，不需再寄在普大籬下。有些人，包括愛氏在內，覺得普大校長達茲（Harold Dodds）對傅氏影響力過大。在1930年代末的一次院務會議上，亞力山大教授上台報告說：「有一位年輕的數學家經高研院慎重考慮後，拒於門外，據傅是因為普大以有色眼光看待他。」當時普林斯頓反猶風潮有死灰復燃的跡象，因此有識之士一致認為，高研院應該掌握鞏固自己的命運。

　　然而，傅氏卻無福享用他的新辦公室，因為早在新大樓落成之前，教授群已私下會商要罷免他的院長職，另請高研院理事艾迪樓（Frank Aydelotte）接替。許多教授認為傅氏氣焰太熾，又想將大家排除在院務行政管理之外。起初，傅氏原想讓出一部分大權給教職員，但轉念一想，自治體制缺乏效率，只會帶來無休無止的爭論。豈知，所有的爭吵，追本溯源，都是他一人的專斷挑起的，例如1930年代末，他擅自聘用兩位經濟學界的新人一事，就鬧得滿城風雨。

　　這件事是教職員發動第一次政變的導火線。

　　1933年高研院成立之初，只有數學學院；傅氏解釋他之所以從數學先著手，是因為：「高研院追求的不是立即的應用，我認為這種精神與心志，應該在新研究院高舉。」無視於柏拉圖天空標榜的是純理論，高研院在兩年後又成立了政治經濟學院。這點隱約透露出傅氏個人的偏見，因為他認為經濟可以促進世界的前景。不過一部分也是他稍早獲得的啟示，主要是像史學家畢爾德（Charles Beard）這種人。1931年，畢爾德亦曾敦促傅氏從經濟學著手，畢爾德告訴他：「數學暫時擱一邊，先搞經濟，這樣的話，你等於是

深入淺出。經濟裡頭充滿數學與統計，但又不止於此。它比數學更加嚴格，因為它處理的乃是不確定的東西。」於是成立了政治經濟學院。首任的三位教授分別是厄耳（Edward Mead Earle）、麋川尼（David Mitrany）以及雷福來（Winfield Riefler）。

後來，傅氏想要為院上多加人手，並企圖在未知會現有教授，並獲得三分之二同意前就將事情了結。這給人一種印象，他好像為了私人目的，偷渡人員進來；又好像醜媳婦怕見公婆，不敢讓眾人知道新聘的人員。這兩位新人史都華（Walter Stewart）與華倫（Robert Warren）實在很難和研究院聯想在一塊兒：他們怎麼看都不像是學者，不單沒有博士學位，其中一位還只是……密蘇里大學畢業！沒錯，兩人都曾在政府部門工作，但是這樣就夠資格進高研院嗎？顯然，傅氏不知怎的迷了心竅，認定他們夠資格，他們的工作經驗足以擠進這座象牙塔，搞不好還能設計出一套解救經濟大恐慌的良方。傅氏甚至已開始在高研院裡，滿口散播「臨床經濟」計畫。

平心而論，傅氏簡直是自搬石頭自砸腳。高研院理當是科學理論的最後堡壘，結果這位傅老兄卻企圖偷渡兩名「凡夫俗子」進來。何況，高研院應該只雇用舉世公認的菁英，這些擁有顯赫學歷及各式各樣榮譽的人才，結果這仁兄卻招來兩位連阿肯色州三流聖經書院都不見得想要的人。更等而下之的是，時任理事會教職員代表的維布倫竟企圖掩耳盜鈴，到處遊走告訴其他教職員說，傅氏在理事會中，僅宣布史都華和華倫的聘約是暫時性的，稍後卻在會議紀錄上記為終身職。

是可忍，孰不可忍？情勢已經很清楚，傅列克斯納必須捲鋪蓋了！

　　至此，愛因斯坦對傅氏的小器、弄權、低劣判斷力已完全失去耐性。在納韶堂舉行的一次會議上，愛氏擔任主席，罷黜傅氏的計畫正悄悄醞釀。1939 年春，愛氏會同數學家摩爾斯和考古學家勾德曼（Hetty Goldman）寫了一封信給傅氏，要求爾後聘任教授或院長應先徵詢院內同仁的意見。傅氏接見了愛氏和摩爾斯，但對他們的要求不置可否。其實在此事之前，新院長艾迪樓已經蒙獲擁立；傅氏略有耳聞，但故作鎮定，靜候他們倒閣的計畫付諸行動。

落寞下台

　　傅氏最後被迫下台時，已變成滿腹淒苦與憎恨的人了。他送給繼任者艾迪樓的臨別贈言是：「為了你自己與高研院好，千萬別錯估形勢，因為你面臨的是一群陰謀家。」他說道：「我只不過是他們掌中逗弄的嬰孩，過分輕信他們；當他們說盼有獎助金，希望免於例行瑣事，我都當真。其實，他們心懷鬼胎，口是心非。他們要的不只是獎助金、高薪，還圖謀管理執行的權力，眼見無法直接從我這兒占到什麼便宜，就唆使維布倫之輩聲東擊西……維布倫愛抓權，馬斯愛地位。你必須新官上任三把火，發發下馬威，告訴他們你才是老大。」

　　吐完了滿腹牢騷，或者說是諄諄教誨好了，傅氏算是正式告別普林斯頓學者的天堂樂園，以院長之職退休。教職員政變初試啼聲算是馬到成功，以後還有續集呢！

　　1939 年秋，艾迪樓入主高研院，愛因斯坦也在新辦公室安頓下來，位置是在福德大樓 115 室。那是位於大樓後方的一間寬敞的房間，裡頭擺設了黑板與書架，長橢圓形會議桌占據一側，另一側

則是外凸式的落地窗，使光線可以充足的灑進來。

「光」是愛氏的專長，幾乎可說是他個人專屬的領域，這個題目老早就令他心曠神馳。在十六歲的青澀歲月，他就問自己若乘著光波旅行，眼中所見的世界會是怎麼一番景象。然後，在 1905 年「奇蹟的一年」，他寫下了狹義相對論，其中定義光速為物理宇宙中的絕對固有值。同一年他提出光量子模型，以解釋光電效應。1911 年，他預測光線會遭重力場偏折，1917 年又進一步更新為光子說，視光子為基本、沒有質量、點狀的能量與動量封包。簡言之，愛氏對光特性的了解與研究，比任何一位物理學家都要來得透澈。如今，在其日薄西山的晚年，這位物理大師致力研究其心目中的終極任務，亦即將光與重力的現象，統合為單一而全面涵蓋的理論。

最偉大的理論

統一場論果真存在的話，必將是人類史上最偉大的知識成就之一，它統合了整個宇宙各異質元素，成為單一但可聯絡萬方的定律。有些重大的統一在愛氏之前就已粗略完成，牛頓就是其中一位。他綜合了地心引力與天體之間的吸引力，成為兼容並蓄的萬有引力（在牛頓之前，人們並不知道地面或近地表之物體，比如大砲彈道軌跡，是受同一種力，即萬有引力所掌管，與銀河系中諸星體所賴以在軌道上運行的力量是完全一樣的）。第二個偉大的歸納合併是在馬克士威（James Maxwell）手中完成的電磁方程式，電、光、磁三者得以團聚在同一組微分方程式中，互相轉換。

當愛氏著手要統合各類力學到單一的統一場論時，橫亙在他面前的已經有牛頓定律、馬克士威方程式、他自己的相對論，以及量

子力學。在尋找全部自然界的統一理論當中，愛氏所要展示的是如何使用一組一貫的原則，就可以面面俱到，解釋五花八門的力學和粒子理論。

　　真是雄心壯志又帶點阿 Q 精神，愛氏其實也不敢保證這樣的統一是否可能，或能不能反映真相。也許，到頭來發現世上的各現象，是根本無法用單一定律就統攝得了的，搞不好事與願違，他們壓根兒就是風馬牛不相及，是毫無關聯的現象。另外一個障礙是愛氏亦不敢確定，即使真有兼容並蓄的定律存在，靠著人類有限的智慧是否就能融會貫通。不過，反正他以前也曾知其不可而為之，現在為何不能再試一次？只需憑空想像即可。

　　愛因斯坦第一篇關於統一場論的文章，完成於 1922 年 1 月。研究這個問題是名副其實的嘗試錯誤，許多時候是一開始就誤入歧途，必須捲土重來，一次又一次反覆試驗之前已棄置的方法。對這件事，他做到了鞠躬盡瘁，死而後已。

　　高研院內和他一起追求統一場論的尚有梅爾、巴格曼、柏格曼、史特勞斯（Ernst Straus）、考夫曼（Bruria Kaufman）和一群研究助理與同事。他的工作時間通常是：早上九點半或十點離開莫梭街 112 號的住所，步行一公里到高研院。通常哥德爾會陪愛氏走上一段，哥氏住得更遠，於是就在上班的路上停在愛氏家門口，等著一道走。到了院裡，愛氏就在辦公室召集眾人討論，看有沒有新點子可以帶來一線曙光。這樣討論歷時數小時，然後愛氏才回家吃午飯，下午恢復獨自思考；若偶有會意，他就會欣然打電話給助理，讓他們分享好消息。當然，最後都是空歡喜一場，因為愛氏的統一夢終其一生都沒有實現。在他告別人間的數月前，寫下最後幾行方程式之後，愛因斯坦喟然歎曰：「依我看來，現在我提出的這個理

論，照道理已經是最簡單的相對場論了。不過，也難保大自然不是
遵照另一套更複雜的場論在運行。」

高貴心靈超凡入聖

　　高等研究院對愛因斯坦的最終目的是成敗互見的。他希望超越
量子力學的紊亂，並尋求一套更穩固的事實，且又符合觀察到的現
象，以下就是他至少還算成功的地方：EPR 之謎迄今仍無人能解。
他希望統一重力場與電磁學的努力則確告失敗。他構思成立一個世
界組織，屹立於地表，以確保世界和平，這項努力也是個敗筆。愛
因斯坦晚年的光陰，有一大半是花在試圖建立一套癱瘓、無聊，但
又超級天真的政治體系；雖然如此，他卻從不認為政治真的重要到
那種地步。有一次和助理史特勞斯在院內草坪上閒逛的時候，他有
感而發：「沒錯，我們是應該把時間稍微分配，有些給政治，有些
給我們的方程式；不過，對我而言，方程式重要太多了，因為政治
只關心一時，一道數學方程式卻足以永垂不朽。」

　　愛因斯坦當然也和其他高研院的教授一樣，同受柏拉圖式的薰
陶。現實的世界依舊現實，但是高貴的心靈可以超凡入聖，而這也
正是他科學精神的重心所在。

　　「我相信德國哲學家叔本華說的，驅使人類投入藝術創作和科
學研究的最大原動力，就是可以逃避日常生活中的枯燥乏味、痛苦
絕望，脫離肉體欲望永無休止的桎梏。溫柔細膩的天性，令人渴望
脫離了無生趣的人類生活，進入客觀體會與思維的世界。」

　　愛因斯坦逝世以後，攝影師進入高等研究院 115 室，拍攝了舉
世聞名的照片。就是愛氏送往醫院前，遺留下來一片凌亂的那幾張

辦公室照片。偉人的椅子是空的，整個房間就和博物館展示櫥窗陳列的擺設沒什麼兩樣。

其實，愛氏搬出之後，天文學家史壯格倫（Bengt Strömgren）隨即接手辦公室，使用達十年之久，並在期間宣誓就任天文物理系的教授。沒有跡象顯示史氏置身在辦公室內有什麼不安、好像愛因斯坦的幽魂正在他背後虎視眈眈。史氏回丹麥後，愛氏的辦公室又歸數學家伯陵（Arne Beurling）所有，直到今天*。

伯陵很喜歡愛氏的辦公室，特別是黃昏太陽快下山的時候，金黃色的陽光從房間一側的凸窗灑入。三束手指狀的光芒映照得整個房間金碧輝煌，連平常最陰暗的隱密處，這時也全部沐浴在愛因斯坦的最愛——光裡面了。

---

*編注：伯陵於1986年過世。之後115室由加拿大數學家朗蘭茲（Robert Langlands）使用至今。

第 **3** 章

謎樣人物 ── 哥德爾

　　1978 年 1 月，一位穿著病患衣服的乾癟老人，獨自坐在普林斯頓醫院的椅子上；深陷的雙眼透過厚重的圓形鏡片，瞪視著午后的冬日。這個人又瘦又小，體重大概不到四十公斤。由於神經衰弱、沮喪、妄想症，還有一些林林總總的真正疾病，使他一生中出入醫院、療養院、私人診所不計其數。

　　他總是獨來獨往、個性孤僻，身邊的人都公認他是不折不扣的怪老頭；有人則說他從小就有點情緒不穩的傾向。這位病人有膀胱方面的疾病，儘管至少已經有兩位泌尿科醫生勸告過他，但他還是拒絕接受治療。不過，這並不是他骨瘦如柴的原因，真正的原因是他拒絕進食。這位世界上最偉大的邏輯學家哥德爾，可能是自亞里斯多德以降最了不起的一位；同時也是高等研究院僅次於愛因斯坦最負盛名的學者。哥德爾總認為有人在他飯菜中下毒，醫生則只想害死他。

謎樣人物

在 1982 年 3 月，竇森（John Dawson）想要蒐集幾篇哥德爾未發表的論文。竇森是賓州州立大學的數學教授，他屢次寫信給高研院院長伍爾夫（Harry Woolf）、數學學院的塞伯格（Atle Selberg）和蒙哥馬利，索取一篇又一篇的論文影本，但總是得到相同的回答：哥德爾的論文沒有蒐集在目錄裡，所以無法外借，非常抱歉等等。竇森毫不氣餒，鍥而不捨的定時去騷擾他們，畢竟，哥德爾之於數學，就好比愛因斯坦之於物理的地位是一樣的，怎麼可能任由哥德爾的智慧結晶堆放在地窖裡面腐朽，消失在時間的長河裡？

突然有一天，竇森接到包瑞（Armand Borel）自高研院打來的電話。包瑞是當代頗有名氣的數學家，很耀眼，和他交談會有點不敢造次。但是不管怎麼樣，他在電話中說，因為院方有意將哥德爾的論文納入編目——他們的術語是「歸檔」，而你又興趣濃厚，那你乾脆親自到這兒來，看看是否願意接下這份差事？

竇森感到有點受寵若驚，一週後他就置身於高研院圖書館的地下室，靜候祕書開啟大門，進入一間用鐵絲網隔開的灰暗典藏室，哥德爾的家當全在裡頭。竇森怦然心動又有些忐忑不安，因為他即將目睹一位謎樣人物最深層隱密的私人文件，外界對此人的了解幾乎是一片空白。雖然他曾經寫過邏輯與數學理論史上最知名的一些著作，世人對於哥德爾的認識卻幾近於零。和愛因斯坦的情形剛好南轅北轍，愛氏的生平大小事蹟，幾乎無人不知，無人不曉，不管是有意無意聽來的或讀到的，就好像是國民生活須知一樣，反正你從小就聽過愛氏從不穿襪子，家裡顯然也沒有梳子，會拉小提琴等等。愛氏的軼事趣聞似乎無窮無盡。至於哥德爾，那就另當別論

了，他是誰？祖籍哪裡？是怎樣的人？即便是與哥德爾同為數學家的竇森，都不甚了解，甚至在找資料時都覺得困難重重。

「有關他確切事蹟的資訊少得可憐，我還記得到高研院之前，就連他的一些基本資料，例如結了婚沒有，有沒有小孩等等，費了九牛二虎之力都遍尋不著。怎麼會這樣？」竇森很納悶，「只是些基本資料而已啊！」

當然，有些小道消息說哥德爾患有憂鬱症，即使在 7 月的大熱天還是穿了好幾層的毛衣，外加一雙高及膝蓋的塑膠套鞋——如果你想把它們剝下來可比登天還難，想看到這類傳聞記載在白紙黑字上，更是絕無可能。即使霍夫史達特（Douglas Hofstadter）撰述了哥德爾的理論及其對藝術、音樂，甚至西方文明走向的重大影響後，對哥德爾本人的背景、性格等卻隻字未提。雖然哥德爾的發明占據霍氏著作的絕大篇幅，但作者在正文中提到他時，也只是稱他為「寇特・哥德爾」。

因此竇森此刻的心情就可想而知了，當祕書的鑰匙喀嚓一聲，轉開了鐵門的鎖，並在他面前將鐵網門推開時，他真是難掩心頭雀躍之情。哥德爾的論文就堆在那兒，橫陳在對面的牆邊，那兒十分陰暗，不過還看得見。有兩座高高的檔案櫃，還有層層相疊的厚紙箱……約莫有六十餘箱。堆起來大概快兩公尺高，一排一排的橫跨房間兩端。

竇森暗忖：這些箱子裡究竟裝的是什麼寶貝？

抽象脫俗的科學

不管你對哥德爾這個人的生平還有什麼可以補充，無可諱言

的，他是柏拉圖天空裡唯一真正的太上老君。倒不是因為他有什麼特權或靠山。相反的，他遭漠視、忽略，大部分時間都被行政管理人員以及同僚遺忘，從他1933年初進高研院，一直到1953年，也就是二十個年頭後才獲拔擢為教授，延宕之久，令人不可思議，簡直是空前絕後。然而，若以高研院標榜的精神來比較，也就是說，若用專業知識這個抽象標準來排名，哥德爾已算得上龍頭老大了。畢竟，高研院是搞理論起家的，而理論則愈抽象愈佳，以此標準來衡量，哥德爾的冠軍頭銜當之無愧。

因為哥德爾接受的是數學家的訓練，而數學又是最抽象、最脫俗的科學。它探討的是如數字、形狀和抽象關係等，不存在於現實世界的東西。比方以數字來講，數字是無法捉摸的；看不到、聽不見，也不能握在手中。你可以看見五個蘋果、五個人、或五匹馬，但看不到五這個數目。噢！你是可以看到數字「5」，但它不是真正的東西，只是一種書寫方式，代表五這個數目的符號。同理，幾何形狀也一樣：三角形、圓、球，也是看不到的東西。沒錯，你可以畫一個三角形，但那不是真正的三角形：它只是三角形的圖像。真正的三角形——邊線必須完全是直的，線的寬度或厚度皆為零，而地球表面並不存在這樣的東西。

但是，要說它們根本子虛烏有也不盡然。數字和幾何物體，至少存乎內心（因為它們正是我們所想像的）。然而，它們不能僅存乎心，還得存在於其他地方才行。如果只是心中的綺想，那麼數字豈不是可以隨興之所至任意更動？顯然不行，它們連一點一撇都不會更改，數字是剛強不能屈的。它們的特性是：無論我們如何脅迫都面不改色，二加二永遠等於四，不用討價還價。照哥德爾的看法，儘管自然界中到處都找不到數字、直線以及其他許多數學物件

的影蹤，但它們確實有客觀的存在性，不只是捕風捉影而已。哥氏說：「類別和觀念也都可以……視為真實的物件，獨立存在於我們的定義與架構之外；對我而言，它們的存在似乎與物理實體的存在是一樣合理合法的。」

若照字面解釋，這些論點都顯示，稱哥氏為柏拉圖的門徒，真是實至名歸，當之無愧。他認為數學的主題如數字、集合、幾何結構，都是又真又活的實體；哥氏未曾言明它們確實的所在，更沒有說過它們存在於柏拉圖的天空，他根本無須多此一舉。它們還能藏身何處？不過最後不知因何緣故，他還是說出一些奇怪的話，例如：數學物件存在於另一維空間。這種說法有點莫名其妙，就連高等研究院裡其他的柏拉圖門徒都不敢苟同。有些事情還是別說為妙，何況，當時哥氏已相當孤立，這些話更使情勢雪上加霜，有人已經開始懷疑他是不是有潛在的精神病。他常說：「我從事的是一件極為寂寞的工作，我關心的是數學物件客觀的存在問題。」所以，他用不著立刻出來說明，不過高研院上上下下，沒有一個人比哥氏更死心塌地的相信所謂「理型的世界」。

有一次，空前絕後的一次，哥氏走出高處不勝寒的柏拉圖天空，來思考物理世界的本質，目的是要否定時間演變的真實性。首先，在此請勿將時間與世界上的事物混為一談：因為時間本身就像影子一樣，並非實質的東西，只是攀附在別的物體上，神龍見首不見尾，就如同數字與抽象形狀一般不可見。事實上，愛因斯坦早已唾棄所謂「同時」的概念，這使得時間更加顯得神祕不實，比開始時更加深奧難解了。但是哥氏則更上一層樓：主張若以客觀標準來衡量，時間根本不存在於這個世界。它只是我們律定的特殊模式，是人類自己設計的一套觀察理解自然的法則。

　　也就是說數字是真實的，時間反而不是。大哉哥德爾，唯有他想得出如此創見，也難怪他要榮登天外天、最崇高、只能意會不能言傳、有眼亦不能見的學術聖殿寶座。因此理所當然，哥德爾配得上瓊樓玉宇的統治者權柄，在百年孤寂之外又能獲得神祕大師的令名，並散發出謎一樣的靈氣。說他莫測高深也頗合邏輯了，他似乎一舉手、一投足都饒富不可言傳的涵義，幾乎是在宣告屬天的信息。

　　數學家魯可（Rudolf Rucker）曾於 1972 年拜訪過哥氏，他說：「我充滿了完全獲得了解的喜悅，他對我一連串的推論立即心領神會，似乎我話一出口他立刻明白，間或報以會心的一笑，有時稍顯詭異，然而和哥氏談話，頗有心電感應的感覺。」

　　聽到了嗎？「心領神會」、「會心的一笑」、「心電感應」，當然囉！難道不是嗎？畢竟我們談論的不只是一個終必腐朽的凡人，而是理型的皇帝，至高無上的神祕主宰。

解開謎團

　　置身於陰暗的圖書館地下室，寶森緩緩翻閱哥氏碩果僅存的最後線索，「好像是個摸彩箱，那種經歷非常奇妙。我手中拿著一個信封，未開啟前我就暗自思量，這裡面又會是什麼？真是緊張又刺激。」

　　他發現了書籍、期刊、草稿，以及不計其數的個人紀錄，包括家居照片、購衣收據、公寓租賃契約、房屋清潔帳單，五花八門、應有盡有。「有一個信封，裡頭裝著婚宴的收據，和買啤酒的單據放在一起。還有他仍在維也納時的煤炭帳單，經年累月的水電費帳

單，圖書館借書單等——真是不可思議。」

最匪夷所思的是那些書裡面，塗滿了一頁又一頁無法辨認的字跡，不像是竇森學過的任何一種語言寫成的；甚至連字母都前所未聞。盡是些蚯蚓樣的圖案、鋸齒狀或點狀的圖形……到底在畫些什麼？竇森百思不解。

然而，他是看上癮了，他決定要將哥氏的論文及個人資料彙整編目。竇森是科學家，而科學家的職責就是要研究發明，或許他可以理出頭緒，破解這些宛如天外飛來的文件，或許可以從斷簡殘篇之中，解答迄今仍混沌未開的謎團：哥德爾是誰？

哥德爾於 1906 年 4 月 28 日，在現今捷克的布爾諾（Brno）誕生，從小就受洗加入當地的德語路德教會。他對宗教態度嚴謹，而且顯然終身保持對上帝虔誠的信仰，這點頗令高研院的同僚感到納悶。哥氏據說還寫過一篇論文證明上帝的存在——亦即所謂的本體論或存在論。但是依照高研院的慣例，他們並不希望竇森看到它。竇森說：「我想他們是怕這樣可能會令哥氏名譽受損，害怕那篇論文會成為哥氏精神異常的證據。」

其實，這類的證據已經多如過江之鯽了。哥氏從小就患有憂鬱症，當他只有六、七歲的時候，染上了風濕熱而大病一場，帶給他錐心的痛楚及極大的驚嚇。這種疾病常常會損傷心臟，因此哥氏就一直認為他的心臟不好，如果穿得不夠暖、吃得不適當，鐵定就會昏倒在地，一命嗚呼。不過，他倒是挺好問的，各式各樣的問題，幾乎天底下的一切事情都讓他問過了，他父母給他起了個綽號叫「為什麼先生」。

1924 年，哥氏進入維也納大學，原想主攻物理，但是後來聽到佛特溫格勒（Philip Furtwängler）主講的數論，印象深刻而決定

轉攻數學。在課堂上小生怕羞，下課後卻廣受歡迎與愛戴，因為他總是幫助其他同學寫作業，而且來者不拒。

加入維也納學圈

哥氏的恩師韓恩（Hans Hahn），介紹他加入著名的維也納學圈（Vienna Circle），這是由一群知識份子組成的學社，成員包括韓恩本人、經濟學家諾依拉特（Otto Neurath），以及數學家佛朗克（Philipp Frank）等人。學社創始於 1907 年，這群人常在星期四晚上，聚集在當地一家酒館喝啤酒、抽雪茄、高談闊論，分享彼此對科學的熱愛以及對科學方法的見解。隨著大酒杯慢慢見底，雪茄的煙圈緩緩升上屋椽，一團團科學上的疑雲也漸漸浮現。他們覺得很納悶，為什麼科學方法無法一體適用，為何無法擴張到涵蓋人類全部的知識？

1926 年哥氏加入時，這群人已改在維也納大學數學系旁的會議室定期會晤，這群青年合力推出了一套新的科學哲學，後來成為大家熟知的「邏輯實證主義」（logical positivism）。邏輯實證主義主要是根據所謂的檢證原則，主張一種論點若要有意義，就必須能經由感官得到檢證，一個概念若不能追本溯源至看得到、聽得見或摸得著的東西，則此概念就不具效力，也就是沒有意義了。在這個原則下，第一個得揚棄的，自然是神的概念，因為他們認為神說穿了只是形而上的虛空罷了。

哥氏著迷於他們討論的內容——至少他們知道問題的所在，但是他卻不能苟同他們的看法。他雖然只有十九歲，卻已經認同柏拉圖式的數學定位：數字與數學上的各個主體，和世界上其他事物沒

有兩樣，都是又真又活的。看得見、看不見根本就無關緊要，原子也是肉眼所不能見的，可是卻夠真實了吧！在後來的人生旅程，哥氏自稱他的形而上柏拉圖為「客觀主義」（objectivism），並認為這替日後完整的理論與邏輯學上的相關結果，奠下堅實的基礎。

　　哥氏雖然否定維也納學圈對未見之物所持的論點，不贊同所謂實證主義，但是卻對其中一項議題——數學的基礎，表現超乎尋常的興趣。當時數學的根基鬆動，整個數學體系還一度搖搖欲墜。然而，哥氏對此並沒有多大的幫助，實際上，他不但未能協助重建基礎架構，還使得原有的體系一頭栽進無底深淵，讓其他數學家去收拾殘局。高研院的外勒（Hermann Weyl）就是其中一位，老是把「哥氏崩潰」和「哥氏大災難」掛在嘴邊。的確，哥氏主張的基礎對每一位辛勤工作的數學家都是極大的震撼，他注意到有些接合不良，有些……裂縫，存在於柏拉圖天空的穹蒼上面。

數學真相仍待追尋

　　對數學門外漢來說，數學是確定性的最佳範例，是合理、完整、絕對真理的典型。但是搞數學的人很快就會發現，這種想法很危險，因為自理論科學發展伊始，數學就挾帶著部分不精確、不確定性。的確如此，有些基本的數學真相至今仍蒙著神祕面紗。比方說，古希臘人首先發現的「不可通約性」（incommensurability），就是最好的例子。

　　因畢氏定理而名垂青史的畢達哥拉斯，就是古希臘那個聲稱世界是由數字組成的神祕學社首腦，他們的信仰乍聽之下非常詭異，仔細想想卻不無道理。他們對數字的看法是將其對應到空間上的一

些單位點，中間以線段區隔。數字「1」是單一點；「2」是兩點，可構成一個線段；「3」點構成一個三角形；「4」是正方形；「5」則變成金字塔（請參閱圖3.1）。

畢氏的信徒抱持著一種泰然自若的態度，認為數學是理性自持的最高象徵，是表裡如一的，不像瞬息萬變又終必凋零的平凡世界，反正可說是亙古不變的完美化身。然而大出意料之外的是，他們竟無意中發現隱藏在最對稱正方形裡面的，卻是既不能肯定、又不精確，甚至是不可理解的現象。因為正方形的對角線，用量邊長的同一單位，是無法衡量的。

如果拿一把尺，量得正方形的邊長為一公尺，那麼，不管你如何嘗試，將尺的刻度如何細分，仍舊量不出對角線的準確長度，因為它總是會落在兩個刻度之間——絕非正中央，總會偏離中點一些。同樣的，即使你用算術方法去算，用整數而不用物理方法去實地量測，一樣得不出理想的結果。如果正方形的邊長是1，由畢氏定理：$a^2 + b^2 = c^2$，我們知道對角線的長度應該是 $1^2 + 1^2$ 開根號，亦即 $\sqrt{2}$。可是 $\sqrt{2} = 1.4142135……$沒完沒了（請參閱次頁圖3.2）。

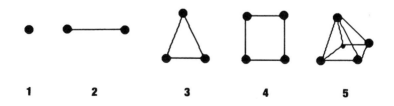

1 2 3 4 5

圖3.1 畢氏整數。

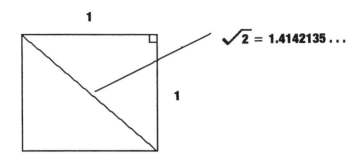

圖 3.2　正方形的對角線與邊長之不可通約性。

換句話說，$\sqrt{2}$ 找不到有限位數的數值表示：它是「無理數」（irrational number），就是說無法以整數或兩整數相比的分數來表示。這不但無理，還頗令人生氣，特別對畢氏信徒而言，更是要火冒三丈了，因為這就是象徵了這世界有些部分錯得離譜，象徵自然界的中心還是存在基本的無理性。

隨著數學的神祕性物換星移，不可通約性的問題逐漸失去了眩目的光彩，也慢慢變得微不足道了。但是等到類似的問題在微積分的國度裡孳生後，數學家算是真正面臨了危機。微積分是專門處理「無限小」（infinitesimal）數值的學問，對付的是一些小得不能再小的時間或距離。

假設我們想求得自由落體通過某一點 x 時的速度，由於它的速度在每一點都與時俱增，所以你不能簡單的取起始與終止速度之平均值就算了，因為此值幾乎可以說一定不是在點 x 處之速度。你倒是可以採用夾擊定理，取 x 前一點，x 後一點的兩速度之平均值，如此一來，可以得到較接近正確答案的近似值，但仍然不是正確值。共同發明微積分的萊布尼茲和牛頓則注意到，如果將區間不斷

縮小，縮小到趨近於零，那麼就可得出點 x 處的準確速度——也就是你真正想算出的值。你需要的只是極短距離 ds，除以極短時間 dt 的商，點 x 的速度就等於 ds/dt，即 s 對 t 的微分（請參閱圖 3.3）。

到目前為止，好像都還言之成理，但是「無限小」的值到底是什麼玩意兒？無限小的區間，到底是要多小？而將數值不斷縮小，小到趨近於零，指的又是什麼？在《自然哲學的數學原理》一書中，牛頓稱此無限小的值為「漸漸消逝」的數學量，意即它們愈變愈小，最後突然完全不見，就像變魔術一樣。他說道：「兩個漸漸消逝的數值之最終比率，理論上是既非消失前，亦非消失後的比

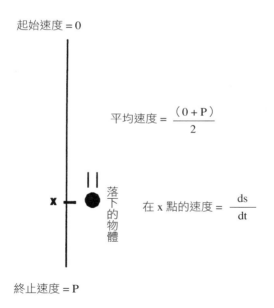

圖 3.3　計算自由落體通過點 X 之速度。

率，而是分毫不差發生在消失當下的比率。」換句話說，無限小的比值，事實上是拿兩個……根本不存在的值去相除。

至於萊布尼茲這邊，則有時稱無限小值為「虛值」，有時又稱為「相對的零」，不管哪一個，聽起來都晦澀難明，而且好似故弄玄虛。哲學家柏克萊（George Berkeley）就曾經樂得挖苦說：「誰要說他能消化（所謂無限小的觀念）的話……那我想，他也不用太在乎其他什麼聖不聖潔的德行了！」

無限小本身就夠神祕了，卻還有另外一個夥伴叫做無限大。十九世紀末葉，康托（Georg Cantor）正傾全力發展一套數學上的新支派，稱為集合論（set theory），當時他想到一個「所有集合組成的集合」而造成的矛盾。簡單的說，集合是將許多物件蒐集在一起，整數當然也算是一種物件，所以你可以建立 {4、7、2、3} 這樣的集合，由元素 4、7、2、3 所組成。這個集合，同其他任何集合一樣，也包含許多子集，亦即小於或等於原集合的集合，{4} 是一個子集，{4, 7} 是一個，{7, 3} 又是另一個，依此類推。由此可知，一個包含四個元素的集合，會有十六種可能的子集；推而廣之，一個含有 n 個元素的集合，就會有 2^n 個子集。現在，記得一個要點：任一集合所擁有的子集總數，比它擁有的元素個數要多得多。

但是，所有集合所成的集合，也就是宇集（universal set）又怎麼樣呢？照定義，它的元素就是「所有的集合」，但對照上述結論：任一集合所擁有的子集總數，比它擁有的元素個數要多得多。如此一來，宇集包含的子集數目比它包含的集合數目要多，這怎麼可能？

釜底抽薪

等到哥德爾進入維也納大學就讀時，數學家已經形成共識，非找出一個釜底抽薪的辦法，以求一勞永逸解決這類數學宇宙中層出不窮的問題。就如希爾伯特（David Hilbert）1925 年所說的：「我們已經歷過兩次了。頭一次是微積分中無限小的矛盾，接下來則是集合論的矛盾，不容許再有第三次了，最好永遠不要再發生！」

所以數學家不得不面對更根本的「基礎」問題，為數學找尋新的理論基礎，使得雖有重重詭論、矛盾以及表面的不可能性，但仍保證數學是確定的泉源，一如他們往常的希望，是絕對而業經證實的真理同義詞。當務之急，是要證明數學至少是相容的（consistent），不含任何潛在的矛盾；此外，還得證明數學是完備的（complete），足以解答任何可能來自內部的問題。

革新數學基礎的總召集人就是希爾伯特，他是德國哥廷根大學的教授，也是最偉大的數學家。希氏是無可救藥的樂觀主義者，他相信凡事只要全力以赴，最後總會峰迴路轉、柳暗花明。他發表過許多文章，也出過好幾本書，具陳修補基礎之道，以杜絕一切的不確定性。他在某數學研討會的演說中，講過一番鼓舞士氣的名言：「任何數學問題皆可解，」他滔滔不絕的說：「這點相信大家都同意，畢竟投入一個數學問題的時候，引人入勝的動力就是深藏在我們內心的聲音：題目就在這兒，請找出解答。你只需運用思想就可以找到，因為數學裡面沒有什麼解不開的難題。」

真是金玉良言！信心的宣告！解答就在這兒，因為有人擔保過任何數學問題皆可解……在數學裡面沒有不可知的。最令人安慰的是，不需實驗設備就可以找出答案，也用不著求助自然，只需用

純思維來尋找，在場的每一位數學家，幾乎都吃這一套。

希氏自然對如何證明他說的不是空談，早就胸有成竹，而且很快就與追隨他的同志有了進展。事實上，他們幾乎已摸著了問題的核心，也幾乎可以彌補柏拉圖天空行將傾塌的城牆……殊不知，天不從人願，最具殺傷力的事情發生了。誠如弗雷格（Gottlob Frege）所說的：「就像大樓已完工，結果地基卻開始下陷。」而在大樓底下鬆動每一塊牆角石的，不是別人，正是沉默寡言又保守的人物——哥德爾。他不是拿斧頭劈，也不是用大鐵槌敲，更不是拿拆屋用的鉛球去撞擊，倒像是用一根小木棒在那兒輕敲，聽聽有沒有異常的聲音，然後突然聽見他大吼一聲——就是這裡！裡面有點空心！那聲音聽起來直叫人毛骨悚然。

1931 年哥氏發表了一篇論文，名為〈《數學原理》與相關系統中形式上不可決定的命題〉，使得「哥氏災難」更加大舉肆虐。哥氏一語道破，數學並不如希氏等人所言是包羅萬象、全知全能的系統。相反的，他說希氏的計畫其實是沒有指望的，因為有些源於數學系統的潛在問題，是系統本身無力解決的。換句話說，終於還是有些不可知的難題。

為了證明他的論點，哥氏根據《數學原理》（*Principia Mathematica*）一書的邏輯系統，精心造出一道不可決定的命題；《數學原理》是一套三大冊的巨著，作者是赫赫有名的數學邏輯專家羅素（Bertrand Russell）和懷海德（Alfred North Whitehead），他們希望浩瀚的數學內容，可以簡化為幾組簡單的公理及推論法則，包羅萬象、法力無邊到如哥氏所說的「以為真的藉著這些公理及推論法則，就足以解出任何的數學問題，只要這些問題可以在前述的理想系統中用形式表示出來。我們將證明……這種期望無疑緣木求

魚,是無法達成的。」

哥氏設計了一道出人預料的命題,雖然在該系統中它可以合法表示出,但卻無法證明其為「真」(true)。哥氏聰明的地方,是他那道不可決定的命題,相當於以數學方法說本敘述「不可證明」(unprovable)。本命題確實無法證明,但重點是它在邏輯上結果為真:這是一個為真,但是卻無法證明它為真的命題。

聽起來,數學好像已走進窮途末路,似乎希爾伯特多年來說得天花亂墜,而且孜孜矻矻的數學家也奉行不渝的數學本質,其實先天上就無可避免的帶著些不完備、不圓滿,真是令人洩氣。

高研院棲身范氏館

就在 1931 年哥氏「不完備性」論文發表後不久,維布倫邀請他來到新成立的高等研究院,講授他研究的問題。哥氏欣然接受,並於 1933 年 10 月 6 日抵達紐約。高研院當時才剛開張四天,只有三位成員:亞力山大、馮諾伊曼和維布倫;愛因斯坦則還在歐洲。

那時高研院棲身於普大數學系的所在地——范氏館。那是一棟有山形城垛的古堡,屬於中古黑暗時期的典型建築,外表看起來像教堂,內部則像監獄,石壁長廊帶領你進入一間間黑暗的隔間,每一間的照明設備(如果你願意這樣稱呼)只是用鐵打造的籠子,看起來裡面放了一、兩根發微光的蠟燭。這裡非常陰暗,會讓你有置身鬼屋的感覺。

為了多方合乎范氏館的精神,來此深造的人都稱為「數工」。高研院的第一份公告發表於 1934 年 2 月,上面寫著:「數工絕大多數剛拿到博士學位沒幾年,在大學任教並從事例行研究,且發表過

有潛力、有遠景的論文。」公告的標題是「登記有案的數工」，下面列了二十三個人名，十七位來自美國，其他來自海外，包括哥德爾在內。

哥氏在高研院的春季班講完「不完備性」後，轉往紐約與華盛頓，向當地的科學社團發表他的研究成果。5月底回到歐洲；1934年秋，時年二十八的哥氏前往維也納郊外的西方療養院（Sanatorium Westend），治療神經衰弱的疾病。或許因為渴望得到愛的滋潤，他在維也納的夜總會邂逅了一位舞孃，名為寧波斯基（Adele Nimbursky），而且想和她結婚。問題是，哥氏父母強烈反對，踢踏舞孃怎麼配得上我們可愛的小哥德爾，免談！哥氏向來服從權威、孝順父母，這在他的一生中屢見不鮮，哥氏雖是不可一世的邏輯學家，敢於大膽破壞數學的完美無缺，卻極易屈服於在上掌權的人。

和哥氏在高研院共事多年的蒙哥馬利就還記得：「約莫十五年前，我們群起抵制院長凱森（Carl Kaysen）的一項任命案，凱森想聘請某人為社會科學學院的教授，哥氏讀過不少涉及此人的報導及論文，認為實在糟透了，大多數教職員也有同感，所以都投反對票。凱森卻執意要聘用，而理事會又支持凱森，所以這項人事任命終究還是通過了，不過那個人最後還是沒有來報到。哥氏和其他人一樣投反對票，但是他對我說理事會贊成聘用一定有什麼原因，『也許他們手上握有些有利於此人的證據，而我們沒有看到。』『也許這個人曾經為政府做過什麼高度機密的工作，只是我們不知道。』反正有許多證據顯示，哥氏即使不同意在上掌權的人，到最後還是會為他們自圓其說。」

高研院的另一位數學家塞伯格說得更露骨，他說：「哥氏其實

是食古不化的認為，任何權威皆來自神的授與，將此律例視為極端神聖。他或許不是個很認真的基督徒，因為他並不屬於任何支派，也可能發覺他們的教導有許多不合邏輯之處，不過他確實相信上帝，而且有一個根深柢固的觀念，就是任何權柄都是出於神。」

長路漫漫回樂土

1935 年秋，哥氏在西方療養院治療神經衰弱滿一年後，再回到美國，第二次造訪高研院。這次只停留了六個星期，就因工作負荷過重與精神沮喪而辭職。兩週後，他回到奧地利靜養。1936 年的冬季及春季，哥氏大半時間都待在療養院，未恢復正常的教學研究，一直等到 1937 年初夏，他才到維也納大學開班授課。

哥氏終於娶了夜總會舞孃寧波斯基，並在 1940 年的元月底，偕妻子連夜趕搭穿越俄羅斯心臟的西伯利亞鐵路列車，往日本橫濱前進，並在那兒登上郵輪前往舊金山，最終目的地是高等研究院。

原來 1939 年 3 月，納粹黨廢止了大學的教授制度，另外創立一個「新秩序講師」（Dozent neuer Ordnung）的職位。哥氏因此丟了工作，而屋漏偏逢連夜雨，他又收到召集令，要他向納粹德軍報到接受體檢。這位個性內向、害羞孤僻，三十二歲已是二十世紀名滿天下的偉大邏輯學家，如今已婚又失業，四面楚歌的困在維也納的小公寓裡，心中惶惶不可終日，彷彿大限將至，若不趕緊逃命，八成要被送進冰天雪地，和其他軍隊一起踢正步。

希特勒狂熱當時已席捲了整個城市，哥氏從清潔婦馬利亞手中接過帳單，赫然發現除了應繳金額 6.8 馬克之外，下方還整整齊齊的打了一行字「希特勒萬歲！」哥氏對這些東西深惡痛絕，開始趕

辦手續，填寫一堆官樣文件，希望能把自己和妻子弄到美國去。他們覺得乘船橫渡大西洋太冒險了，所以改走迂迴的遠路，先跨越蘇聯國境、太平洋，然後到北美新大陸。旅途勞頓而長路漫漫，他們1月18日離開奧地利，一直到1940年3月4日才駛抵舊金山。幾天之後，哥氏到達普林斯頓，開始長達十三年、升任教授前的客旅生涯。

　　千鈞一髮逃離德國第三帝國的統治，哥德爾一定比其他人更能體會高研院發起人傅列克斯納所形容的，高研院像個「天堂樂園」，是學者專家的安息園，可以視世界現象為活的實驗室，又不至於捲入現實世界的立即危機。此時高研院已由原來中古時代建築的范氏館，遷至老農場上的福德大樓，當他搬入鄰近於愛因斯坦樓上的辦公室時，必定大大鬆了一口氣，因為他已經把冷酷的現實世界永遠拋到九霄雲外去了，即或不然，也相去不遠了。

古怪脾氣難恭維

　　不過，在哥氏的生活與工作外，還有一段小插曲，且聽數學家費佛曼（Solomon Feferman）娓娓道來：哥氏差點入不了美國籍。因為宣誓加入美國公民之前，得先通過一項口試，為此哥氏細心研讀了美國憲法，他愈讀愈不對勁……好像有什麼問題、什麼矛盾存在。仔細推敲還會發現，美利堅合眾國其實可以合法的變為獨裁專制國家。他偷偷把這驚人的發現告訴朋友摩根斯坦（Oskar Morgenstern），而摩氏則告訴他，在公民權審核口試時，可得三緘其口，一個字都不能提。

　　1948年4月2日，哥氏在愛因斯坦和摩根斯坦兩位證人陪同

下，出現在紐澤西首府特倫頓市（Trenton）的州政府移民局。在駛往特倫頓市途中，愛因斯坦故意講了一籮筐的故事、軼聞，以轉移哥氏的注意力，不要再鑽美國憲法的牛角尖，暫時別去想合不合邏輯的問題。但是例行程序開始，移民局官員說道：「截至目前為止，你所持的是德國的國籍……」哥氏暴跳如雷，並當場指正說自己是奧地利人，不是德國人。那位官員繼續說道：「好吧！不過也差不了多少，反正也是在邪惡的獨裁政權統治之下，幸好在美國沒有這種顧慮。」

哥氏嘆道：「剛好相反，我知道怎麼使美國變成獨裁政權！」不過，總算愛氏和摩氏不辱使命，有效克制了哥氏的牛脾氣，才好不容易通過口試，順利宣誓成為美國公民。

哥氏在社交上怎麼也談不上長袖善舞或八面玲瓏。有一次，外勒（就是首先講到「哥氏災難」的那位）邀請數學家駱岑仁（Paul Lorenzen）到高研院訪問，駱氏曾撰文嘗試彌補哥氏炸出來的大洞，而外勒至表歡迎與欽佩，在寫給駱氏的信上這麼說：「我彷彿看見天又開了！」

很不幸，外勒卻在駱岑仁抵達普林斯頓前就身故了，所以當駱氏來到高研院時是由哥氏前來接待，哥氏差不多劈頭就說：「我看到你的作品了，而且覺得是個禍害。」可憐的駱岑仁一定畢生難忘，他說道：「你應該可以理解，那句話的每一個字，我一輩子都記得清清楚楚。」。

另外有一次，哥氏參加高研院每學期一至兩次的教職員餐敘，對面坐的是天文物理界的新星貝寇（John Bahcall），兩人簡短的自我介紹，貝寇說他是學物理的，哥氏聞言竟回答：「我不相信自然科學。」當然囉！自然科學既麻煩又不精確，不能反映出數學物件

的亙古不易，貝寇也心裡有數，可是那個晚上彼此的交談確實有點
困難。

開啟數學新境界

哥氏在高等研究院的主要科學計畫，是驗證連續統假說，如哥
氏自己的描述：「康托的連續統問題，說穿了就是在問：『歐氏空間
裡的直線上總共有多少點？』同樣的問題也可以換個方式問：『現
存的整數集合總共有多少種？』這個問題，當然是『數』的概念延
伸為無限集合時，才有可能產生。」

在康托以前的時代，甚至追溯到古希臘時代，數學家並不承認
任何無限總和的存在，無限大可以存在，但只能存在於一個潛在的
過程中，因為我們永遠可以在任一數字上再加 1，使其變為更大一
點的數；加 1 再加 1，用不完的 1，這個過程可以永無止盡的進行
下去，所以從某個觀點來看，數目是可以無限的。然而，你卻無法
在某個時間，選取某特定數，說它就是無限大這個值。只要按照定
義是有限的值，就不能用以定義出無限大這個數。

上述推論看似言之成理，但是康托卻不表贊同，他說道：「我
對這種蔚為風尚的數學觀念持保留態度。」其實這句話實在太客氣
了，他後來主張，無限這個觀念不只有一個，而是有一系列，且有
無止盡的階層。他的立論褒貶互見，有人說這簡直是胡言亂語，有
人則認為康托奇蹟式的為數學宇宙開啟另一個新天地，希爾伯特就
是其中之一，他說：「康托為我們開闢了新天堂樂園。」

康托就是搞不懂，為什麼不能接受有一大組無限集合就擺在眼
前的事實。畢竟，數學家一天到晚都在使用無限的數量，只是他們

自己不曉得而已。例如 π 好了，早在 1767 年，人們就知道 π 是無理數，意思就是任何有限的十進位表示法，皆不足以代表它的準確值。但是，π 的存在是鐵的事實，它的值就等於圓周長除以直徑，所以只要有圓存在，只要有直徑存在，π 就必然也存在。儘管你無法寫盡 π 的各個位數，仍無損於其存在的事實。π 雖然有無限多位小數，但是它確實存在。

康托更進一步指出，你可以有無窮個大小不同的集合。自然數集合，亦即我們數人頭用的正整數 1、2、3……只是這類集合中最小的一個，在它上面還有成千上萬個，更大更多的無限集合與無限大值。

為了有系統的說明，康托決定用一個特別的符號來代表無限集合，他用的是希伯來文的第一個字母 $\aleph$（念作阿列夫，Aleph）。至於最小的無限集合，即自然數集合，康托將其基數設為 $\aleph_0$。康托指出，只要兩集合的元素可以形成一對一的對應，那麼此兩集合可視為數量相等。那麼，既然自然數的倒數可以和正整數（即自然數）形成一對一的對應（請參閱下圖），所以這兩個集合在元素個數上就相等了，同樣都有 $\aleph_0$ 個。

$$1 \quad 2 \quad 3 \quad 4 \quad 5 \quad \ldots$$
$$\updownarrow \quad \updownarrow \quad \updownarrow \quad \updownarrow \quad \updownarrow$$
$$1/1 \quad 1/2 \quad 1/3 \quad 1/4 \quad 1/5 \quad \ldots$$

但是，還有更大的無限集合存在，比方說在兩個整數像 1 和 2 之間，可以插入一大堆帶小數。而在 0.25 和 0.26 之間也可以插入

一堆小數，在 0.255 和 0.256 之間還是如此，在 0.2555 和 0.2556 之間仍然一樣，以此類推，永無休止。其實在任兩個實數之間，都可以再插入無窮多個小數。總而言之，小數——不論是純小數或帶小數，甚至整數如 1.00，也可視為小數，他們組成的無限集合，就比正整數組成的無限集合來得大。

　　到此為止，你可能已經看得眼花撩亂，好像什麼戲法似的。反正，只要整數的供應可以源源不絕，那肯定是可以和小數達到一對一對應的目的。好像言之成理，數目夠多，不虞匱乏就自然可以達成。

　　但是，康托卻證明不是這樣容易：他證明了小數的數量遠比正整數要多得多，所以正整數的集合，其實不足以與其達到一對一對應，他使用的方法就是著名的「對角線證法」。

　　試考慮下面這個簡單的配置：

$$\begin{matrix} \mathbf{1} & 2 & 3 \\ 4 & \mathbf{5} & 6 \\ 7 & 8 & \mathbf{9} \end{matrix}$$

　　由左上到右下觀看，可以得到一個新的數字，怎麼看都不屬於原來所列的三個數。而且康托發現，一個任意大小的數字陳列，都可以找出一個新的對角線數，是絕對不等於原來任何一個數字陣列。藉由這個推論，他證明了一件事，就是實數的個數其實遠比正整數要多得多。

　　如果採用反證法，也就是說，假設實數可以和正整數達到一對一對應；現在把討論的範圍限定在 0 與 1 之間的數，那麼我們可能

會將正整數與實數做成下面的配對：

整數	實數
1	.0000000001234 . . .
2	.3475869979787 . . .
3	.9884666567576 . . .
4	.7572574543298 . . .
5	.6666666666666 . . .
6	.0298847244656 . . .
7	.5000000000000 . . .
.	. . . .
.	. . . .
.	. . . .

假想對照表無止境的繼續下去，直到所有的整數傾囊而出。因為整數永遠不會用罄，所以看起來似乎可以支撐到最後一個實數用完，不管數量究竟如何龐大。但是，就如前述的對角線證法所示，這個假設其實是錯誤的，為什麼呢？試考慮第一個對角線數，亦即：

.0482640……

然後每一位數都各加 1，如此一來，就有另一個新數字 n 產生：

.1593751……

而且，n 不可在原先所列的實數裡頭找到，原因是 n 至少和原已在列中的數有著一字之差，更清楚的說：

- n 的第一位小數，和第一個實數小數點後第一位不相同，因此 n 不等於原列中的第一個實數；
- n 的第二位小數，和第二個實數小數點後第二位不相同，因此 n 不等於原列中的第二個實數；
- n 的第三位小數，和第三個實數小數點後第三位不相同，因此 n 不等於原列中的第三個實數；
- 以此類推。

換句話說，如果 n 不同於每一個列出的實數，那麼顯然 n 其實並不在那個所謂包含了「全部」實數的陣列中。結論是：與原先的假設背道而馳，你不可能在整數與實數之間設立一對一的對應，因為實數的數量實在比整數要多太多了，用整數去一個一個對應實數是不可能的。

接下來要問的是所謂連續統問題，到底有沒有一個無限集合是比自然數大，但是比實數小的。簡單的問題，聽起來也應該極容易回答才是，康托本人是認為沒有這種介於「小」無限集合與「大」無限集合的「中」無限集合存在。這個觀點，就是現今稱為「連續統假說」的觀念。唯一美中不足的是，康托不知道如何證明此連續統假說，其他數學家也都束手無策。

在高等研究院，哥德爾埋首研究解答連續統問題有數年之久。和康托一樣，他也沒有找到完整的解答，進展倒是有的，他提出了一套足以滿足連續統假說的數學模型：他認為一旦設定標準集合論的公理，如哲美羅（Ernst Zermelo）和法蘭哥（Abraham Fraenkel）所提的，如此連續統假說就能夠加上去，成為一項附帶公理或推理，不會有副作用或新矛盾產生。

後來哥氏收了年輕數學家柯亨（Paul Cohen）為助手，兩人一起合作了兩年，共同研究解答連續統問題之道；柯亨離開高研院之後不久，旋即有了進一步的發現。柯亨採用一招出神入化的集合論戰術，發展出所謂「強逼」法，並且獲致連續統假說獨立於哲美羅──法蘭哥公理之外的結論。正如平行公理獨立於歐氏幾何的其他公理之外一樣，意思就是說，前者不能靠引用後者來求證，柯亨說明了連續統假說，不能單單靠著集合論的公理就想得到證明。哥氏代表以前的學生柯亨，將他的證明投到《美國國家科學院會報》（PNAS）上發表，並於 1963 年出版。然而直到今日，連續統問題依然存在，成為理論數學上老掉牙的問題，等著更周延更完美的最終解答。

穿梭時光隧道

愛因斯坦可算是哥氏在高研院裡的摯友，人們時常看見這兩位各自領域的領導人，一起散步進院。他們兩人都不喜歡周旋於眾人之間。每隔不久，高研院的數學家會在鎮上的納韶飯店共進午餐，哥氏偶爾心血來潮也會跟去，輕鬆一下，也許開個無傷大雅的玩笑，不過大部分的時候，哥氏寧願獨自在院裡的餐廳喝杯茶，或者吃個蘋果充饑。在充滿異類的研究院裡，哥氏堪稱異類中的異類。

從某個角度來看，愛因斯坦顯然還頗能引起哥氏對物理的興趣，特別是廣義相對論，否則哥氏將一直是純粹搞數學邏輯的人。有一天愛氏與哥氏在福德大樓的數學圖書館不期而遇，他們當場聊起，如何解答愛氏正在致力研究的重力場方程式問題。後來哥氏就試著解那些方程式，並且得到新的解答，按照這組新解答來推論，

時間的推移，以及隨之而來自然界中的遞嬗與變遷，皆可視為虛幻不實的現象。哥氏說：「似乎，我們獲得的結果與一些哲學家的說法不謀而合，像古希臘的帕尼底斯（Parmenides）和德國哲學家康德等現代理想主義者，他們否認有任何客觀的變遷，而認為變遷只是幻想，或者只是因我們特殊的觀察模式，而衍生出來的表象。」

　　哥氏潛心研究廣義相對論後，將所得結果於 1949 年發表，論文名為〈愛因斯坦重力場方程式之新型宇宙論解答實例〉。他的解答詳述了「旋轉宇宙」的觀念，在該宇宙中，各方的物質都繞著某中心公轉，宛如一個巨型的宇宙漩渦。這種物質旋轉將產生一條時空的環狀軌跡，沿著軌跡走一圈會回到原先所在的原點。這樣一來，時間就不再是事件順序的線性記錄者，而是一條沿著大宇宙爬行的彎曲線。哥氏自忖，只要有一架速度夠快的太空船，駕著它就可以由一點，順著曲線旅行到另外一點。「乘著火箭或太空船，沿著夠大弧度的曲線，進行一趟來回的旅行，就極有可能飛到任何過去、現在、未來的時區，再平安回到原處。」

　　於是哥氏走在普林斯頓的街頭上，心中想著變遷只是幻想……數的無限集合存在於柏拉圖的天空……人類可以在時光隧道中來回穿梭。擁有足夠智慧提出這些理論的他，當然夠資格擔任高研院的教授了。

跨入哲學領域

　　1953 年，連續在高研院待了十三年之久的哥德爾，正式被拔擢為數學教授。有些教職員對這遲來的升遷打抱不平，馮諾伊曼詰問道：「我們怎麼膽敢以教授自居，而哥德爾先生竟然還不是？」

究竟為何延宕如此之久，從來沒有官方的解釋；有人說行政部門是想要嘉惠哥氏，讓他免去隨教授一職而來的繁雜責任，如教授治校的義務、審核升等的申請、臨時人員的加入等等。另外一種臆測是說，哥氏對權威所持令人瞠目結舌的態度、奉公守法的習慣以及常常帶點顛狂的處事方式，可能對院務推展沒什麼幫助，恐怕無法勝任教授的職責。又或許是上帝不允許，可能發現高研院的內規與神的律法有所牴觸也不一定。

事實證明，哥氏對升任教授後的職責相當認真，甚至極為珍惜這類額外的工作，對加入高研院的申請案件，總是不厭其煩的詳加查驗。塞伯格說：「很難從哥氏口中套出任何口風，而且想從他手中商借申請人的檔案資料更是比登天還難。」

最後幾年，哥氏的辦公室由福德大樓搬到全新的歷史研究學院圖書館。這棟建築曾榮獲建築獎，玻璃、混凝石牆隨處可見，真是美輪美奐。若說哥氏原本就不易見到，現在更難以企及了。歷史圖書館是在校園遙遠的邊陲地帶，而哥氏的辦公室有一大片落地窗，可俯瞰窗外的小池塘、高聳的樹木以及更遠處蓊鬱森林的全景。這種景觀滌淨人心，讓人油然而生寧謐、安詳，與天地合而為一的感覺；外界的塵囂似乎並不存在於此，沒有噪音、沒有人群、沒有紛爭。只有數字靜靜的伴著哥氏。

哥氏搬進新居之後，就不再有新作問世。他只修改早先發表過的論文，繼續思考連續統假設的問題，然後就一頭栽進哲學的領域，研究萊布尼茲和胡塞爾（Edmund Husserl）的著作。以前常到高研院拜訪哥氏的匈牙利數學家艾狄胥（Paul Erdös）說道：「他發表的論文出奇的少。我和他總是爭辯，研究萊布尼茲的人已經太多了，我就告訴他：『你成為大數學家是要讓別人來研究你，你不應

花太多時間研究萊布尼茲。」可是，在高研院並沒有什麼義務，
傅列克斯納的名言是「沒有責任，只有機會」，而哥氏和其他教授
一樣，是這句話的忠實信徒。他已同意不再封閉自己，偶爾破繭
而出接受頒獎，不過仍然常以健康的理由回絕邀請，而在林敦道
（Linden Lane）的家中，恣情遨遊於神學宗教的書籍裡，終日與鬼
靈精怪為伍。

　　長期受到真實或幻想的疾病侵擾，加上他那惡名昭彰不飲不
食的習慣，哥氏變得愈來愈蒼白、衰老而乾瘦。他沮喪的宿疾再度
發作，為此兩次求見普林斯頓心理醫師俄立曲（Philip Erlich），甚
至考慮前往精神病院就醫。他尋求數學學院同僚的意見，有人勸他
去，有人勸他別去，結果是一次也沒有去。

　　哥氏的確於 1970 年 2 月去見過普林斯頓醫學小組的醫生泰特
（W. J. Tate），他告訴泰特醫生，表明想做心電圖，以證明他需要些
毛地黃（digitalis）做為強心劑，並聲稱以前曾接受另外一位內科醫
師的診斷，那位醫師開的是毛地黃毒苷（digitoxin），但哥氏以為毒
苷是毒藥之意，泰特為他解開疑惑——成不成功不曉得，至少他曾
努力說服哥氏不要誤解。

　　後來在同一個月，哥德爾和普林斯頓醫院的內科醫生羅斯伯
格（Harvey Rothberg）約好進行一小時的諮詢，但是他似乎並沒有
赴約的打算，還先打了兩通電話和醫師的護理師詳細討論檢驗的項
目，最後打了第三通電話取消約會。羅斯伯格醫師說：「原因是，
他聽說我的辦公室很冷。」過了一段時間，哥氏再度打電話回去道
歉，訂下另一次約會，結果還是爽約了。

　　羅斯伯格說：「失信兩次，再加上之後大約十五通電話的交
談，突然有一天快五點鐘時，這位偉大的病人終於出現在診所。大

家都準備下班了，他才在未事先預約之下找我討論病情。」

儘管如此，羅斯伯格仍然接見了他。病歷表上寫著：哥氏的身高有 168 公分，體重卻只有 39 公斤。

羅斯伯格說：「他的思考內容顯得有些偏激，對自己的病況有些僵化頑固的想法。我的印象是他有很嚴重的情緒困擾，中度營養不良，對身體結構與功能有不適當的妄想。」羅氏建議他多吃些維他命，抑制心理病的藥可能多少也有些功效。

哥氏預約了複診，時間是兩週後，但又取消了。羅氏說：「當他在約定後的數天終於出現時，他開門見山就問我是不是真正的羅斯伯格醫師，我不敢確定他為什麼會這樣懷疑。他告訴我已決定去看心理醫生，而且也預約了，還問我法律有沒有明文規定醫生不得施行安樂死。」

1974 年，哥氏因前列腺併發的尿道疾病就醫，並且看了兩位泌尿科醫生，伐尼（James Varney）和朴雷斯（Charles Place），兩位醫生都勸他動手術。儘管他的父親就是死於前列腺的毛病，哥氏還是拒絕開刀。

開山祖師功成身退

1976 年 7 月 1 日，高齡七十歲的哥氏正式自高等研究院退休，他在那兒整整待了三十六個年頭，之前還曾客座過一段時間。他初次抵達高研院時，大約是和愛因斯坦、馮諾伊曼等開山祖師同一時期，只比他們晚一點而已。他幾乎成了此地的註冊商標，但是老一輩高研院人對他最鮮明的印象，卻是個形容枯槁的老人，拖著腳步緩緩獨行，身上總穿著那件黑大衣，頭上戴著那頂厚呢帽。

末了，哥氏變得很沮喪，他覺得有負高研院的期望，沒有足夠的成就。烏拉姆（Stanislaw Ulam）就有個印象，他說道：「不完備定理帶給哥氏不朽的名聲，但哥氏卻一直遭受一種日夜不停咬嚙的不安全感侵襲，他怕自己的發現，不過就是布拉利佛提（Cesare Burali-Forti）或羅素早就提出的悖論罷了。」

退休後一年，哥氏的妻子動了場大手術，因而有一段時間住在安養院。這件事對哥氏而言，可說是死亡之吻，因為長久以來都是她在伺候丈夫進食，否則任何佳餚他一口也不吃，因為他覺得都被下過毒了。妻子住院，他得一個人過日子，他的反應就是不吃不喝，逐漸的就把自己給餓死了。

1977 年 12 月 29 日，哥氏在高研院的同事惠特尼（Hassler Whitney），從哥氏公館電告羅斯伯格醫師說，他的病人嚴重脫水，快不行了，惠特尼隨即將哥氏送往普林斯頓醫院急診室。

哥氏頑固的拒絕進食，住院兩個星期後，於 1978 年 1 月 14 日下午，就坐在椅子上與世長辭。死亡證書上寫著哥德爾死於「營養不良與人格不安造成的生命衰竭」，他的妻子在三年後也去世，兩人現在同埋於普林斯頓墓園，沒有子嗣。而哥氏的弟弟魯道夫（Rudolf Gödel），是維也納退休的核能放射專家，終身未婚，因此哥德爾一家的香火至此宣告中斷。

值得留念的片紙隻字

竇森前後花了兩年時間，翻遍六十大箱哥氏的個人論文與檔案文件，引經據典詳加過濾並編目，片紙隻字都不遺漏。如今任何學者都可以到普林斯頓，鉅細靡遺、一件一件憑弔哥德爾一生的豐功

偉績，以及生活中的點點滴滴。在這兒有一個又一個的檔案，包括編目、印章、編過號的哥氏銀行存摺、作廢的支票、護照、電費收據；還有學生的作業，一張又一張的真值表，作者是哥氏的學生詹克斯（F. P. Jenks），時間是 1934 年 5 月，當時哥氏在聖母大學教授邏輯課程；還有一張哥氏穿著睡衣和浴袍坐在客廳的生活照。

你可以看到一張書商的收據，日期注明 1928 年 7 月 21 日，哥氏買的是懷海德與羅素合著的《數學原理》。當年二十二歲，距發表震撼數壇的論文還有三年的哥氏，不知道有沒有絲毫預感，他那篇〈《數學原理》與相關系統中形式上不可決定的命題〉一文，將會對手上買的這本書和整個數學界帶來多大的破壞力？

這兒有高等研究院的薪水單，小巧玲瓏又保存得整整齊齊的開銷帳單，還有些本子上記滿了難以理解、怪異罕見而圈圈點點的潦草字跡。竇森費了不少苦心，終於明白這是什麼東西，那是哥氏的各科筆記，是用一種早已失傳的德國式速記法寫成的，稱為「葛博史柏格速記法」，是為紀念發明人葛博史柏格（Franz Xaver Gabelsberger）而命名的。後來竇森在哥氏使用的速記教科書和習字中，意外發現了一塊「羅塞塔石板」*，甚至還找到一位專精於葛博史柏格速記法的專家——住在紐約的攝影師藍沙夫（Hermann Landshoff）。當然，要將哥氏的筆記全部解碼完畢，恐怕非一朝一夕可竟全功，因為數量確實太過龐大，何況哥氏又自己創造或修改了一些速記方式，沒有完全依樣畫葫蘆。

此外，有一張哥氏在游泳池的照片，還有一張是在喝啤酒，

---

* 譯注：羅賽塔石板（Rosetta stone），1799 年在埃及尼羅河口羅塞塔發現的埃及象形文字石板，使埃及文字得以推考。在此用以譬喻發現解碼速記法的線索。

有時甚至露出難得一見的微笑。最後，更有成箱累牘寄自其他數學家的信件及手稿，還有寄自世界各地邏輯學家的信函，並附帶期刊文章的抽印本，內容往往只是證明個什麼小小的理論；有寄自全國各地數學系助理教授的信，期望哥氏能瞄上一眼，對他們的研究成果點頭認可，大師的片語隻字，或者最簡單的贊同，都是他們衷心所期盼，只要是出自這位邏輯學上孤獨全能神之手筆，就心滿意足了。

第 4 章

碎形之美

眼前所見的是一柄匕首嗎？……天知道！

米爾諾盯著電腦螢幕，雙眼睜得大大的，好像可以看透面前的玻璃，進入那個神祕東西的內部，直抵發射電子掃瞄光束的陰極射線管深處。米爾諾是高研院教授的典型，瘦瘦高高的，昂藏之軀就像電影「日正當中」（*High Noon*）的賈利・古柏一樣。長長的灰髮在額前搖曳，半掩著他注視螢幕的雙眼。

·

異形的圖像

他坐在電腦前面，瞪著眼前這個黑白相間的怪物，看起來像一幅什麼圖畫……但究竟畫的是什麼呢？管它是什麼，反正看起來長毛帶刺的好噁心，好像有駝峯或凸疣，又有各種像豆莢或鬍鬚的古怪東西。也許比較像花蕊或腦部樹枝狀的神經網路圖，或者是什

麼「不規則」銀河系，或是在天文學書籍上常見的不正常星體集結之類的圖形？不管是哪一種，反正真的是⋯⋯異形，根本沒有人認得，沒有人叫得出名字（請參閱圖4.1）。

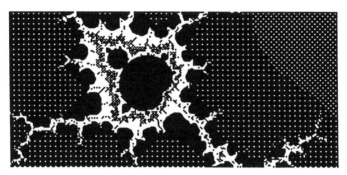

圖 4.1

　　其實米爾諾不是植物學家、不是神經內科醫生，更不是天文學家。他是純數學家，完全研究理論，而不是那些整天求解現實世界問題，如研究吊橋負重量的工程數學家。米爾諾是道道地地的高研人，是活在雲端，不理俗務的那種人⋯⋯奉上帝的名，他到底是看到什麼，這個詭異、外太空來的，在黑白螢光幕上顫抖的東西究竟是什麼怪物？

　　米爾諾敲了幾個鍵進去之後，那個影像似乎開始浮現，慢慢接近，愈變愈大，好像海怪從水中浮起，來勢洶洶，一副要吞掉整個螢幕的樣子。當它漸漸變大，可以看見其中的一些⋯⋯豆莢或什麼的，隨你怎麼稱呼，還附掛著一些呈鋸齒狀的花絲，又好像一道道閃電。整個圖像繼續變得更大，然後又可以看見更細更小的花絲，只是變成鍊狀的，間或有些斷點。你得聚精會神才看得到，因為幾

乎已經到了視覺的臨界點，是電腦所能展示線條的極限了（請參閱圖 4.2）。

　　米爾諾用手指著其中一個鍵說道：「看到那個蚯蚓一樣彎曲的小東西沒有？如果將它繼續放大，會發現有更多這種小游絲在那兒進進出出。我就是想了解它的結構及行為。」

　　嗯！好主意。我自己肯定也想明白這是什麼。因為你在螢光幕上看到的是一幅圖畫……但畫的不是任何存在於這個世界的東西，也不只是「電腦圖像」，如科技雜誌上常見的假風景，或電腦程式產生的靜物寫生而已。都不是，這是真實東西，只是不屬於有形的世界。這個飄浮於電子空間的形狀，其實是數學物件（mathematical object），是將純抽象的東西具象化，使肉眼得以看見。這就好比窺探「理型」的本身，直接透視柏拉圖的天空。

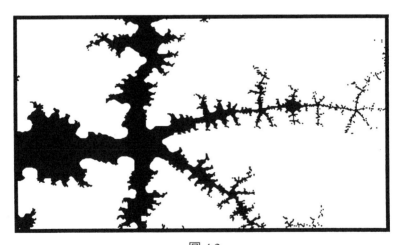

圖 4.2

數值宇宙的骨架

二十五年前，沒有數學家會認得米爾諾螢幕上的圖像，當時那個物件根本尚未誕生。如今，它公認是「數學上最複雜的物件」。

早在高研院初成立之時，理論數學家關心的是乾淨、精確的本質——像數學、超越函數，或者複變函數。即使時至今日，數論仍然是高等研究院的熱門話題。當然不是泛指任意雜亂無章的數，而是必須蘊涵某種道理或神韻在其中的才算，或者有某種秩序可循，譬如存在於質數裡面。

所謂質數就是只能被 1 和其本身整除的整數。例如 5 就是質數，因為除了 1 和它本身之外，任何數去除它就會有餘數。質數有很多，要列出前面幾個也很容易，如下表：

02	03	05	07	11	13	17	19	23
29	31	37	41	43	47	53	59	61
67	71	73	79	83	89	97	101	……

列出來又怎麼樣？只是一堆數字，為何對質數論情有獨鍾？

重點就在於質數不多不少，恰如其分的搭起整數的鷹架，是數字系統的骨幹，就好比化學元素是化學這門學問的基礎一樣。任何複合物質，皆是由一或多個化學元素所組成，同樣的道理，所有非質數也都是由質數組成。質數可說是基本單位，不能再化簡的原始成分，其餘的數字均賴其維繫。這個事實，已經奉為「算術基本定理」，也就是說每個大於 1 的整數，都可以因數分解成一組質數的乘積。例如 12 是 2 × 3 × 3 這組質數的乘積，別無其他質數組

合可以表示；同樣的，100 可分解為四個質數 2 × 2 × 5 × 5 的乘積，也找不出第二種質數的表示法。因此質數等於是數值宇宙中的骨架，其他數的基本組成分子。

這只是個濫觴，質數還有極大的魅力，儘管它們是為數眾多的單純數字，並且唾手可得，然而進一步的知識卻極難掌握。例如有沒有最大的質數存在？有沒有一條公式可以產生所有的質數？是不是每個偶數都等於兩質數之和？純數學家經過幾個世紀的努力推導，仍然只對其中一個問題有明確、可以證明的答案。歐幾里得證明過沒有最大質數的存在，其餘的問題則付諸闕如。

數不盡的質數

對不是學數學的人而言，歐氏的證明簡直是庸人自擾：為什麼有人會覺得有最大質數的存在？答案是在自然數系裡面。數字愈大，質數出現的頻率愈少，前四個質數（2，3，5，7）之間只相差個位數的整數，但是數目愈大，兩質數間的間隔也增大，例如 811 之後，就得等到 821 才是另一質數，間隔了十個整數。再上去，差距就拉得更大了，所以在 10,000,000 和 10,000,100 之間的一百個整數當中，只有 10,000,019 和 10,000,079 兩個質數。再上去，則是一大片廣袤的不毛之地，長達百萬個整數之遙的沙漠地帶，沒有一個質數的蹤跡，並且是可以證明的。

話又說回來，質數的個數漸行漸稀，不也是天經地義嗎？數目愈大，在底下等著將其整除的小弟小妹們也愈多。就因為這個緣故，數學家才會認為或許到某個臨界點，也就是在整個數系極高極遠之外的某一點以上，小數目多到一個程度，質數就此杳如黃鶴。

也許，遲早有一天，質數真的就用罄了。

　　不過，歐幾里得卻證明了質數是綿延不絕的。他採用的策略，時至今日仍為數論專家沿用不輟，稱為「反證法」。基本上，你假設所欲證明命題的相反命題為真，然後從中找出令其自相矛盾的證據，既然矛盾的假設無法立足，那麼原先導致矛盾的假設就是錯誤的。因此，它的反面——最初要證明的敘述，就必然為真。

　　歐氏一開始假設有這麼一個最大質數的存在，例如說那個最大質數假設是 5，如果此敘述為真，則 {2，3，5} 這個集合就是所有質數的集合，那麼也就不可能再找到更大的質數了。但是誰都知道有比 5 更大的質數：很簡單，只要把集合中的每一個元素都乘起來，其乘積再加上 1，換句話說 2 × 3 × 5 = 30，再加上 1，得 31。好！31 就是一個新的質數，因為不管你用哪一個數目去除，都會留下餘數。所以，與假設 5 為最大質數相反，你可以找到一個更大的質數。

　　最奇妙的一點是，這個推理方式可以一用再用，也就是說不管多大的質數都一概適用。所以如果說 7 是最大的質數，你只要把「所有的」質數乘起來 2 × 3 × 5 × 7，然後再加 1，就又可以得到另一個更大的質數，在這裡就是 211，它是質數沒錯。

　　在更高更稀少的數論階段，可用抽象的數學語句表示如下：

試證：沒有最大質數存在。

假設：最大質數為 n。

證明：若假設為真，則 {a × b × c × ⋯⋯ n} 即為所有質數的集合。然而，將集合中的所有元素連乘起來，乘積再加 1，亦即：

$$\{a \times b \times c \times \cdots\cdots n\} + 1$$

我們即會得到某個新數目 t，但 t 無法被 {a，b，c，……n}
這個質數集合中的任一元素整除，因為 t 除以任一元素都會留
下餘數 1，所以要不就是 t 本身為質數，要不就是還有另外一
個質數 p，大於 n 小於 t，而且可以整除 t。不管是前述哪一種
情形，n 都不是最大的質數。故假設不為真，沒有最大質數的
存在。

另有一些關於質數的主張，要證明其對或不對都極為困難。任
何偶數都是兩質數之和的主張至今尚未得證，並且被稱為「哥德巴
赫猜想」，因為是普魯士數學家哥德巴赫（Christian Goldbach）最
早於 1742 年提出的。同樣的，如何產生所有質數的公式也尚未發
現，有些公式確實成功產生了一長串的質數，以瑞士數學家歐拉
（Leonhard Euler）發明的公式 $x^2 + x + 41 = p$ 來講，可連續不中斷的
製造出四十個質數。例如：x = 1，p = 43 是質數；x = 2，p = 47 也
是個質數。可是經過驗證，由歐拉公式算出來的前兩千個數目中，
大約只有一半是貨真價實的質數。

　　1948 年春，結束了高研院為期一年的短暫客座後，三十一歲
的塞伯格使質數定理（prime number theorem）的證明有了重大的改
變。塞伯格祖籍挪威，1943 年獲得奧斯陸大學博士學位，並且很快
的在紐約的雪城大學（Syracuse University）謀得教職。但 1948 年夏
他還在高研院時，發現了完成證明所需的臨門一腳，真是承先啟後
的大成就。質數定理自德國數學家高斯（Karl Friedrich Gauss）和法
國數學家勒讓德（Adrien Marie Legendre）以降，已懸而未決多年，

遲遲沒有得到令人滿意的證明。約在1800年左右，他們兩人各自獨立研究這個問題，卻同時注意到質數密度，亦即隨數目增大，質數發生頻率會改變的問題，以及對數函數所主導的指數型增長與衰減之間的關係。高斯和勒讓德觀察到，當你向大整數方向推進時，質數的數目會慢慢收斂到對數函數所預測的那個值，如下表：

整數（x）	質數個數	x/logx 推算出的質數個數	錯誤率
1,000	168	145	16.0%
1,000,000	78,498	72,382	8.4%
1,000,000,000	50,847,478	48,254,942	5.4%

簡單的說，質數定理描述的就是這個比值會收斂到一個極值，或說兩者的差會逐漸接近零。這完全是天外飛來一筆，因為兩種數值進展方式似乎南轅北轍：表的一邊是質數，向來都是難以預測，甚至很明顯是隨機出現的；而另一邊則是直接由微積分導出的連續性對數函數。很顯然兩者之間存在著某種深刻卻看不見的裙帶關係，問題是，這種關係究竟是真實的還是純屬巧合？尤其是，這種關聯有沒有辦法證實？

法國數學家阿達瑪（Jacques hadamard）與比利時數學家瓦萊普桑（C. J. de lá Vallée-Poussin）於1896年將質數定理做一番進階的證明，可惜步驟卻是極端的困難，牽涉到比質數本身複雜好幾百倍的複變函數與波形分析等，數學家都認為應該有較簡單而直觀的證法。

塞伯格於1948年夏天發現的正是這樣的證明，他把整個理論寫下來，定名為〈質數理論的初等證明〉，並於次年發表於《數學

年報》（*Annals of Mathematics*）上。雖說「初等」，但塞氏的證明絕
不簡單，數論家理查斯（Ian Richards）說：「證明的每一步，在技
術上很『初步』，可是步驟多得不可勝數，而且一步和另一步連貫
得如此複雜，根本看不出簡單的規則。」另一方面，高研院數學學
院的教職員想把塞氏留住，至於給他什麼職位則煞費思量：應該給
他終身研究員還是全職教授的頭銜？

　　這個問題可謂點中了高研院唯一的弱點。除非某人在本行的專
業上有著關鍵性的重大貢獻，否則高研院不會想聘他當教授。但是
另一方面，高研院也不想聘一位如日中天的人。因為在科學界，尤
其是數學方面，幾乎屢試不爽的是，一旦一個人完成了非常重要的
作品或理論，那麼他差不多就要開始走下坡了。塞氏的證明無疑很
重要，只是有人擔心一旦延聘他為教授，會不會早早的在三十來歲
就成為明日黃花。當時擔任院長的歐本海默就因而建議聘塞氏為終
身研究員，從各方面看來這都是相當優厚的職位，只不過比全職教
授略遜一籌（當時終身研究員年俸約九千美元，教授則在一萬五千
元之譜）。但是，維布倫則力薦塞氏為全職教授。

　　高研院的教職員與理事會最後是站在歐本海默這邊，給塞氏
終身研究員一職。然而一年後，他得到數學界的最高榮譽菲爾茲獎
（諾貝爾沒有設數學獎），高研院不得不重新評估原先的決定。塞氏
終於在 1951 年春擢升為教授，直到今天*。這段期間，塞氏依舊兢
兢業業的獻身數學，至於他是否有任何可和質數理論驗證相提並論
的成就，就見仁見智了。至於他本人主觀的認定則是不管怎樣，他

＊ 編注：塞伯格在 1986 年又拿到了與菲爾茲獎同為數學界最高榮譽的沃爾夫數學
　獎（Wolf Prize in Mathematics）。他於 2007 年逝世。

最好的作品是在成為高研院教授以後完成的，他那時研究的是稱為跡公式（trace formula）的複雜問題。

唯美主義

米爾諾將視線移到螢幕上圖案的另一個部分，指出其精緻與美麗。他研究該物體的目的不在於其實用性，而在於其賞心悅目，「我的動機純粹是唯美主義，我專注觀賞，因為它們真是麗質天生。」

那個形狀抖動了一下，開始向螢幕下方移動，上半部緩緩映入眼簾。最後，放大的部分出現且穩定下來，看起來就像蜿蜒的河床，又像大峽谷的鳥瞰圖，或者是肺泡組織的一環（請參閱圖 4.3）。

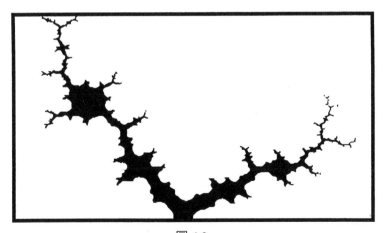

圖 4.3

布爾巴基軼事

　　純數學是一門嚴肅的學問，高研院內從事這門學問研究的也多半是些正經八百的人，但是 1958 年數學學院聘請韋爾（André Weil）擔任教授算是破天荒第一遭，引進一位談笑風生又喜歡惡作劇的人。韋爾是「布爾巴基」惡作劇的開山鼻祖之一，以口無遮攔、愛講俏皮話著稱。

　　布爾巴基（Nicolas Bourbaki）曾經出過一系列二十多本有關數學方面的書，第一本書於 1930 年代末期問世，稱為《數學原本》（*Éléments de Mathématique*）。這套書標榜是當代數學思想的革命性組合，作者布爾巴基自稱是「前皇家波達維亞學院院士」，目前則任教於「南加哥大學」，這個人的作品甫上市即吸引了萬方的矚目，投合了讀者的胃口。先在法國印行，隨即翻譯為各國語言，暢銷全球，作者因而聲名大噪，尤其在理論數學家的圈子為然。不過，經過好多年，人們對作者仍然像霧裡看花，所知不多。其實「皇家波達維亞學院」根本就不存在，「南加哥大學」也是子虛烏有；接下來，當你曉得原來布爾巴基這個「人」也純屬虛構的話，就不值得大驚小怪了。

　　「布爾巴基」其實是一群法國數學家的集體化名，1930 年代中期，這群人有志一同，想把他們的專業鋪陳於新的理論基礎上，使得形式或結構上都有新的面貌。他們都是數學老師，也都希望數學成為一門易教易懂的學問，於是攜手付諸行動。計畫主持人是五短身材的法國人韋爾，他的同伴包括了迪厄多內（Jean Dieudonné），狄沙特（Jean Delsarte）、嘉當（Henri Cartan），還有其他志同道合的幾個人，他們決定合寫一套書，而且出版的時候用同一個筆名。

目前在高研院工作的韋爾說：「就我記憶所及，布爾巴基這個構想應該回溯到 1934 年，當時嘉當和我同時在史特拉斯堡教授分析課程，我們常常私下討論『這個該怎麼教？』『那個該怎麼教？』還記得有一天，我突然靈機一動，告訴嘉當說：『你看，我們六個師範畢業的，現在分散各地教那些東西——我在史特拉斯堡，狄沙特在南錫，迪厄多內好像是在雷恩。我們何不聚一聚，把那些東西一勞永逸的搞定，以後就不用再煩惱了。』」

他們虛構了作者的資歷、背景、個性。甚至捏造了鮮明的戳記，所有的作品上面都會蓋著「南加哥大學數學研究所發行」。

韋爾繼續說：「我們發了幾封信，然後每月兩次，定期在巴黎一家餐廳見面。我忘了那兒叫什麼名字，不過記得很清楚是在聖米歇爾大道（Boulevard St. Michel）上，物美價廉，正符合需求，因為當時我們都還是小角色。我們每個月討論題材兩次，並且決定暑假時找個地方，齊聚會商一至兩個星期。而那一次就是歷史上第一屆的布爾巴基會議。」

在蒐集布爾巴基惡作劇的素材過程中，這些年輕數學家可謂信手拈來，只是把以前在高等師範學院（École Normale Supérieure）的傳統發揚光大而已。韋爾侃侃而談：「母校有一個促狹的傳統，自 1690 年代初期開始沿襲下來。其中有個著名的例子，主角是巴黎大學索邦校區的教授潘立維（Paul Painlevé），他後來在法國政壇嶄露頭角，第一次世界大戰期間，即 1916 年左右，還擔任過總理。言歸正傳，當時他還是年輕的數學家，聰明絕頂，思慮細密，而且極不尋常的是，年紀輕輕的就擔任巴黎大學的教授，同時也是師範學院的入學考試委員。」

風格獨特的大學

師範學院作風獨樹一幟，入學考試還包括口試一項。

韋爾繼續說道：「考生應試前就在走廊上排排站，有些師院的學生也跟著在附近閒逛。有一次就有一位幾乎每年此時就來此攪局的高年級同學，開始和一位考生攀談，兩人很快熟絡起來，然後這位同學就對那位考生說：『你知道師院有一個惡作劇的傳統』，法文叫堪奴拉（canular），是師院專用的俚語。接著他說：『這兒有個行之有年的傳統，就是入學考試的時候，會有一位學生假扮的口試委員，故意在那兒整考生。』」

「那位考生進入考場後，」韋爾說：「他端詳了潘立維一會兒，覺得潘氏太年輕，八成是學生裝的，於是就用法文說：『你休想瞞我！』潘立維說：『什麼意思？你到底在胡扯什麼？』然後考生接著說：『你葫蘆裡賣什麼藥，我早就一清二楚，你是冒牌的委員，故意來整我的對不對？』而潘立維說：『我是潘立維教授』、『我是這兒的口試委員』……等等。」

韋爾一邊說，一邊笑得前仰後合，又是尖叫，又是抱肚子，又是拍膝蓋的。

「……最後潘立維拗不過，只好去搬救兵，請師院的院長來作證！哈哈哈哈哈！」

這還只是諸多趣譚中較無傷大雅的一個！還有更加惡劣的促狹故事，流傳在高等師範校園中。因此，當這群師院數學系的高材生聯手編著嚴肅枯燥、令人乏味的數學教科書時，不甘死板板的將眾人姓名印在一起成為共同作者，也就不足為奇了。韋爾說道：「我們不喜歡只在書本封面列印冷冰冰的幾個人名，」因此他們決

定自稱「布爾巴基」，為的是紀念名不見經傳的法國將軍布爾巴基（Charles Denis Sauter Bourbaki）。

　　據稗官野史的記載，這位將軍一度有出任希臘國王的機會，但是不知為何拒絕了這項殊榮。後來，布爾巴基在普法戰爭中慘敗而退，汗顏之餘企圖開槍自殺，但是居然沒射中。為了這個大烏龍，這組人就決定以布爾巴基做為筆名。

　　韋爾到美國以後在芝加哥大學任教，那段時間其他布爾巴基的成員如迪厄多內、狄沙特和謝瓦雷（Claude Chevalley）則到法國的南錫大學任教。南錫和芝加哥二個地名頭尾相接，於是布爾巴基先生變成在「南加哥」大學任教了。

　　布爾巴基顯然適時滿足了市場的需要，因為這位多頭紳士的書十分暢銷，直到今日，所得的收入足夠支付作者旅行與三餐的花費，亦即布爾巴基最大宗的開銷。這個組織今日依然存在，雖然成員（約十名左右）迭有更替，因為他們嚴格限制五十歲一到就得退休。

　　有一次布爾巴基在巴黎召開聯合會，有一位作者剛完成整本書的手稿，酒過三巡之後，起身向微醺的同僚宣讀他的大作。迪厄多內說道：「那些應邀參觀布爾巴基會議的外國人，都覺得簡直是一群活寶的聚會。有時候三、四人同時為著數學問題彼此對吼，局外人實在無法想像，這樣的組合，怎麼可能寫得出什麼像樣的東西？」

　　可是他們就是寫得出。那位被批評得體無完膚的作者會回去重寫手稿，有時是由另一位成員代勞，這樣的過程一再重複，直到所有成員無異議通過，並宣布可以付梓為止。偶爾有些稿子在出版前，會發回更改達七、八次之多。

　　韋爾雖然早已退出布爾巴基，卻仍然喜歡堪奴拉（惡作劇）。高等研究院最新出版的年鑑上，列出了 1930 年至 1980 年傑出研究員的名錄，包括他們的出身、贏得的榮譽、獎賞、著作與加盟的學術團體。在韋爾名下的記載，節錄如下：「榮譽：波達維亞科學與文學院院士；會員：南加哥大學數學協會。」

沒有終點的理形

　　米爾諾解釋道，還有比我們現在正在觀看的層次放大更多倍、結構更細緻的畫面。事實上它的內部根本沒有中斷點，而這也是眼前所見之形的神祕處；任何部分，將其放得愈大，顯示的結構也愈豐富，就像是魔術盒子一層又一層，似乎沒有終點。

　　米爾諾再度把那個圖形放大（請參閱次頁圖 4.4）。

　　高研院數學學院的焦點，是在福德大樓一樓的討論室，就在愛因斯坦辦公室走道的盡頭，也是高研院唯一真正的「教室」。裡面約有五十個座位，座位旁皆附小折疊桌，供記筆記之用，教室前方則是一面黑板。每日至少有一次數學講座，甚至經常是兩次。愛因斯坦、哥德爾、塞伯格和韋爾都曾在此主講過。在 1984 至 1985 學年度，時任名譽教授的韋爾，主講一系列名為「代數專題：歐幾里得到龐倍里」的講座，聽眾上自資深數學教授，下至短期研究員都有。

　　在聽眾席上聆聽有關超越數論數學講座的，包含了數學家塔布斯。他三十出頭，留著一把淡紅褐色的大鬍子，看起來像個俄羅斯將軍，或者捕鯨船的船長。塔布斯是特別請假來參加的，他任教於德州大學奧斯汀分校，專門研究超越數。基於某些理由，這個話題在理論數學領域中，已成為當紅的學問。

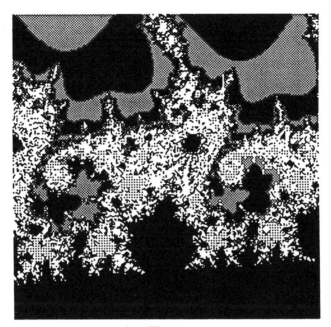

圖 4.4

「聽起來很迷人，不是嗎？」塔布斯在會後說：「超越數，哇！其實也沒那麼迷人啦。所有的數目字，若不屬於代數數，就是屬於超越數；超越數的意思只是說這個數不是任何多項式的根而已。」

相反的，代數數乃是代數方程式的根。更精確的說，代數數是那些以有理數為係數的多項式解答，因此，方程式 $x^2 = 1$ 有兩個解：

$$x = 1 \text{ 和 } x = -1$$

也就是說 1 和 −1 都是代數數。代數數未必是整數，因為即使

是無理數，也有許多是代數數。例如$\sqrt{2}$就是，雖然它是無理數，它的值是 1.4142135……無止盡。$\sqrt{2}$之所以是代數數，只是因為它是代數方程式 $x^2 - 2 = 0$ 的根。

塔布斯解釋說：「只要你找得出某個方程式，以有理數為係數，它的根就不能算是超越數。」

既然超越數的定義法是從反面解說：該數不是任何多項式的解，那問題就來了。數學家要如何確認一個已知數是超越數？可不可能只是尚未找到合適的方程式？答案是：證明超越數必須用反證法，好比歐幾里得證明沒有最大質數的方法一樣。

塔氏說：「通常先假設有某個方程式存在，然後從中找出矛盾來。」

這種證法不見得容易，朗伯（Johann Lambert）早在 1767 年就已證明 π 是無理數，可是過了一百多年後的 1882 年，林德曼（Ferdinand Lindemann）才證明 π 是超越數，其困難可見一斑。

為什麼超越數如此引人入勝？部分因素是雖然超越數幾乎俯拾皆是，可是只有極少數獲得印證。

「如果你把所有的數都裝在水桶裡，例如實數線上的有理數、無理數、整數……等，然後你從桶子裡撈一個數出來，那麼得到超越數的機率是 1，嗯……幾乎是 1。但是，如果你要真正寫出超越數，叫得出名字的卻只有 π 和 e，和其他少數幾個。」

超越數的魅力

我很好奇，一位純數學家鎮日與「理型」：有理數、無理數，與質數和超越數等為伍，究竟是怎樣的光景？世上為什麼竟有人會

去關心這些東西？所以我準備了一些問題來請教塔布斯：

問：你為什麼要花心思在超越數上？

塔：嗯，因為它們很有意思，而且問題敘述起來也很簡單。它的魅力就在這兒，因為最容易敘述的問題，往往最難回答。打個比方，$e + \pi$ 是不是超越數呢？似乎不可能回答，至少我目前還沒有這種功力。當然，如果你有辦法證明這個問題不可能回答，那也是一項重大的突破。

問：數學上真的有什麼東西是證明不了嗎？

塔：可能。可能有些東西，現有的數學公理根本派不上用場。也可能有些非常簡單的小東西，但就是無從證明。

問：超越數和現實世界有什麼相干？

塔：嗯，應該有關，至少起源上，我指的是凡事總有個源頭吧！例如 π，原始的問題是從幾何學來的。所以若真的要追根究柢，可以上溯到幾何的問題。不過，目前從表面看來，數學的確有許多只是玩弄一些符號，證明一些基本上沒有人感興趣的東西。其實，任何領域都一樣，得拚命發表論文，如果碰巧做出一點結果，即使只是無關宏旨，也沒有明顯益處，你還是迫不及待想找個地方發表。

問：現在從事哪方面的研究？

塔：我的研究領域中有很大部分是和自然對數的底 e 有關。無巧不成書，$f(z) = e^z$ 這個函數又是一個重要的函數，具有許多奇妙的特性。如果 z 用 1 代入，結果得到 e，是超越數；若代入 2，得 e^2，也是超越數。就是這類與眾不同的性質，激發了數學家打破砂鍋的決心，我們想知道：要代

入什麼樣的 α，才能使 $f(\alpha)=e^{\alpha}$ 永遠都得到超越數？結果是你不可能得到一個完整的答案，我的意思是，如果你想要明確劃分何種 α 可以，何種 α 不行，是辦不到的。一個差強人意的解答是：若 α 是代數數，但不等於零，則 e^{α} 就是超越數。

問：就你所知，有什麼 α 值代入之後得不到超越數？

塔：如果你代入 ln2（2 的自然對數），e 的 ln2 次方等於 2，2 就不是超越數。所以只要代入的是 2 或 1/2 的整數倍之自然對數，然後算 e 那個次方，得到的答案就是原來那個數本身。

問：上述的問題有沒有特別的名稱？

塔：它和一般稱為「山紐爾猜想」（Schanuel's Conjecture）的東西有關。

問：你會不會把證明山紐爾猜想，當做是人生的目標？

塔：能證明當然是最好啦！可是如果把它視為我數學生涯的目標，聽起來大概腦筋有點秀逗了。

山紐爾猜想的奧妙

問：為什麼？它應該不會比證明費馬最後定理（Fermat last theorem）之類的東西困難吧？

塔：可能有過之而無不及，但是又沒有費馬定理來得迷人。因為我們知道證明這樣的定理是怎麼一回事。你煞費苦心的把複變分析、代數幾何等數學工具都準備妥當，可是會發現它們並不如預期的好用，而且即使將這些工具磨得快又

利，將其功能發揮到極致，仍然證明不出個所以然。

問：但我聽說證明山紐爾猜想將是個偉大的貢獻，為什麼呢？

塔：證明這個猜想之所以重要，是因為證明山紐爾猜想之前，得先證出其他更大更深的定理，那真是個浩大的工程。如果只是很投機取巧的證明，沒有建立任何新的學說，不太可能獲得人家的認同。基本的假設是，如果要證出像費馬最後定理這類重量級的東西，就非得先發展出全新的數學支派不可。但是如果只是玩弄技巧，寫下眾人常疏忽的一、兩行得證的式子，別人可能會恭維幾句：「天啊！你真是聰明啊！」之類的話；不過真的算不上什麼偉大成就。

問：你認為有生之年可能證出山紐爾猜想嗎？

塔：我想不太可能，我連從哪兒著手都不知道，甚至連個大概的計畫都擬不出來，想不出什麼新的主意。

問：姑且不管證不證得出來，你認為山紐爾猜想本身是真還是假？

塔：應該是真的。因為假設它為真的情形下，可以推論出許多已知的東西。許多結果都是在山紐爾猜想為真的前提下，隨之而來的，也是間接肯定它為真的證據。

問：你為什麼想要證明它？

塔：能證明一件事總是令人興奮嘛！也許只是想看看證明過程中會有什麼新主意。數學首重原始創意，如果只是用一些高中時代的小技巧，證明些沒有人見過的東西，談起來大概不會太過癮。

問：當你埋首證明，而終於有些結果，你認為這就代表為數學

物件世界添上了新發明嗎？

塔：當然！特別是此時此刻。你寫博士論文只是因為這事你做得來，沒什麼大不了的，那是相當技術性的工作。但是一旦擁有充裕的時間思考——這也是高研院了不起的地方，因為它允許你花大量時間思考又不施加任何壓力，那麼就可以隨心所欲，天南地北胡思亂想一通，看看它們可不可能兜在一起。也許有朝一日，想到什麼神來之筆，別人挖空心思都沒想過的，那真是太過癮了。其實，我想這可能就是研究山紐爾猜想有趣的地方。

問：你曾否驚訝於自己研究的結果呢？

塔：在我的專業領域上，可證明的素材，其實比我們以為值得一試、或許能證明的素材，要少了很多，因此很少有什麼讓我們大感驚訝的結果，幾乎所有解答都是部分解。假定要證明某數是超越數，屆時總會找到一些定理說：「下列十二個數當中，有一個是超越數。」但就此打住，沒有告訴你到底是哪一個，所以十之八九你就和答案失之交臂。而且在某個領域很容易建立一些臆測，每個人也都各有一套自家功夫，認為某某論點應該成立，結果總是比所欲證明的東西略遜一籌。這說明了數學需要新的思考架構。

問：數學物件究竟是真實存在呢？或者單純只是人類創造的？

塔：整數就某方面來說可能早已存在，分數也是……但是，基本上我覺得數學多半是人類創造出來的，我是有點半柏拉圖式的。我想其他人來思考這個問題，結論大概也大同小異，同時也會面臨類似的問題。一旦有了整數，單純的想法自然會引領我們到其餘的數學領域。就像水往低處流是

一樣的道理。

問：如果數學是人類創造的，為什麼結果又如此難尋？

塔：空想總是比落實容易，這是放諸四海皆準的。你可以思考上帝和形而上的東西，但是真正能證實的有哪些？問題本身也許意味著數學其實有點超乎人類思維。證明一項理論之所以如此困難，是因為數學家普遍認同希爾伯特的看法，認為證明就必須嚴密，否則的話，大可手到擒來，發明一籮筐的偉大結果。

不同類型數學家

米爾諾還是普林斯頓大學新鮮人的時候，就已在數學界嶄露頭角，當時他受業於塔克（Albert Tucker）門下。米爾諾大一時修了一門塔克開的微分幾何，研究波蘭數學家柏沙（Karol Borsuk）所提出關於繩結的拓樸學，研究的問題是：一段曲線需要有多大的彎曲才能形成一個結？

米爾諾說：「我所證明的推測是，一段封閉的曲線，要形成一個結，則總彎曲量至少是三百六十度的兩倍，也就是七百二十度。」米氏以十八歲之齡，提出證明，一年後發表完整的繩結曲線理論，也因此而得到菲爾茲獎。

米氏自 1970 年起就在高研院擔任數學教授，辦公室在福德大樓三樓外側（窗外不遠處就可看得到住家、汽車，和遠處的行人），那個房間亂七八糟的（米氏自嘲「我不是那種井井有條的人」）。書桌、椅子、書架、長條桌上，到處堆滿了紙張、論文、抽印本、數學期刊、電腦報表、方格紙、照片和書籍。唯一乾淨的地

方是電腦上面，米氏不在上頭閒置任何物品，以免機器過熱。

　　米爾諾辦公室裡共有三部電腦，一部 IBM 個人電腦，一部連接 VAX 11/780 主機的分離式終端機（主機在別處），另外一部終端機目前故障待修。隔壁房間還有不下五部電腦，幾部是昇陽電腦的微電腦系統，另外一、兩部是 IBM 電腦。其中一部昇陽電腦連接到置於另一張桌子上的蘋果牌雷射印表機，電線爬滿地，落腳前得先看清楚地點。

　　他和前述的塞伯格、塔布斯、韋爾等人是完全不同類型的數學家，他們都不喜歡用電腦。米氏是演算法型（algorithmic）的數學家，其他人則是存在證明型（existence-proof）的人，差異就在這裡。

　　大多數傳統數學家都是那種古典的存在證明型族群。看問題中規中矩，從定義和公理著手，寫下一道定理，加以證明，周而復始的定理、證明、定理、證明，唯一的目的是為了表明某特定數學物件的存在，例如某數有某性質，或者說另一種物件不存在，就像前述的最大質數。典型的存在證明例子，就是歐幾里得所著的《幾何原本》。要練習這類的數學，需要的就只有鉛筆和紙張，或者是粉筆和黑板。

　　長久以來，數學家清一色都研究存在證明。但是現在是電腦時代，一切都得改弦更張了。全新的數學物件世界已告登場，它們不屬於公理與證明的產品，而是演算法的產物。最初，演算法的定義乃是機械式、按部就班的步驟，最終可獲得所要的結果。電腦可以遵循的法則就稱為程式，只要適當編寫程式，電腦就可以不厭其煩的重複運算，提供以前數學家夢寐以求，或者望天興歎的數值。

　　歐幾里得的存在證明只告訴我們，質數是永無止境的；演算法

型的數學家在電腦鼎力相助之下，已經可以產生前五千萬個質數。存在證明告訴我們 π 的小數可以無窮盡；電腦已經給了小數點以下好幾百萬位的數值。這種數字運算的遊戲自然沒有什麼重大的數學意義，不是真的有人需要用到百萬位小數的 π 值，只是強調電腦可以提供數學家前所未有的便利，其協助也是全新的經驗，例如可以提供圖形，直接而迅速將數學物件的視覺效果展現在眼前。

未來的數學主流

米爾諾說：「如果可以做出抽象的證明，我會挺高興的，不過如果有辦法得到具體的、經過計算並產生數值的確切證明，我會更滿意。我偏好在電腦上做些東西，幾乎成癮了，因為它有明確的標準，能明白進行到哪一個地步。碰巧我又習慣將思想具象化，如果我做的東西能有視覺效果輔助，就再好不過了。」

米氏不厭其煩展示的圖形，就是螢幕上那些桀驁不馴的電子處理圖形，是一種幾何構圖，稱為曼德博集合。曼德博（Benoit Mandelbrot）不只發明了該「集合」，而且如他自己說的：「有幸冠上小名」。不過也真不簡單，曼德博獨自創造出數學的全新支派，稱為碎形（fractal），高研院有些人認為碎形將是未來數學的主流。

曼氏於 1953 年至 1954 年間，在高研院任博士後研究員。他說：「我在麻省理工學院做過短暫的博士後研究，想要換個環境，馮諾伊曼對我的研究頗有興趣，因此邀我加入成為高研院的研究員。」馮諾伊曼大部分時間都待在華盛頓，他在那兒擔任原子能委員會委員，所以曼氏也不常看到他，倒是與時任高研院院長的歐本海默較常見面。歐本海默有一次請曼氏發表演講，談談自己的

研究，亦即他博士論文關於對局理論（game theory，又譯作賽局理論）與通信理論方面的研究，地點就在數學學院的討論室。

曼德博說：「我到達會場時，歐本海默已經到了，馮諾伊曼也早已坐定。我還記得那天很緊張，講得實在糟透了，沒有人聽得懂。結束後有一個人走過來告訴我，這是他聽過最差勁的一次演講！但是，那場演講卻因歐本海默和馮諾伊曼兩人合作無間的結論，奇蹟似的起死回生。歐本海默和馮諾伊曼你一句，我一句，差不多把我的內容重講了一遍，但比我講得好太多，結果情勢大為逆轉。無可諱言，當天在場的人一定對我印象深刻。因為這個乳臭未乾的小子，面對聽眾時，表達能力實在乏善可陳，然後兩位隨身天使及時出現，助了我一臂之力。」

他常常穿越校園去看馮諾伊曼設計及製造的電腦。但是曼氏對如何製作這部機器並不在行，所以並未參與。好戲在後頭，他後來發現碎形理論的新天地，終於一鳴驚人。

曼氏新天地

所謂碎形，指的是一種幾何物件，其外形不像直線、弧線和古典歐氏幾何的表面那麼平滑，而是相當破碎、不規則，且無論巨觀或微觀都不連續，而是跳動的。曼氏說：「碎形這個字，是從拉丁文的形容詞 *fractus* 變來的，相關的拉丁字 *frangere* 是動詞，是『破碎』的意思：產生許多不規則的碎形。」這些不規則的碎形非常重要。因為和我們習以為常的觀念不同，基本上宇宙本身並不是如歐氏幾何所描述的那樣。

標準幾何即俗稱的歐氏幾何，其實並不適用於不修邊幅的大自

然。就像曼氏在其令人難忘的宣告中一語道破：「雲彩不是球形，高山不是錐狀，海岸線不是個圓，樹皮也不平滑，連閃電的路徑都不是直線。講得更廣些，我主張自然界中有許多形狀都是不規則，或者支離破碎的。若要與歐氏標準幾何比較的話，大自然展現的不只是更上一層，甚至可說是處於完全不同、大異其趣的複雜層次。」

　　諷刺的是，歷史上發展古典幾何是為了要量測地表廣大的空間〔從字源學來看，幾何（geometry）是大地（ge）加測量（metron）〕，但是古典幾何卻絕對不適合用來量度地球上天然、未經雕琢的本質和外觀。曼氏初出茅廬時問過自己：「英國的海岸線有多長？」答案卻是沒有一定，凡事都視尺度以及丈量的標準而定。如果把地圖攤開，用尺測量英國最北端和最南端之間的距離，可以獲得海岸線總長度的粗略估計值；但是如果沿著同樣兩端間的海岸線走一遭，答案可能會大相逕庭，因為你將經過大小海灣及島的每一寸邊緣。如果由米老鼠來走相同的路程，步伐較小，會走出更不規則的路程，旅行的路徑也必大為不同。如果是螞蟻或細菌來走，差別更大，所得的結果可能會令人瞠目結舌。

　　這不只是理論數學家才會專注的問題，曼氏說：「西班牙和葡萄牙，或者比利時與荷蘭間的共同邊界，據說在各自百科全書中的記載，相差達百分之二十。毫無疑問的，小國如葡萄牙者，在量邊界的時候，顯然會比其強鄰加倍精準，這也不足為奇。」

　　古典幾何與碎形幾何的差別，是在於對「維度」（dimension）的想法有所不同。在標準幾何裡，維數必定是整數：直線是一維，平面是二維，立體則屬三維空間。然而碎形，一如名稱所蘊涵的意義，是可以有非整數的維數。介乎兩整數之間的過渡區，如 1.67、

2.60 和 $\log_2 (E+1)$ 維數存在。

　　也許有人會認為維數自然應該是整數：線就是線，面就是面。可是想想希爾伯特曲線（請參閱圖 4.5），乃是漸進的將方形分割為更小的方形，將中點用一條連續線連接起來，經過幾次反覆執行，由此步驟形成的曲線，會趨近於二維的面；儘管如此，因為線的起點和終點並未銜接在一起，所以不能算是真正的封閉面。

　　古典數學家認為希氏曲線這種形狀簡直是面目可憎，不值一

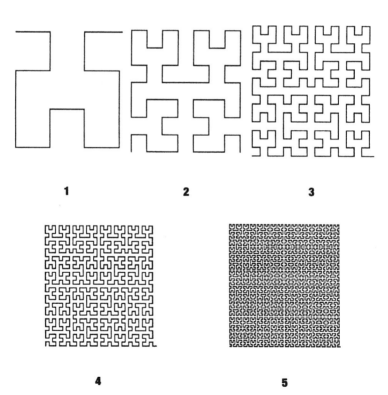

圖 4.5　希爾伯特曲線，可看出曲線漸漸演變為平面。

顧，並稱其為「病態的」形狀。可是曼德博卻雖千萬人吾往矣，一
逕的研究。由於創造真正的碎形需要許多複變函數的迂迴運算，要
能夠有效產生這類圖形非電腦莫屬。於是曼德博就在擔任 IBM 研
究員的生涯中，試著產生五花八門的碎形圖形，處女作是人工海岸
線；而所需要的只是正確的處方，也就是正確的演算法。

碎形之美

他說：「我想出一個合適的方程式，而於 1973 年購置一部非
常笨拙的繪圖機，開始製作海岸線圖……有時得通宵達旦和繪圖
機奮戰，然後當第一條海岸線在千呼萬喚中展露容顏時，大家都
嚇了一大跳，看來就和紐西蘭一模一樣！長條形的海島，加上
一個稍小的、側面還有兩個斑點的小島，像極了班提島（Bounty
Island）……看到這幅畫面，每個人都好像觸電一樣……現在，百
聞不如一見，海岸線的圖擺在眼前，大家不得不同意我的說法：碎
形確實是自然界中的一份子。」

許多碎形圖形之美，就美在彼此自我相似的特性。換句話說，
任何碎形的完整圖形，都可以具體而微出現在圖形中較小的部分。
這種現象，曼氏稱之為「尺度化」（scaling），因為不管以何種尺度
去看這個物體，形態都是一樣的，就像次頁圖 4.6 的碎形樹狀圖。

任何一幅碎形圖都是一則簡單的數值函數，經過多次迂迴演
算，反反覆覆，一遍又一遍的視覺重現。儘管表面看起來（也真的
是這樣）極為繁複，曼氏集合的產生卻是由極為簡單的函數 $z^2 + c$
一再反覆迂迴演算後繪製而成，其初始值則為一複（虛）數。

誠如曼氏自己的解釋，「曼德博集合是一組複數的集合，裡頭

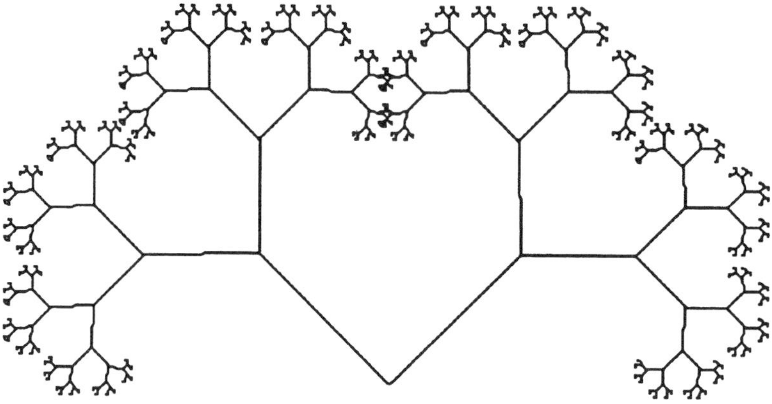

圖 4.6　碎形樹。每根枝枒都是縮小尺度的整株樹。

元素之特性是先對某數做某種運算之後再平方，好比起始值 z，z
平方之後加上 c；所得的結果平方後再加 c；平方後加 c；如此重複
好多遍。照道理，每次獲得一個結果，應該先檢查一下是否跑出半
徑為 2 的圓圈以外，然後把圖畫出來。如此進行下去，畫出來的曼
氏集合會愈來愈詳細、愈複雜；不過做法上，其實只是某數自乘一
次，再加上一個數：z 平方加 c，得到的結果平方再加 c；然後全部
都平方再加 c＊。

　　你或許猜測會得到一條漂亮的直線，或曲線，或螺線，結果畫
出來是次頁圖 4.7。

　　曼德博說道：「曼氏集合展現的非常兩極化，這就是碎形的特
點：公式簡單無比，結果卻異常複雜。真是很難想像長僅一行的運

＊ 譯注：$\{[(z^2+c)^2+c]^2+c\}^2+c$……

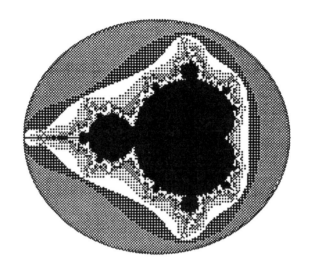

圖 4.7

算法則，看起來其貌不揚，居然能構出這麼複雜精緻的圖形。」

　　在高等研究院，米爾諾研究碎形的動機，主要是因為其美觀的造型，米氏說：「我目不轉睛的觀察它，因為真是渾然天成，有些人研究碎形是想找出實用價值，但就我個人而言，實用只是令人愉悅的副產品罷了。」雖然如此，米爾諾並不否認碎形研究有其實用價值。

　　「碎形可以和諸多現實問題發生關聯，例如了解動力系統的本性，找出紊流的所在等。此外，碎形模型用來解釋人類肺部呼吸系統，顯然比傳統幾何模型略勝一籌。想想肺泡中的微血管與氧氣輸送道如何緊密結合，就會發現用古典幾何觀點來描述是多麼荒誕，古典幾何教的是一些平滑、可微分的物件，可是肺泡裡充斥的卻是各種精細、複雜、碎屑般的組合。」

曼德博眼中看到的大自然，幾乎到處都是碎形圖形，他嘔心瀝血設計許多方程式，由電腦來執行，模擬大自然現象的碎形圖形，諸如：樹林、河流、人類的血管系統、雲海、木星大紅斑、灣流的軌跡、哺乳動物的大腦皺摺。至於人造的東西，曼氏分析過的有戲院布幔的摺法、法國艾菲爾鐵塔等等，都可見到碎形幾何的抽象芳蹤。曼氏曾說，碎形也是「肉身的本質」。

當碎形的功用似乎小至跳蚤，大至銀河系的結構，都可一手包辦時，人們不禁要問，碎形幾何究竟可以適用到何種範圍？米爾諾說：「我想到達分子階層的話，這個架構勢必不可為，必須用另一種不同的幾何來取代。不過，只要大於十個分子左右，碎形幾何應該可以勝任愉快。」

此時此刻，米氏對於自己探究的問題，也多半處在猜測、摸索的階段。他指著螢光幕說：「以我目前研究的問題而言，當曼氏集合一再細分之後，會不會到達一個極限？截至目前為止，圖形只是愈變愈複雜……要完全掌握真相，恐怕還是長路漫漫。」

聖馬可龍

曼氏將圖 4.8 這個較為對稱且賞心悅目的碎形圖形命名為「聖馬可龍」（San Marco dragon），「這是數學家的狂想曲，用外推法將水都威尼斯市教堂建築的輪廓，連同廣場水上的倒影一併繪入。」。

其實相對而言，在電腦上編寫程式算是輕而易舉的，只要打入一個簡單的運算法則，寫出二十行左右的程式，然後就讓電腦去跑。很快的，眼前就會出現由陰極射線管底部汩汩湧出，如魑魅魍魎般的形狀。它看起來是有點像威尼斯教堂的水中倒影，只是一點

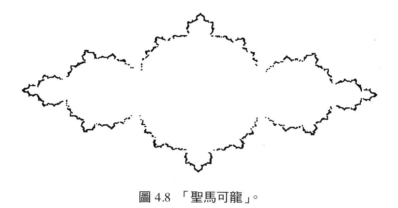

圖 4.8 「聖馬可龍」。

一點的樣子,看起來有點詭異。這個奇形怪狀的東西由電子掃描出來,浮現在電腦螢幕表面,你也可以把眼睛湊過來,看看為什麼純粹由知識幻化而成的物件,數學家會認為它美麗。是不是在……柏拉圖天空所蘊涵的理型,就是如是?

卓爾不群

第5章

奇才異士 —— 馮諾伊曼

　　輪盤團團轉動，象牙白的小球和輪盤本身，各自朝相反的方向飛奔與旋轉，但是所有的眼睛都凝視著小球，背後紅黑相間的號碼則匆匆舞過，化為一條模糊的光環。全場鴉雀無聲，只有輪盤快速劃破空氣的呼嘯，以及白球跌跌撞撞前進的滴答聲，好像月球環繞地球一樣的運轉。就像許多賭徒一樣，那些雙臂前抱的旁觀者都自以為能未卜先知，曉得出現的會是什麼號碼，或者就像現在，他們至少大概知道是哪一個號碼。賭博輪盤上面大略分為八格，觀察者下賭注，希望球會停在第五格，這一格涵蓋了 18、31、19、8、12 這幾個號碼。

　　圓盤漸漸慢下來，白球朝著輪道的菱形金屬片往下滾，如果小球撞到金屬片，軌跡就會改變、亂彈，變得不可預測，而在第五格下注可能就不是上上策了；還好白球閃過了金屬片滾進下方的凹槽，呈弧形掠過各數字——奇數和偶數、黑白相間，峯迴路轉，白

球終於不負眾望，落入第五格區中——叩、叩、叩，幾次跳進跳出之後，完全靜止，最後眾望所歸的落在 19 號上面。圓盤慢慢歸於靜止，白球也就安安穩穩的躺在杯中，如同雞蛋放在冰箱的蛋盒上一樣。

　　觀察者都露出欣喜的微笑，不過沒有像業餘賭徒那樣跳躍歡呼，也沒有收聚賭資，雖然眼前這具賭博輪盤是登記有案的賭具，由底特律的魏斯（B. C. Wills）公司製造，自內華達州雷諾市的保羅遊戲設備公司購得。然而這兒不是雷諾、拉斯維加斯、更不是大西洋城，這座幸運之輪不偏不倚就座落在紐澤西州的普林斯頓高等研究院，福德大樓三樓的一間隱密房間裡，正巧是在愛因斯坦靜坐思考的辦公室上面兩樓……愛氏在底下想著上帝如何不跟宇宙玩擲骰子遊戲的當兒，兩位年輕物理學家卻正在上面建造一部全新的賭博系統。

奇特的實驗

　　站在輪盤兩邊的分別是法默（J. Doyne Farmer）以及派卡德（Norman Packard）。法默當時是羅沙拉摩斯國家實驗室的歐本海默研究員（Oppenheimer fellow），他與派卡德是兒時玩伴，兩人都是在新墨西哥州的銀城（Silver City）長大。派卡德擔任的是高研院的長期研究員，也是渥富仁（Stephen Wolfram）複雜系統集團中的一員。法默接受的是天文物理的訓練，慣於思考小球體沿著軌道繞行大球體的問題。他曾寫過一道電腦程式，希望能模擬賭博輪盤小球的動力學，以便推算其準確的落點。原來的如意算盤是要把程式載入能藏在身上的電腦裡頭，然後到拉斯維加斯大撈一筆。派卡德

和法默將他們的機器在賭城試用了一陣子，發現獲利率約在 40%
左右，程式本身倒沒有什麼問題，不過因硬體方面故障頻傳而慘遭
淘汰。

　　後來，計畫曝光，一本名叫《幸福派》（*The Eudaemonic Pie*）
的暢銷書披露了他們的詭計，有一部分還在 1985 年的《科學文摘》
（*Science Digest*）上連載，這個突發事件差不多斷送了兩人的春秋
大夢，至少得銷聲匿跡好一陣子。兩人如今東山再起，只是這一次
收斂許多，不敢太聲張，而且他們也達成共識，不完成計畫絕不罷
休，準備一鳴驚人賺進大把鈔票，塞滿蒙地卡羅的大小銀行。

　　令人驚訝的並非是法默和派卡德能準確預測賭博輪盤的結果，
而是在於實驗現場是在福德大樓的三不管地帶……沒有人大驚小
怪，走漏風聲。唯一道地的柏拉圖天空變成了賭博實驗室，而首
謀份子竟然逍遙法外。沒錯，那具賭博輪盤並非公開在大庭廣眾面
前，讓學者樂園的人員在一整天腦力激盪後，不經意就瞥見。不
過，法默和派卡德倒也不是有什麼不良企圖，得躲躲藏藏避開眾人
的耳目，只是外面的人鮮少會走上福德大樓三樓。況且，即使有人
走上來，看到的也只是一扇緊閉的門，就算把門推開，也不過看到
占滿了房間的龐大電腦，以及好幾個通往其他房間的走道，四通八
達、像個迷宮似的。賭博輪盤就放置在其中一個隱密房間裡；如此
一來，即使有院內的人——特別是那些搞社會科學或歷史研究的人
員闖進來，發現兩位科學家在那兒……玩賭博輪盤！……那，那也
沒什麼大不了。

　　想想其他時候，看到有人在高研院內進行一項奇特的實驗，又
怎麼樣呢？

天賦異稟

其實，始作俑者是馮諾伊曼，在這個最超然絕俗的象牙塔裡面，原本最重要的設備是粉筆，最大的聲音是圖書館裡紙張翻動的聲音，馮諾伊曼卻不甘寂寞，開始製作新型的電子計算機。沒有抽象的幻想，完全真槍實彈，螺釘、螺帽，角鋼鐵板打造成的機器，頂上有煙囪、通氣孔，還有排氣管，以便裡頭的燈絲、真空管的熱量得以散發出去，活像一具蒸汽引擎。

這些粗重的傢伙對高研院的常規而言，簡直是不可思議，院裡的科學大師和科學怪人之所以到普林斯頓，就是為了擺脫喧鬧的世界與笨重的機器，才專程來此尋找平靜安詳、可以專心思考的地方……結果馮諾伊曼這位仁兄卻把這塊天堂淨地變成了……一家工廠！宛如利用修道院內的設備，來製造世俗的器具一樣。

這般行徑不見容於高研院──唯一道地的柏拉圖天空。這件事既沒有價值又異端，必須有人遏止這種歪風，最後高研院也真正把這根背上的芒刺給連根拔除，不過是等到馮諾伊曼去世後才得以完成。雖然大家都討厭，更遑論去使用馮氏製造的那部醜陋電子機械怪獸，可是卻沒有人能對他生氣太久，因為馮諾伊曼實在太可愛了。他經常舉辦盛大的宴會，在普林斯頓無人能與之相比。他喜歡女生和跑車，愛開玩笑，喜歡哼哼唱唱，不時鬧些花邊新聞，也喜歡熱鬧，愛吃墨西哥菜，更喜歡沾染些酒色財氣。這種人，實在很難去討厭他，所以高研院只好網開一面，為他打破成規。換成別人，今生休想。

雖然馮氏看起來像個黑手技工在那兒裝配電腦，不過仍然是個曠世奇才、心靈導師，如同行走在塵世的不朽神明。計算機理論

家高士譚（Herman Goldstine）寫道：「他的事蹟在普林斯頓廣為流傳，他就像是半個神仙，曾徹底研究人類，而且可以維妙維肖的模仿。」

的確，馮諾伊曼在電腦和格狀自動機（cellular automata）上的成就，還不及其終身成就的一半，搞不好連五分之一都還不到。他算得上天賦異稟，在數學史上創立過全新的支派，對局理論便是其中之一。對馮氏而言，證明遍歷定理（ergodic theorem）先天上並不比氣象預測、製作電腦，或教導那些商業鉅子如何在狗咬狗的商場上應用對局理論，以求出人頭地等事情，來得更有價值。

費米（Enrico Fermi）在曼哈頓計畫（Manhattan Project）於羅沙拉摩斯進行期間，常常喜歡嘲弄泰勒（Edward Teller）說：「愛德華啊！怎麼匈牙利人都沒有過什麼偉大的發明？」但是本身也是匈牙利人的馮諾伊曼卻曾經協助製造第一枚原子彈的爆破裝置，然後又和泰勒、烏拉姆等人共同發明了氫彈。看到高研院的教授造電腦、造原子彈，居然和發明數學上的創見一樣興奮，而且還到處兼任顧問，大賺其錢，實在不太對勁，甚至覺得是斯文掃地的可怕事情！可是，又有誰阻止得了馮諾伊曼呢？誰都拿他沒辦法，他實在是太過樂天逍遙，有點像個紈褲子弟。

談鐳色變

這一年的科技界，充滿了山雨欲來風滿樓的氣氛；1903 年 2 月《紐約時報》刊載了第一篇有關「鐳」的文章，稍後全球新聞媒體也紛紛報導放射性元素的消息。同年 10 月，《聖路易新聞郵報》（*St. Louis Post Dispatch*）刊登一則新聞，說到「鐳的威力無遠

弗屆，足以摧毀全世界的兵工廠，也可以使戰爭無從發生，因為全世界累積起來的爆炸物，都可能被它消耗殆盡……甚至可能出現一種裝置，按鈕輕輕一按，就足以炸掉整個地球，使世界末日提早來到。」

當然，那一年也有幾則好事登場。1903 年 12 月 17 日，在北卡羅萊納的海灘上，萊特兄弟首度成功使四引擎控制的飛機，在沙灘上升空，引領我們邁入航太的新里程。十一天之後，馮諾伊曼誕生於布達佩斯。他日後帶領我們進入電腦、機器人與人工智慧的新紀元。馮氏出生在富裕的銀行業世家，他可不像愛因斯坦一樣大器晚成，他六歲時就能夠心算八位數的除法，並以古希臘語同他老爹開玩笑。八歲那年學會使用微積分，並炫耀驚人的記憶力，將一頁布達佩斯電話簿上的人名索引、地址、電話號號，閉著眼睛倒背如流。有一次，他媽媽在縫衣服時停了一下，眼睛望著天花板，小男孩愣愣的問：「媽，你在算什麼？」

後來，馮氏進入布達佩斯大學，不過此舉主要是當成去柏林的跳板和中繼站。他要去聽愛因斯坦講授統計力學，到蘇黎世著名的聯邦理工學院（ETH）攻讀化學工程，當然還要到哥廷根去跟隨赫赫有名的希爾伯特修習數學。二十二歲那年，馮諾伊曼為狂熱的學習畫上漂亮的休止符，同時獲得兩個學位，一個是蘇黎世聯邦理工學院的化工學士，另一個則是以最優異的成績拿到布達佩斯大學的數學博士，此外，他還副修了實驗物理和化學，成績斐然。

當他初抵哥廷根，量子力學才剛剛粉墨登場，面臨的挑戰是要以更充實的數學理論來描述原子，足以統攝由海森堡、薛丁格等人提出的理論，並與之相抗衡。獲得學位之後的馮氏，立即毛遂自薦要將兩種理論合而為一，在 1925 年至 1929 年，完成一系列

的論文，並於 1932 年出版生平第一部書《量子力學的數學基礎》
（*Mathematical Foundations of Quantum Mechanics*）。五十年後的今
日，此書仍在印行。

　　馮諾伊曼解釋量子的利器是使用了「希爾伯特空間」（Hilbert
space），希氏發明這個觀念是為了解無限多個變數的方程式。如果
要解一組聯立方程式，例如：

$$x - y = 1$$
$$和$$
$$x + y = 7$$

　　那麼，有兩種方法可解出 x 和 y 的值。可以用基本代數法，用
幾步算術運算來求解；或者也可以用解析幾何的方法，就是將兩個
式子畫在同一個坐標平面上，如果聯立方程式有解，那麼畫出來的
二條曲線會交於一點，該點的 x 與 y 坐標值，就分別是兩個未知數
的解。

　　同樣的方法也可以應用在更多未知數的式子，所以如果方程式
是：

$$x^2 + y^2 + z^2 = 1$$

　　那麼加上 z 軸，就會形成三維空間，新的方程式即可繪在三維
空間上面。以上式為例，畫出來是半徑為 1 的球，球心在三個軸的
交點，即坐標原點。

　　一個方程式即使有三個以上未知數，仍然可以畫出來，但是必
須離開普通的三維空間理念，進入希氏空間的晦暗領域。更多的變

數，代表圖上要有更多條軸：例如方程式中有五個未知數，畫出來就是五維空間的球，或稱「超球面」（hypersphere）。希氏研究的就是擴展這套方法，使其可以涵蓋無窮多個變數，幾何上的表示法則就需要具有無限維數的空間。這種空間，不是實際的空間——如果認定實際空間必定是我們一般可以理解的三維空間。然而，數學家和物理學家卻對這種無限維度的希氏空間習以為常，天天在用，特別是在量子理論中，更是廣泛的用來解決實際問題。他們之所以如此，主要都得歸功於馮諾伊曼。

引進希氏空間

　　1920 年代中期，量子現象有兩大敵對主導勢力，使得物理界相當頭痛。一個是海森堡的矩陣力學（matrix mechanic），另一個是薛丁格的波函數理論（wave-function theory），物理學家頗感無所適從。根據海森堡的主張，量子系統的屬性得用矩陣來表示——就像玩賓果遊戲的配置，或者像化學元素週期表一樣。每一個矩陣代表不同的屬性，因此量子能階有一個矩陣，位置又有一個矩陣，動量又是另外一個，以此類推。海森堡使用整個矩陣，而非單一數值，因為他認為粒子屬性先天上就帶有不確定、測不準的特性。粒子的行為更像是空間中一塊模糊的量帶，而不是直線上的一個點，因此他說：粒子的位置不應該用單一整數來代表，應該是用整個陣列才適當；同一陣列中的不同數值，反映了一個粒子可能擁有各種不同數值出現的可能性。

　　另一方面，薛丁格則堅持原子的狀態應該用物質波來解釋。一個電子沿著軌道繞行原子核，據他看來，走的並不是一條平滑、

圓形的路徑（像行星繞太陽運行那樣），而是採正弦曲線，就像坐雲霄飛車繞著原子核跑一樣。其他的量子粒子也可用類似的波動表示，而其運動定律則應該用波動方程式來解釋。

就在這個節骨眼，馮諾伊曼加入了這場公說公有理、婆說婆有理的論辯，並將兩造合而為一，而關鍵就是引進希氏空間。馮諾伊曼認為如果原子狀態以希氏空間的無限維向量（或箭頭）視之，那麼箭頭轉動的結果，就可以同時說明海森堡的矩陣值，以及薛丁格的波動函數論。馮氏用一組新的數學理論架構，將所有的現象交代得清清楚楚，並且讓量子粒子的隨機行為顯得非常合乎邏輯。

以二十六歲的英年就有這麼偉大的成績，馮諾伊曼自是贏得國際的讚譽。1929 年，當時仍在普林斯頓大學數學系的維布倫，便邀請馮氏到普大來開授系列課程，題目為「量子理論面面觀」，馮氏欣然接受。在普大居住了一段時間後，他覺得自己和美國一拍即合，這是一塊樂觀、務實、進取，什麼都可行的樂土；人民豪放、友善、隨和；最美妙的是，他們也都喜歡享受人生，和他真是英雄所見略同。當然，美國確實缺乏一些舊大陸的舒適，像咖啡座、小酒館等場所，在那裡可以啜飲現煮的咖啡、抽雪茄，並和三五好友坐上幾個小時，上至天文、下至地理聊個半天。有一陣子馮氏還想過要在普林斯頓開一家歐風客棧，但是一直沒有付諸行動。不過，他倒是退而求其次，常常開舞會，或大宴賓客。如果聽一些老前輩說起，還真有點像滑稽歌劇，或是天方夜譚呢！

馮氏的一位老朋友說道：「當時真是不可思議，你聽到的並非誇大之詞，馮氏是才思敏捷而精力充沛的人，長得比我還胖，很懂得享受人生。」晚宴定時舉行，一週一次或兩次，地點就在威斯卡特路（Westcott Road）二十六號鋪有櫸木地板的豪華宅邸內，他還

特別聘請穿戴整齊制服的侍者，端著飲料和酒在場內穿梭服務。節目眾多，可盡情舞蹈、吞雲吐霧，或高聲談笑，充滿了歡樂。一個朋友回憶道：「那些老天才到了馮諾伊曼的家都成了老頑童，非常和藹可親，沒有架子。」

當高等研究院成立，似乎理所當然的應該延請馮諾伊曼進來，於是連同愛因斯坦、維布倫和亞力山大，馮氏也成了高研院第一代的教授，而且是在一群老人中，特別耀眼的少年英雄。一位高研院的研究員就說：「他實在好年輕，大多數在大樓內遇見他的人，都會誤以為他是研究生。」

過目不忘

在高研院這樣一個大師輩出的地方，馮諾伊曼思慮之敏捷仍堪稱所向無敵，與他合作電腦計畫的同僚畢奇樓（Julian Bigelow）說：「他具有獨特的異能，如果有什麼想法要和他討論，五分鐘內他就遙遙領先你的見解，並全盤掌握問題的關鍵與去向。他的思慮就是如此敏銳與精確，很難跟得上，以我的淺見，這個世界上沒有人能夠和他並駕齊驅。」

許多數學家說他們對數學並非特別專精，算加減乘除也不見得快到哪裡去。但馮氏則是不折不扣的計算機器。馮氏的助理何模思（Paul Halmos）說：「當他首次測試親手製的電子計算機時，有人建議用簡單的數字問題，一個與 2 的乘冪有關的題目來試驗。好像是 2 的乘冪中，哪一個是使千位數等於 7 的最小次方？對今日的計算機而言是牛刀小試，只要不到一秒的機器時間就算出來了。當時那部待測機器和馮氏同時起算，結果馮諾伊曼首先完成。」

　　如果要跟上馮諾伊曼的演講，必須先練就一身筆記快手的功夫。在他主講的講座（福德大樓的討論室與他的辦公室僅隔一條走道），他習慣將十幾條方程式擠在黑板的一角，大約只有六十平方公分大的區域；每講完一道式子，就用板擦刷一聲擦掉，再補上一條新的。就這樣邊講邊擦，邊擦邊講——一條方程式，刷！再一條方程式，刷！在你還沒來得及看清楚他寫些什麼之前，板擦就又放回粉筆槽，他也用手拍掉了袖子上的粉筆灰。他的聽眾管這種過程叫「板擦證法」。

　　這個人還擁有絕佳的記憶力，過目不忘。高士譚說：「舉一個例子來說，馮諾伊曼有辦法在讀過一本書或是一篇文章後，一字不漏的背下來，而且禁得起時間的考驗，一年之後仍然倒背如流。有一次，我想考考他，就問他說《雙城記》開頭是怎麼寫的，結果他當場毫不遲疑的開始背誦第一章給我聽，沒有中斷，一直到十或十五分鐘之後才應我的要求而停止。」

　　大概是超級天才的慣例，馮氏也有行徑怪異的一面。譬如不論任何場合他的穿著總是非常正式，像個銀行家。有一次，他和夫人造訪亞歷桑納州，順便到大峽谷一遊。喜歡刺激享樂的馮氏自然要參加著名的騎驢遊谷底隊伍，同行的其他人都穿著輕便的衣服——短袖上衣、皮靴皮褲、墨西哥式寬帽，一身西部牛仔的裝束，唯有馮諾伊曼特立獨行，堅決不「同流合汙」，馬背上、驢背上都一樣，仍然維持一貫的裝扮：白襯衫、打領帶、西裝外套、胸前口袋還塞著裝飾用的口袋巾，顯然他覺得為了格調，受點折騰仍相當值得。再者，他堅持使用適當的口音，不管人家怎麼說，堅持不讓自己太美國化，高士譚解釋道：「他故意將 integer 念得像 integher。」可是偶爾他會念得很標準，「當他一旦發覺，又會立即

改口，更正為他自己獨特的念法。」

還有就是他的健忘症。馮氏的太太克拉蘿（Klara）記得有一次她生病的時候，「我請他幫我倒一杯開水，過了一會兒，他回來問我杯子放在哪裡，我們已在那個房子住了十七年了。」（奇怪，他們有僕人，問一問僕人不就知道了嗎？）另外還有一次，馮氏一大早開車離開普林斯頓，要到紐約市赴約，車子開到半路，突然忘記是要去見誰，於是打電話回去問太太，「我為什麼要去紐約？」真是服了他！

人與電腦之戰

無可避免的，西方文明史上最快的人腦，遲早得和 ENIAC 一決雌雄。ENIAC 是電子數值積分器及計算機（Electronic Numerical Integrator and Computer）的縮寫。她是一部製造於費城的「電腦」，距離普林斯頓僅八十公里。這次人腦與電腦的狹路相逢，肇因於兩位人物歷史性的相遇，似乎冥冥之中注定要湊合這場賽事。那兩人正是馮諾伊曼和高士譚，當時他們都在馬里蘭的亞伯丁試射場（Aberdeen Proving Ground）為美軍彈道研究室工作。

ENIAC 是專為陸軍設計，用以計算飛彈發射軌跡與火砲射表的電腦，速度快如閃電。高士譚向來都在亞伯丁和費城之間奔波，1944 年 8 月的某一天，他正在等火車，看到一個人踱著方步走上月台，那個人不是別人，正是大名鼎鼎的馮諾伊曼。

高士譚回憶道：「在車站巧遇之前，這位偉大的數學家與我可說是素昧平生。不過對他的大名當然是如雷貫耳，我也在不同場合聽過他幾次演講，只是未曾當面說過話。於是我不揣冒昧趨前與這

位世界級大師攀談，並自我介紹一番。還好馮先生是位和藹可親的人，總是盡量讓別人在他面前不至於太拘束。話題很快轉到我的工作，當馮氏聽清楚我的工作和製造一部每秒可執行 333 次乘法運算的電子計算機有關時，整個談話氣氛便有了一百八十度的轉變，原來輕鬆詼諧的口氣，變得有點像數學系的博士學位論文口試。」

數日後，馮諾伊曼就迫不及待的飛抵費城，一探 ENIAC 的虛實，高士譚說道：「那段時間，已經進行了兩個累加器的測試。面對馮氏的十萬火急，我還記得 ENIAC 的發明人艾科特（John Presper Eckert）以及莫渠利（John Mauchly）的反應很有意思，他們說只要聽聽馮氏問的第一個問題，就知道他是不是名副其實的天才。如果是關乎機器的邏輯結構，他就佩服，否則就只是虛有其名。當然，馮氏第一個關心的正是那個問題。」

龐然巨獸電腦

人與機器首度接觸之後六個月，馮氏便開始計劃在高等研究院製造一部自己的電腦。不過首要之務，是得知己知彼，先詳細蒐集 ENIAC 的缺點，這件事當然是易如反掌，ENIAC 的弱點可真不少，第一，她太大，甚至還不止是大而已，簡直是大而無當，像隻塞滿管子與電線的大恐龍。三十公尺長，三公尺高，一公尺寬。超過十萬個零件，一萬八千隻真空管，一千五百個繼電器，七萬個電阻，一萬個電容，外加六千個開關，幾乎沒完沒了。馮氏就常常調侃說，光是要她動起來，就已經像是「每天打爛仗」，只要那部機器可以連續運轉五天，而且沒有任何一隻真空管燒掉，發明人就要額手稱慶了。

ENIAC 耗電之兇名聞遐邇，據傳每次一開機，整個費城西區的電燈都會變得黯淡。不過站在功能的立場看，這部機器的大小、失敗率、耗電量如果與其硬布線（hard-wired）「寫」程式的麻煩比較起來，簡直是小巫見大巫了。她不像後來的多用途電腦一樣，可以藉抽換磁片就從文書處理跳到繪圖程式或電玩程式上；ENIAC 主要是用來計算一些火炮射表，要更換功能可得煞費周章。每次要賦予她一項新任務，就得從頭到尾先將開關重新設定，電纜重接，完全得靠雙手萬能。而機器本身又有上千個開關，上百條延伸纜線和插頭，所以好幾個技工忙上兩、三天，才能讓 ENIAC 解決一個其實只需要幾分鐘就可算出的問題。

這樣下去，豈不是要被逼瘋了？幸好不久就有人想出辦法，可以根本改變電腦的設計理念，就是現在大家熟知的內儲程式。至於是誰最早提出這個構想則是眾說紛紜，莫衷一是。有些電腦歷史學家說是馮諾伊曼本人，有人說是莫渠利和艾科特二人，也有人追溯至英國數學家圖靈。馮氏與圖靈於 1935 年夏天在劍橋大學認識，後來圖靈到普林斯頓攻讀博士，馮氏提供高研院研究助理的缺給這位年輕晚輩，可是圖靈婉拒，因為他希望回到劍橋。

姑且不管是誰發明的，馮氏似乎是第一位活用內儲程式，並改造為可用系統的人。他把程式擺進機器內部，不是從外面配線，而是用電荷與脈衝的方式來做。這樣做的好處很多，因為可以控制或更改機器的操作，又不須更動外部的電線、開關與接頭。

然而，這種由內部控制機器的觀念，卻與傳統的智慧與常識相左。機器都是由外部的鈕、門、鍵等來控制，即使是程式化的機器，如雅卡爾織布機（Jacquard loom），也是用外在的打卡或紙帶等實物來控制，是與機器分離的方式來進行。要是能夠像馮氏那

樣，認為機器可由內部捉摸不到的電子脈衝來控制，的確需要在知識上向前跨一大步才能辦到。

　　馮氏認為電腦的基本功能——加、減等運算，可以固定連結到機器上頭，成為硬體結構的一部分。但是運算的順序與組合，則應該是可以軟接（soft-wired），要命令機器做不同的問題，不需要切換開關、重接纜線，搞得焦頭爛額。總之，不用改變機器本身，就讓它維持原狀，只須改變指令就行了，馮氏認為，「一旦指令下達給相關的裝置，」自然能夠「忠實的完成，不須進一步的人為干預。」問題輸進去，所要的答案跑出來，就這麼回事，乾淨俐落。

克服障礙

　　1946 年春，馮諾伊曼想要在高等研究院製造一部電腦的意圖變得非常認真；當時只有兩個障礙要克服：一是錢，另一是高研院教職員的同意。錢還是小事，難的是說服高研院的糾察隊讓他在這片聖地上，製造一部機器。即便是數學學院本身也不見得贊成，那時電腦還不能算是熱門的研究項目。

　　數學學院特地為此召開會議，根據當時的會議紀錄：「討論範圍廣及這項創舉對數學的進展，及對院裡氣氛可能產生的正、負面影響。對這件事發表個人意見的人，有寧願親自計算對數值也不願查表的席給爾（Carl Ludwig Siegel）教授；有的人則像摩爾斯教授一樣，認為這項計畫是勢在必行，只不過做法不是很理想；還有就是像維布倫教授單純而天真的接受任何有助於科學進展的嘗試，不管將來會被帶往何處。」會議紀錄是維布倫親手寫的，間或夾雜些他自己尖酸刻薄的批評。愛因斯坦則似乎不置可否，一副事不關己

的態度——電腦？他開玩笑說：電腦對解答統一場論的問題，沒有什麼幫助。

其他部門的教職員，像人文研究學院，更是期期以為不可。直至今日，該系的守舊派對於在高研院內製造點什麼東西的念頭都視為玩物喪志。陳尼斯（Harold Cherniss）就是典型的代表，他是古希臘哲學的專家，1948 年成為高研院教授，當時馮諾伊曼的機器已開始動工興建了。陳尼斯今日仍然認為：「很顯然當初贊成興建的人聲勢較強，可是如果我在場，我還是會投反對票。電腦根本和高研院建立的初衷背道而馳，電腦是實用的探險，但在高研院是不該重實用的。」

另一方面，從博列克斯納手中接掌院長大權的艾迪樓，卻已立定心意將高研院朝較實用的方向發展。雖然高居柏拉圖天空的掌門大位，歷任的院長似乎仍很難相信，讓一大群人整天無所事事，只是空思冥想會是件頂健康的事。

無論如何，艾迪樓還是告訴理事會說，無論這件事看起來多棘手，電腦計畫是高研院不應輕言放棄的大事。他在理監事會上大聲疾呼：「我想嚴正指出，這部電腦的出現，將大大幫助數學、物理和其他知識領域的學者專家，就像在帕洛瑪山（Mount Palomar）上興建直徑兩百英寸的望遠鏡，對天文觀測的貢獻是一樣的，因為目前還沒有夠分量的儀器存在。電腦當然是物理實體，但是還是可以設在這裡，因為我們可以找到支持的理論依據。」他說：「我覺得很重要一點是，這類設備應該首先建立在像高研院這樣，獻身於純研究的機構。」

好了，還有誰能反對？眼前這位想造電腦的奇才，可是西方文明史上最敏捷的心靈，一位將神經細胞和二極體等當成日常會話用

語的人，他要求的不過是區區的十萬美元，以便可以上工。馮諾伊曼已經開始思考機械腦和生物腦之間的關係，誰又知道從中會冒出什麼來？當然，不可忽略的事實是，整個計畫的後台主角，不是別人，而是獨一無二、我們的馮諾伊曼先生。

理事會終於同意撥十萬美元，但那不是全部的款項，美國無線電公司（RCA）捐了更大一筆錢；此外陸軍勤務部、海軍研發局，以及原子能委員會也都跟進，所以錢不是問題。其實，與贏得高研院教職員首肯的奮鬥相比，籌錢的事簡直是小兒科。

廣邀人才

馮諾伊曼和高士譚在亞伯丁火車站相遇之後一年半，馮氏開始為高研院的電子電腦計畫（Electronic Computer Project，簡稱 ECP）招募員工。他已說服高士譚離開 ENIAC 的計畫，轉到高研院來幫忙；然後又請到勃克斯（Arthur Burks）這位奇才。勃克斯是哲學博士，對電子電路卻很內行。但是除此之外，總得有人到現場實際動手把那個東西兜起來；馮氏可以提供高瞻遠矚、目標、想法及設計通則，可是要他揮舞烙鐵焊接機器，總是有點不對勁，他需要一位總工程師才行。

麻省理工學院的數學家韋納（Norbert Wiener）極力推薦畢奇樓。畢奇樓主修電機工程，在 IBM 工作一陣子後，於二次大戰期間進入麻省理工學院，擔任韋納的助理。當時韋納和畢奇樓正在設計防空砲的自動瞄準裝置，那個機器的核心是一部數據處理機，負責蒐集飛機飛行路徑的資訊，然後立即轉換為如何讓大砲瞄準的參數。如果各方面順利配合，估計正確，那麼砲彈就能和飛機同一時

間，抵達同一位置，來一記漂亮的迎頭痛擊。

1946 年 1 月，畢奇樓動身南下普林斯頓和馮諾伊曼會面，他比約定時間遲到了幾個小時。畢奇樓由麻州開著他那部 1937 年的小威利（Willys），搖搖晃晃、走走停停，時常得這邊摸摸、那邊調調，好不容易才挨到普林斯頓。直到馮氏都快準備放棄指望了，一輛老爺車才拖到他家門口，夾雜幾聲爆烈的噪音，然後那輛車一動不動像報廢了一般。畢奇樓下了車，走向房子。

畢奇樓說：「馮氏在普林斯頓威斯特卡特路的宅邸，真是富麗堂皇。待我將車停妥，準備走進馮家時，一隻龐大的大丹狗在前院草坪上蹦蹦跳跳。我敲敲門，看到馮諾伊曼，這位看來矮小、沉默、謙卑的人走近前門，向我頷首致意，說道：『畢奇樓，請快進來！』，而那隻毛茸茸的狗尾巴在我們兩人的腿間刷來刷去，也跟著進了客廳，牠走到眾人面前，在地毯的一角躺下來，我們就這樣開始談了起來：我要不要來？我懂得多少？我的工作性質如何？差不多談了四十分鐘左右，那隻狗一直在屋子裡穿梭。最後，馮氏問我旅行的時候，是不是都攜犬同行。當然牠不是我的狗，顯然也不是他的狗，但是馮諾伊曼深諳外交藝術，一派中古歐洲紳士風度，很體諒的沒有再提到牠，一直到面談結束。」

馮諾伊曼告訴畢奇樓說，他要造一台全新的電腦，要高速、多用途、內儲程式型的機器，畢奇樓說道：「最初是部平行式、內儲程式非常簡單的電腦，只有一小組算術加和減的運算功能，運算速度可以非常快。馮氏覺得加、減兩項功能就可以走遍天下了，因為乘、除的功能可以用條件加減的程式來達成。他的主要想法就是要求這部機器愈快愈好，多高速都無妨，然後就靠程式來完成其他的功能。馮氏描述他想要的高速，是每位元的傳送需時一微秒，也就

是 10^{-6} 秒左右，不過後來他又回頭想想，覺得也許把乘法也一併寫進去，效率應該會更高。」

埋首電子世界

1946 年 6 月，那部電腦開始動工，地點是福德大樓地下室的鍋爐間。原本一直是數學物理專家的馮諾伊曼，轉而埋首於電子世界，寫給朋友的信中也曾出現下面的話：「最近（1944 年）市面上出現了兩種超小型五極真空管，可能對我們有用：6AK5 和 6AS6⋯⋯兩種管子在控制柵極都有很靈敏的截止線。6AK5 在遏止極（supressor）和陰極之間有內導線連接；6AS6 則是將遏止極單獨外抽，而且在遏止極也有很靈敏的截止線：簾極（screen）上加 +150V 時，會得到 −15V。」

高研院處心積慮想把這個計畫搬到另一棟建築裡，以便高研院的反對人士眼不見為淨，問題是如何取得市府的核准。畢竟這裡是住宅區，而且還是普林斯頓最高級、最豪華的一區，這裡的善良百姓並不喜歡「電腦工廠」聳立在自家的後院。為此還特別召開一次鎮民大會，畢奇樓說：「會上有一位 RCA 實驗室來的白痴，還有化學博士學位呢！他在鎮民面前大放厥詞說，不歡迎那樣的建築物，因為將會製造太多噪音。事實上這根本就是胡扯，因為如果你站在外面的街上，根本就無法分辨我們今天有沒有在房子裡建造那部機器。」

工程人員在鍋爐間待了一年，製作測試儀器並設計原形機。1947 年 1 月，高研院獲得市政府的許可得以興建新房舍，地點就在校園對面。那是一棟寬闊、平坦的一樓建築，完全沒有喬治亞風

格，與高研院其餘的建築在空間、設計、觀感上都大異其趣。那年夏天，與電腦相關的員工全部搬進了 ECP 大樓。

原型機第一次問世就可以運作了，畢奇樓說：「進行得實在太順利了，我們初次開機，就不需任何調整或修改。」然後他們就定下整個四十階段單體的配置，「馮氏通常會將初步的想法寫在黑板上，高士譚則帶回家細細咀嚼消化，變成對機器有用的部分。至於如何將概念具體實現的技術，馮氏可是一竅不通，他會找我討論，然後充分授權，讓我自由發揮；我就會仔細思考，然後將實驗電路帶回小組去測試。」

雖然那部 I.A.S. 號電腦（以高研院縮寫命名）是內儲程式型電腦，然而它的程式並不是像今日的 BASIC 或 Pascal 等高階語言，而是用機器語言寫的，由一連串的 0 與 1 組成。現代電腦按退格鍵就可以完成的動作，當時得按照次序輸入 1110101 這組機器碼。畢奇樓說：「當時連組合語言都沒有，我們現在有的技巧，當時都一無所有。從這點就可以看出馮諾伊曼如何聰穎過人，因為他並不覺得有什麼問題，他反而無法想像不能以機器碼寫程式的人，如何與電腦為伍？」

讓這塊寧靜的沉思聖地雪上加霜的是，這部機器的測試程式，並不像找前五千個質數這樣無毒無害，當然沒那麼平淡無奇。馮氏當時也參與了羅沙拉摩斯那邊的氫彈計畫，於是靈機一動，覺得其中熱核反應的計算工作，應該搬到 I.A.S. 號電腦來測試，因為需要的計算量是破天荒的。截至當時為止，是人或機器所做過最龐大的計算工作，超過十億個基本算術與邏輯運算，目的只是為了要知道熱核反應到底可不可能如預期的發生，也是說那部電腦要回答的第一個問題是：氫彈到底能不能引爆；很不幸，答案是──能。

畢奇樓說：「這個答案於 1950 年夏天由羅森布魯斯（Marshall Rosenbluth）算出。這次電腦速度遙遙領先，我們派工程師輪流看守，使它順利運作，而它夜以繼日跑了六十天，只有極少差錯，打了漂亮的一仗，是一件名留青史的計算。」

1952 年 6 月，高研院正式為這部電腦揭幕時，展示的是任何純數學家都能接受的庫默爾猜想（Kummer's conjecture），這是質數論上的問題。為了慶祝電腦揭幕，馮氏又舉行另一場宴會，在家中大客廳放了一個比例縮小的 I.A.S. 號電腦，是用冰雕刻成的。

心血結晶與眾分享

馮氏的機器是全自動、數位式、多用途的內儲程式型電腦，內部結構成為下一代商務機器的標準。當然指的是實用的標準，而不是以高研院的標準來衡量。馮氏的電腦計畫贏得了空前的勝利，在其運轉期間，接過無數重要工作，包括抽象的數學、物理與氣象學的數值分析；計算過恆星的內部結構，以及粒子加速器軌道的穩定性，是名副其實的多用途機器。

比解決個別問題更重要的是，馮氏的電腦大量出口高研院論文，機器運算的理論與實際研究，像印書機般一本本製造出來。其中有一篇是馮氏的〈EDVAC *的第一篇草案報告〉，裡面首度詳細描述了萬用內儲程式計算機的細節，還有〈電子計算儀器的規畫與編碼問題〉的三部曲論文，由馮氏與高士譚、勃克斯合著，裡面概述了流程圖與機器語言程式編寫。為了使知識能互相交流，作者都

---

* 編注：電子離散可變自動計算機（Electronic Discrete Variable Automatic Computer）。

故意放棄論文著作的版權，也沒有為機器本身申請專利。馮氏及同僚動腦設計經過實驗測試，然後按照科學學術界的傳統風格，將心血結晶免費與眾人分享。

機器是新的，院裡的同仁不知道如何利用它強有力的功能，其他學院的科學家，又很少想到自家後院有這麼一台全新的電子腦。數學家蒙哥馬利說道：「我們很少有什麼東西需要大量運算的。」然而尤其過分的是，有人覺得柏拉圖天空的科學家不應耽溺於機械裝置。戴森說：「我們院裡有些諂上驕下的勢利鬼，見不得有一群電機工程師在他們身邊，用骯髒的雙手玷汙了純潔的學術氣氛。」

當然也有些外界人士迫不及待想利用這部機器做一些事，但是高研院的管制人員期期以為不可，畢奇樓說：「我們不應該接外界的案子，因為他們的動機總是有些不太純正，所以我們不能經手這部機器。最後，就由普林斯頓大學來接管，由他們經營了三年。」

1950 年代末期，馮諾伊曼過世以後，教職員與高研院的理事組成了委員會來討論如何中止電腦計畫，他們在院長歐本海默的家中開聽證會。陳尼斯說道：「那是高研院還諸事順遂、方法正確的時代，凡事都不拘小節。」

委員會請了些人來聽證會做證，但都是些低階、無關緊要的人，就像紳士俱樂部管理員修改施行細則等芝麻小事。所以高士譚走進老莊園，並宣布電腦現在不再只是研究工具，且已獲准進入商業發展階段。其他人接著進場，亦宣告同樣的消息，最後那些學者紳士終於決定停止電腦計畫。

陳尼斯說道：「但是我們還通過一條更廣義的提案，」陳尼斯說：「就是宣布從今以後，高研院不再研究實驗性科學，不得成立任何類型的實驗室。」而且奉行迄今。柏拉圖天空的老祖宗大獲全

勝，或者也可以像戴森說的「勢利鬼大反撲」。

馮氏電腦於 1958 年光榮退休後，即送進華盛頓的史密森協會（Smithsonian Institution）公開展示，而當初裝配電腦的所在地──高等研究院 ECP 一號房，相較之下則沒有受到禮遇，也沒有獲視為古蹟；既無匾額，也無雕像來記念這個內儲程式型電腦的誕生地。那個房間在黑暗孤寂的走道盡頭，今日變成了高研院的倉庫，塞滿了文具用品，成箱的檔案夾、整疊的紙張，以及部門間往來傳信用的公文封，直堆到天花板。或許可以很詩意的，說那個房間其實堆滿的正是電腦革命帶來的工藝品，像資料處理報表等。然而馮諾伊曼帶給高研院最好的紀念還不是在這兒，而是在另外的地方。要是沒有電腦輔助，米爾諾探究曼氏集合的研究是不可能的；而渥富仁辦公室內天天在算的格狀自動機電腦模擬，也得完全歸功馮諾伊曼的心思與創舉。

外星人在哪裡？

二次大戰期間，在羅沙拉摩斯這個新墨西哥州山區的神祕小城裡，幾乎全世界半數左右的頂尖科學家都會在頻繁的晚宴上出現。有一次宴會，眾人話鋒轉到外星生物，究竟宇宙其他地方可不可能有高智慧的外星人存在，費米當時問了一個有名的問題：如果真有外星人存在，他想知道的只有一件事──「他們在哪裡？」這個宇宙已存在幾十億年，他掐指一算，這麼長的時間已足夠外星人對地球發動好幾波的移民攻勢，入侵者應該已在我們周遭出沒，甚至或許正逼迫我們服從命令。可是沒有啊！如果他們千真萬確的存在，那麼到底⋯⋯在哪裡？

那些相信外星智慧生物存在的忠實信徒，當然早已成竹在胸，有上好的理由可以自圓其說。外星人存在他們自己的家園，就像我們地球人一樣。美國天文學家德瑞克（Frank Drake）是搜尋地球外智慧計畫（Search for Extraterrestrial Intelligence，簡稱 SETI）創始人之一，他說那些異形覺得星際旅行探險不值得一試，因此就「舒舒服服、稱心愉快的活在他們自己的星球天地裡」。

不過，近來外星人疑團又以新的費米式問題捲土重來：如果整個宇宙遍布這類外星人，那麼「他們製造的馮諾伊曼機器在哪裡？」畢竟，馮諾伊曼機器是萬用自我複製製造者，是個機器人，任何落在它們手中（說鉗子可能更恰當）的素材，都可以用來複製許多與它們一樣的小機器人。要打入另一種文明，很簡單，凡是有智慧的物種只需送出馮氏機器的原動力，就可坐享其成，它們遲早會散播出去、繁衍增殖，並控制其餘的空間。數學家提普勒（Frank Tipler）說：「關鍵就在於，一旦有某個馮氏機器人被送進另一個太陽系，則控制馮氏機器的聰明物種，就可利用該太陽系的全部資源，那麼原先所費不貲的各種計畫也就變得較為可行了。」但是，我們並未發現來自外太空的馮氏機器人，入侵達拉斯或芝加哥市區。由此可見，外星人根本不存在的可能性要大得多。

對於馮氏精心設計的「馮諾伊曼機」，亦即他口中描述能自我複製的機器人而言，當今的數學家或物理學家居然異口同聲認為理論上是可行的！但為什麼會這樣呢？物理、數學專家向來都個性保守而不愛耽溺於白日夢，為什麼竟不約而同愛上這種念頭，認為冷酷無情、布滿齒輪、鋼骨的機械怪獸，可能因某些因素就真的能夠自我複製？

問題的癥結在於：首先，機器自我複製的想法本來就不是新

鮮事，十七世紀的法國數學家和哲學家笛卡兒就主張動物無異於機器；而人類也只是機器，只不過擁有神授的靈魂在其中而已。按照笛卡兒的說法，人類或動物並沒有什麼神祕難以形容之處，至少以軀體而言是如此：軀體只是遵照自然律在運作的物理系統，就像其他宇宙萬物一般。笛卡兒說人的身體是「一部由上帝所造的機器，在組織配置方面比較起來，優於……一切人所造之物。」

笛卡兒的主張有好幾種稱呼：唯物論、化約論、機械論、決定論。而其共同的基礎信念只有一個，宇宙萬物，即任何實際的物，皆可簡化為物質與行動的運作（無法衡量的本質如靈魂、心靈另當別論）。笛卡兒說：「所有的自然現象皆可如此解釋；因此，我認為物理學上找不出任何更必要或適當的原則。」

若將此科學主張推向極限，「物質與運動觀」意味著對人類理解自然之能力表示樂觀。這個觀點等於是說，一旦對原子間交互作用的細微末節瞭若指掌，就表示該知道的都可以知道了，再也沒有什麼是人類不能理解的；沒有潛伏於表象後面的神祕事物，也沒有什麼是隱藏或懸而未決的；沒有看不見的幽靈、玄祕的生命力量，或只能憑直覺或至高神的啟示才得以明白的幻想。神祕主義徹底殞滅，而且死有餘辜。宇宙重新開放，任由人探知，而人心變得完全透明易見了。

說它自誇、張狂，或隨你高興怎麼說都可以（也許要稱之為「傲慢的模範」），而這種觀點就是所有科學的根基。假使內心深處先認定，自然終究是隨興而深不可測的東西，那麼沒有一位科學家會終老一生，絞盡腦汁、觀察現象，企圖搞清楚事物之來龍去脈。愛因斯坦曾經說過：「我不會放棄嚴密的因果論，否則，我寧願當補鞋匠，甚至在遊樂場當小弟，也不要當物理學家。」

好啦……如果自然是敞開而任人觀察探究的，如果萬物運作的法則沒有什麼神祕之處，那機器究竟有什麼不能或不該複製的？我們為什麼不能找出大自然複製動物軀體的法則，然後如法炮製，用人造機器依樣畫葫蘆？細胞造細胞，人體造人體，甚至……機器造機器，有什麼不可以？

機器自我複製

1948 年 6 月，馮氏的電機工程師同事正在校園對街打造一部有血有肉的電腦，馮氏則忙著在普林斯頓主講三場自我複製機器的專題（呈現的正是一齣由數學天才撰寫的狂想劇，劇情的基本要素完整無缺：他的手下在實驗室內裝配一部電腦，瘋狂的科學家則怒髮衝冠，正籌劃駭人的自體繁殖怪物大競賽，並準備接管這個星球。當然，沒那麼可怕……不過另一方面，在馮諾伊曼系列演講過後不久，另一位數學家提普勒又有了新版的馮氏外星機械獸蹂躪銀河系的故事）。

在普林斯頓演講後，馮諾伊曼又到別處做了一系列的補充演講，他決定將這些發明寫下來，可惜壯志未酬身先死，只完成部分，未及把完整理論公諸於世。後來，曾參與過 ENIAC 和 I.A.S. 號電腦的勃克斯，將馮氏在自動機的研究成果彙整編輯成冊，命名為《自我複製的自動機理論》（*Theory of Self-Reproducing Automata*）。這部書公認是馮氏最出色、最具原創力的科學成就。自動機理論結合了馮氏畢生的經驗：邏輯、計算機和神經生理學，並且展示了如何用簡單的機械，來達成生命繁衍的基本性質。

馮諾伊曼發明的自我複製機器，不是真實世界的產物，而是抽

象化、理想化、概念化，僅存於想像或紙上作業的科幻小說。然而這些抽象想法卻包含了機械自我複製的基本藍圖。

他說：「『無中生有，有何難哉？』我們對這樣的陳述必須小心謹慎。」當我們思考機器複製時，必須聯想到動物、植物和個別細胞是如何繁衍後代的，並不是巧婦作無米炊，而是充分利用周遭的素材。同樣的，機器也是這樣，必須有不虞匱乏的零件供應。

「試想，」馮氏說：「在一個大容器內，漂浮著取之不盡，用之不竭的零件；那麼就不難想像自動機的工作原理。自動機本身也是漂浮在這樣的環境中，而其主要活動就是拾取零件，組合起來；或者發現聚合的組件，將其拆解。」這個機械零件海，就是與地球「太古渾湯」（primeval soup）相對等的機械版本。

複製機似生物

所有地球上的生物皆發源於這種隨機碰撞的連鎖演化過程，而不是現有某特定動物有什麼命定的、必要的存在理由：如果地球當時的初始狀況不同，或者當初發生了意想不到的突變，那麼今日看到的將是完全不同的物種。馮諾伊曼玩興大發，想要知道任意類型的演化過程，是不是都有一個決定性的機制存在，他要找出自我複製最少需具備哪些法寶，要發展出柏拉圖天空版的創世紀。但是不准用神蹟來解釋，只能用物質與行動來說明。

在高研院的系列講座中，馮諾伊曼強調自我複製機至少須具備八大部門的零組件，四項為腦，四項為肢體。「腦」應由數種器官組成，可以對外界不同的刺激有所反應，比方說，如果有兩個刺激同時發生，例如兩個部門同時將信號傳給某器官，機器本身必須要

能夠分辨；因此，還需要有感測器官以辨識同時進來的兩個以上的信息，並加以適當回應。如果自動機（即機器人）同時被各式各樣的刺激轟炸，但只需要對其中一個做出回應即可，那麼它得擁有一個智囊團，可以慧眼識英雄。此外，還需要一種時鐘可以協調各部門的動作。

接下來考慮它的身體。自我複製機器需要有一個阿基米德點（Archimedean point），也就是對於其他部分而言是恆為靜止的東西，稱為剛體或棟梁。將一或多根這種東西組合起來，就形成自動機的支架，類似人類的骨骼。骨骼可以是內藏式的，像人；或者外顯式的，像龍蝦，都無所謂，重要的是必須具備足夠的剛性。

假使機器人要把漂浮在零件海中的兩樣東西組合起來，它就得具備一種熔合器官。同樣的道理，它也需要有工具可以將兩種以上相連結的東西分開，亦即必須具備切割器官。還有，機器人需要有某種東西能使上述器官得以移動，就像動物的「肌肉」。

當然，這種自我複製機制的長相如何，我們無從得知，但是卻很容易想像成如次頁圖 5.1 那種造型可愛、令人禁不住想抱抱的自我複製機寶寶。

至於自我複製的過程，馮氏做了假想的說明。他假設零件海中漂浮著兩根鋼梁，而機器人碰巧也在附近游走，心目中正想尋找這種鋼梁來複製一個自己，又進一步假設那兩根鋼梁也正好觸發了機器人的感測器官，之後機器人就把兩根鋼梁結合起來。按著計畫，這類巧合一再出現，機器人也都如法炮製；很快的，骨架就構築起來，不再是原先散亂放置的各式零件。那我們不禁要想：機器人的「設計圖」卻又從何而來呢？

其實既然機器人有感測器官，自可模仿現成的物體（包括自

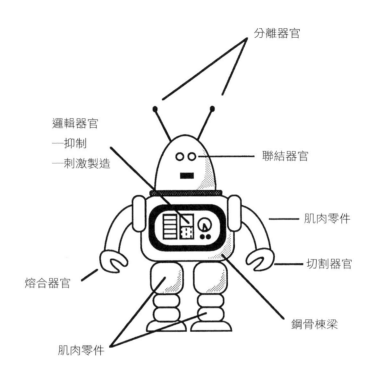

分離器官

邏輯器官
—抑制
—刺激製造

聯結器官

肌肉零件

切割器官

熔合器官

鋼骨棟梁

肌肉零件

圖 5.1　自我複製機寶寶。

己），藉著觸摸、感覺，把其主要結構用某種密碼記錄下來，之後
再以相同的密碼做為製造同一物體之藍圖。至於密碼的編法，馮諾
伊曼採用了圖靈設計的方法。圖靈發現任何的計畫和指令皆可用
二進位來表示，也就是說，用簡單的 0 與 1 序列來表示。於是，
馮氏主張他的自動機要使用二進位碼，並且著手展示如何以零件
海上漂浮的鋼骨棟梁做零件為例，說明這二進位「磁帶」如何製
造。他說機器本身可拾取一大把鋼梁，並將其組合成一個鋸齒狀的

鏈「∧∧∧∧∧」。在每個接點上，可以加上一根垂直鋼梁，以表示 1；或者就讓接點留白，以表示 0。那麼 010011 這個「字串」（word）的編碼就可用「∧↑∧∧↑↑」來表示。

　　一旦某個物體結構已有了編碼「藍圖」，那麼自動機要複製該編碼所描述的物體，就易如反掌了。它可以從二進位磁帶上讀出編碼藍圖，自周圍的零件海中選取必要的元件，然後照著藍圖拼湊起來，其結果就是原物的完美拷貝了。

　　當然，這樣還算不上是自我複製，除非我們想像自動機先行學會自己的構造，進而編成藍圖碼。不過，機器人要達到這項要求倒也不難。自我複製可經由下述途徑發生。首先，必須具備下列各項目：自動機本身、零件海，以及藍圖。此外，還要有可以拷貝藍圖的裝置，最後則是可以指揮全程運作的控制中樞，按著適當的順序，一步步完成。一切就緒後，序幕於焉拉開，照著藍圖，機器人從零件海中搜尋所需的元件——鋼梁、肌肉零件、散置的器官等等，有些分解，有些結合。然後將骨架、器官以及其他相關附件配置妥當，使得物體的結構得以準確吻合自己的結構。最後一步，機器人得拷貝一份自己的藍圖，燒錄在它的子孫身上，成為一部與母機一模一樣的子機。機器自我複製於焉誕生！

與自然天性不謀而合

　　最奇妙的一點是，在鑽研自我複製如何完成的過程中，馮氏的想法竟然和大自然採取的方法不謀而合。1949 年 12 月，馮諾伊曼完成了機器自我複製的抽象分析，比克里克（Francis Crick）和華森（James Watson）解釋 DNA 分子工作原理的時間早了四年。

DNA 分子的複製繁殖方法，其實就和馮氏主張的機器自我複製法如出一轍。

誠如戴森在《宇宙波瀾》一書中所寫的：「現在每個高中生都得學習馮諾伊曼提出的生物識別四大成分」——自動機本身負責複製工作，相當於細胞的核糖體，負責將基因資訊轉化為蛋白質分子。第二是拷貝機，機器人負責複製本身藍圖的部門，相當於 RNA 與 DNA 聚合酶（polymerase），亦即負責將核苷酸（鋼骨棟梁）結合成長鏈核酸（二進位磁帶藍圖）的物質。第三是控制中樞，負責指揮機器人的運作，相當於抑制子（repressor）與去抑制子（derepressor），負責管制基因的表現，確保不同的細胞能按著不同的方式發展。最後則是藍圖本身，內含機器人自身結構的二進位碼，這就相當於基因材料本身，內含基因遺傳碼的 DNA 與 RNA。

戴森說：「就我們所知，所有的微小生物，只要體積比病毒稍大，其基本設計就幾乎沒有例外，緊隨馮諾伊曼所斷言的方式而行。」

馮諾伊曼甚至進一步解釋機器繁衍的演化過程如何發生。他說當自動機的藍圖遭遇某種變革時，複雜程度可能因而增加。例如：假設漂浮在零件湯中的自動機，碰巧撞上附近閒置的鋼骨棟梁，而且鋼梁又撞對了地方，那麼自動機的部分藍圖很可能因為撞擊而有些偏差。等到要複製時，自動機做出的可能就不再是自己一模一樣的翻版，而是修訂版，突變種於焉誕生。因此，最原始的自動機——相當阿米巴原蟲的複雜度，便有可能隨著長時間的推移，而發展出其他更為繁複的特質——像人。人工自動機的演化，與天然自動機（即動物）的演化無異。複雜度則是決定因素，在某個最低複雜度下，複製出來的自動機會退化為更簡單的機器。但是超過該

程度，「透過精心策畫，合成的現象可能一發不可收拾」。金屬人的新品種可能由一堆螺釘、螺帽，以及其他零件一起在自動機的混沌湯中碰撞出來，信不信由你，這是機器人理論中的達爾文——馮諾伊曼說的。

厥功甚偉

　　馮諾伊曼分析「動態的」或行動式的立體自動機，還算不上自動機理論的告別演出。事實上，只能算是個開端。馮氏在高研院的同事烏拉姆（後來在羅沙拉摩斯再度共事）曾經建議探討抽象、二維空間及棋盤似的自動機架構。烏拉姆稍早已使用這套粒狀或「格子狀」的空間來研究晶體的成長。馮氏隨後探究了一個問題：無限大的二維格狀空間是否仍有可能不夠寬廣，不允許格狀自動機自我複製。在追根究柢找證據的過程中，馮氏又創造一支全新的數學支派，稱為格狀自動機理論。

　　這是馮氏集抽象、深奧、柏拉圖天空大成的理論。其中的邏輯思維全由數學函數一一嚴格定義；生、死、複製全都發生在一個龐大、抽象、二維陣列的虛擬空間裡。只要代入正確的函數，格狀自動機便可邁開大步，跨越抽象思想的藩籬，預測出大自然物理系統演化與發展的方向。

　　儘管自我複製二維格狀自動機的概念顯得怪誕不經，卻頗獲高研院其他同仁的認同。雖然，格狀自動機只是柏拉圖式的憑空想像，然而這就是高研院啊！不過，最終格狀自動機還是有些實際貢獻，正如馮氏的立體機器人闡明了生物的自我複製過程。渥富仁認為，馮氏的自動機確實有著既深且廣的重要性，可以幫助我們了解

大自然，而且還可能與造成宇宙繁複浩瀚的數學機器殊途同歸。渥
富仁認為格狀自動機的內部運作構成了一種「自然軟體」，不管是
否言之成理，不爭的事實是：如果不是馮諾伊曼厥功甚偉，一手促
成的電子數位計算機鼎力協助的話，渥富仁就絕無可能發展出這樣
先進的論點。

第6章

傲世才情 —— 歐本海默

　　這位再過兩年多就要榮登高等研究院院長寶座的人，抓著那連接階梯與屋樑的大柱子，讓自己保持平衡、冷靜。他內心想著：「我得保持清醒才行。」

　　緊張、興奮都不足以形容他此刻的心情，他藍褐色的雙眼掃視著前面的技術員及儀器。這位又高又瘦、面容憔悴的科學家，幾乎是屏氣凝神。時鐘指著清晨5點29分，可是在南方九公里遠的碉堡主控室內卻燈火通明，如同白晝，因為水銀燈正照射在一列布滿了旋鈕、開關、伏特計、示波器、五色燈號、繼電器、保險絲、序向計時裝置以及引爆電路等設備的控制板上。這些東西現在都沐浴在一片黃色光輝裡，以便電視攝影機能順利拍攝場上的一舉一動，工作人員則聚精會神的記錄這天啟般的電子訊息，世界末日就要來臨，只差……最後四十五秒。

等待世界末日

所有的儀表設備都與天花板垂掛下來的電纜連接，活像一條條葡萄藤。這些電纜都朝同一個方向——即距主控室約十公里遠的爆炸中心發射塔。塔頂放置的是全世界第一枚原子彈，一顆面目猙獰的圓球，裡頭布滿纜線、內爆透鏡和雷管，亦即圈內人俗稱的「小把戲」（the gadget）。此時此刻，它正是萬方矚目的焦點：艾利森（Sam Allison）負責倒數計時；何尼哥（Don Hornig）手按碼錶；爆破專家奇士塔考斯基（George Kistiakowsky），先前才以十塊錢賠一個月薪水，和計畫主持人打賭「小把戲」可正常引爆。共有大約二十來個人在主控室守候這最後的計秒時刻，拭目以待這樁分割陰陽界的大事發生。

艾利森扯開嗓門，一個字一個字清晰的數著最後冗長的幾秒，聲音劃破空際，傳遍三一區（Trinity Site）。「十……九……八……」迴音響徹北方九公里遠的觀察遮蔽站，裡面守在崗位上的普林斯頓物理學家威爾森（Robert Wilson），擔心風向會讓爆炸後的蕈狀雲迅速掠過上空。倒數的聲音也傳抵基地營，那兒有拉比和費米等人臉朝著試爆點的反方向，在沙漠地上一字排開。在主控室西北方三十二公里的坎培尼亞山（Compania Hill），費曼、貝特（Hans Bethe）和泰勒守候在收音機旁聽廣播：「……七……六……五……四……」

艾利森在主控台所在的碉堡內，喊出死亡世紀降臨前的最後幾秒——「三……二……一」之後，想到大爆炸可能送出強大電子脈衝到手上的麥克風，把自己電死，於是自肺腑吼出最後一聲「零！」時，便將麥克風像個燙手山芋似的甩開。

緊接著是一段暴風雨前的寧靜，心跳、世界，甚至時間本身
似乎都暫時停止了……然後儀表板突然閃起陣陣攝人心魄的光芒，
好像閃電正好擊中走道外的廊柱……在這令人眼盲心驚的時刻，轟
隆如雷的響聲穿越天地，令人不寒而慄。一團熔岩似的火球冉冉上
升，遠離沙漠地表的時刻，幾行《薄伽梵歌》的詩，突然閃過歐本
海默的腦際，他仍倚著柱子站立著……

　　我成了死亡之神，
　　毀滅世界的元凶。

的確，此時此刻，歐本海默是全世界最不可能出任高等研究院
院長的繼任人選。

披上神祕色彩

世人稱呼他「原子彈之父」，但這只是歐本海默一生中扮演過
無數要角之中，最成功的一個。畢竟，正是歐本海默號召全世界頂
尖的科學家，齊聚新墨西哥州沙漠一處不知名的台地，而且沒有預
先通知眾人去哪裡、去多久，也沒有明確說明要他們去做些什麼。
可是，他把遠景描繪得極為動人，令人無法抗拒。威爾森在事過境
遷之後說道：「歐本海默描述的實驗室計畫聽起來頗為浪漫，真有
點羅曼蒂克，凡是與計畫沾上邊的都披上濃厚的神祕色彩，我們好
像都是去投筆從戎，行將消失在新墨西哥州山頂上的實驗室。」
物理學家勉利（John Manley）回憶道：「甚至連地點都搞不清
楚，我聽識途老馬的歐本海默說，地點在黑模斯（Hamos）山脈，

可是翻透了手邊的地圖都找不到這條山脈，我又沒學過西班牙文，怎麼可能知道他說的黑模斯是『赫美茲』（Jemez）！」

歐本海默號召科學家走出教室，離開加速器和實驗室；他們來自普林斯頓、哈佛、麻省理工學院、芝加哥大學等名校。當這群平常習慣了紐約和波士頓黑暗街道和灰色辦公大樓的東部佬，在新墨西哥州的拉米（Lamy）步下火車，約莫五十個人站在沙漠不毛之地交界處，簡直不敢相信自己的眼睛，周遭空空蕩蕩的，什麼都沒有。只有遠處幾座低矮的山丘，零星散布的灌木叢，此外就剩下這棟孤零零墨西哥式的泥磚小車站，孤立在風沙之中。沿著鐵軌一方看過去，再看看另一方，視野可達百公里遠……不過就是一片荒蕪。

不久，出現一輛迎賓軍車，載著大家呼嘯掠過終身難得一見最壯麗、令人嘆為觀止的景色……駛過嶙峋怪石與芬芳的香草樹叢……穿越平坦無亙的沙漠，向四面八方延伸達上百公里之遙。地平線的遠方尚有大雪封頂的山頭，透過氤氳的、詭譎的紫色霧氣映入眼簾，看似一幅掛圖，一動也不動。尤其是藍得叫人不敢置信的天空，鋪張穹蒼，好似要飛越無限的無限，扣人心弦，令人既興奮又戰兢。

霎時峯迴路轉，車子已駛過高高低低的紅岩懸崖，朝著山顛直奔神祕實驗室，爬上一條崎崎嶇嶇又塵土飛揚的山路，兩旁皆是觸目驚心的筆直峭壁，深不可測。拉比回憶道：「空氣清新柔和，基督聖血山脈*，壁立千仞，另外一邊的台地則風情萬種！車行古

---

* 譯注：基督聖血山脈（Sangre de Cristo Mountains），其中Sangre de Cristo為西班牙文「基督之血」的意思。它縱貫新墨西哥州北部與科羅拉多州南部。

道，危危顫顫，令人毛髮直豎，卻又忍不住要多看幾眼。老舊橋梁，連接了古印第安人與西方文明。我們宛如進入世外桃源，一處神祕的國度。」

　　山頂上，歐本海默是無所不知的科學家，無所不能的管理者，神出鬼沒的大統領。對他而言，羅沙拉摩斯的峽谷與盛產的矮松林是他的第二故鄉。他有兩個最愛——物理和新墨西哥州。他常常在一處他命名為 Perro Caliente（意思是熱狗）的牧場，渡過炎炎夏季，他說第一眼看到那個地方就聯想到熱狗。歐本海默在那兒扮演另一個偉大的角色——新墨西哥牛仔。他的朋友佛格森（Francis Fergusson）說道：「他很有恆心的踏遍了大部分的山脈，對當地的熟悉恐怕無人能出其右。他常跨上馬背，口袋中裝著一條巧克力，就出遊一、兩天。」

　　物理家瑟伯（Robert Serber）說：「我一輩子沒騎過馬，這是破天荒第一遭。他們為我們準備了地圖，一行人就浩浩蕩蕩開始三天的旅程，在海拔三千八百公尺的山間小道迤邐前行。行李再簡單不過了：一瓶威士忌、幾包全麥餅乾，以及餵馬用的燕麥。」

　　歐本海默就這麼統馭著一群他親手揀選的科學菁英。格羅夫斯（Leslie Groves）將軍稱呼這些精挑細選、肩負重任的人是「有史以來最大的蛋頭組合」。他們的任務是要拯救西方文明免於遭到希特勒、墨索里尼和日本裕仁天皇這夥狂人的蹂躪。

　　當時是 1943 年；而只在幾年之前，即 1938 年，哈恩（Otto Hahn）和史查斯曼（Fritz Strassman）才發現原子會分裂。次年，朱利歐・居禮*在《自然》期刊上發表論文，顯示每次核分裂都會

---

* 編注：朱利歐・居禮（Frédéric Joliot-Curie），居禮夫人的長女婿。

有三或四個中子發射出來，而有可能發生爆炸性的連鎖反應。事情似乎非常不可思議，一塊像葡萄柚大小的物質，可以在適當的情況下，轉化為熔融的動能。自然之母竟會反撲，顯露出怪異的傾向：她的一個親生兒子，自然生成的元素——週期表上編號第92號的元素，居然可以用來製造……一枚炸彈。

至少理論上是可行的。德國化學家克列普洛（Martin Klaproth）早在1789年就發現了鈾，但是經過漫長的一百五十年，沒有一個人看過它……爆炸。然而歐本海默和他的物理學家同僚，構思將此看似可行的理論，轉化為看得見的事實，因而著手設計一種設備。在設備未完成之前，他們先試著拿一塊那種銀白色的物質，使它接受命令……爆炸。

1945年清晨發生在沙漠上的這場事件，就是把物質轉變為能量的試驗，無異將科學帶向一條不歸路。不再是零星、短暫的探測自然奧祕，科學搖身一變成為戰爭、死亡的劊子手，而歐本海默本人可能就是罪魁禍首，應該比其他人負起更多的責任。但是三一區試爆兩年後，這位原子彈之父卻堂而皇之登上柏拉圖天空的寶座，成為高等研究院長達十九年的東道主。

戰爭之累

外面世界陷入如火如荼的戰爭，高等研究院內也有幾位教授參與戰事，這點令傅列克斯納頗感不平。雖說不在其位不謀其政，但傅氏只是不再任院長，卻仍身為高研院理事，堅決主張他聘任的教職員應該堅守崗位。畢竟，他們簽下聘約時已誓言將自己全部時間與精力投入高研院做研究，傅氏很納悶這個約定為什麼要因小小的

戰爭就打破。但是，高研院內幾乎由上到下，包括現任院長艾迪樓都接下與戰爭有些牽連的研究，另有少數人根本就到歐洲去，像亞力山大就飛到英國，協助轟炸機指揮總部改進轟炸的命中率。

　　然而，大部分的教職員仍像往常一樣，在高研院略盡己力。像著名的藝術史專家潘諾夫斯基（Erwin Panofsky）教授，就在這兒準備詳細地圖以及德國文化古蹟的一覽表，當然這也是提供美軍轟炸機隊當參考。許多科學家像摩爾斯、維布倫和馮諾伊曼則兼任美軍的顧問，在高研院和馬里蘭的亞伯丁試驗場之間往來穿梭，而馮諾伊曼也曾前往羅沙拉摩斯。唯一較不為所動的，只有愛因斯坦。

　　倒不是他有意排斥。其實於 1939 年，在齊拉德（Leo Szilard）的鼓勵下，愛因斯坦同意和他共同署名，寄了一封有名的致羅斯福總統函，信中提及「一種新型而威力強大的炸彈」可能藉由像鈾這類可裂變的材料而製成，並要求總統「加速實驗工作之進行」。提案當然照准，而愛氏也很樂意在製造炸彈的事上多盡點心力。1941年 12 月，科學研究發展辦公室主任布許（Vannevar Bush）向愛氏求教有關利用氣體擴散分離鈾 235 和其他鈾同位素的方法。愛氏欣然答應，並且親筆回信給布許提供可行的建議，信末還表示樂意多多效勞，但是他需要更詳細的資訊。

　　雖然如此，布許卻心有顧忌而不願提供更多的資訊給愛因斯坦，因為當時德國物理學家被視為潛在危險人物。布許告訴艾迪樓：「我非常希望能向他公開全部計畫，並且完全信賴這個人，但是在華府官員心中，這是絕無可能的事，因為他們對愛氏的過去做過深入調查。」

　　因此，大戰期間，愛氏一直待在福德大樓；根據高研院的年鑑記載，他是在研究「建構統一相對論的可能途徑」。

　　大戰結束前夕，高研院總共有九十二位教授及研究員，包括愛因斯坦在內的四位元老，正式「退休」，但是在高研院的年鑑上，卻謹慎的標明：「從各方面來看，這種退休純屬技術性。四大元老都繼續做學術研究工作，他們的活動也詳細記載在各相關學院的大事中。」他們退而不休到什麼「技術性」程度呢？其實，愛氏和維布倫兩人都對退休不感興趣，仍然繼續支領薪水、參加教職員會議，一如正規人員。唯一顯而易見的改變，只是他們列在高研院年鑑上的頭銜變成了「名譽教授」。

　　高研院現在已有自己的校園，而教授也都在嶄新的福德大樓內找到棲身的辦公室。交誼廳裝設了音響，是為了週六晚上的舞會而預備的。平常，教職員的家眷可以來此準備茶點。福德大樓前院的草坪，鋪上了綠色保齡球道。不過很顯然院內同仁對保齡球是意興闌珊，球道旋即消失。同仁大部分的時間還是花在高研院的福特轎車上，那部車每天都奔馳於福德大樓和普大校園的范氏館。

渴望維持現狀

　　在恬靜的田園風光外表下，慣有的醜陋鬥爭仍經常在院裡上演。一如往昔，爭論的焦點仍然是院長一職。到 1945 年，艾迪樓就滿六十五歲了，照規定他得辦理退休，移交院長一職。但是人們的心情卻很複雜：一方面，大家對傅列克斯納年老時的昏庸獨裁記憶猶新，從此一角度看，艾迪樓退休是好事一樁。另一方面，艾氏是個文質彬彬、愛好和平的貴格會教徒，總是放手讓大家自由發揮，從這個角度看，改變現狀又似乎不是明智之舉。

　　艾氏並不是什麼偉大學者，但是教職員並未因此而對他有絲

毫排擠。愛因斯坦甚至還常開玩笑說，好院長必須「稍微有點糊塗」，才不會一天到晚盡想些前瞻性的計畫，以及新的院務政策方向。如果說有什麼事是同仁不愛聽的，那就非「新方向」之類的決定莫屬了。就像維布倫致理事會的信中所說的：「教職員同仁間有強烈的共識，認為此時此刻高研院若換上一位雄心勃勃的院長，帶著預想的政策而來，可能是個大錯誤。」換句話說，大家都覺得儘管高研院明文規定，而艾氏本人也有退休的意願，還是應該予以慰留。

　　這件事導致了第二次的教職員叛變。

院長留不留

　　1944 年秋，高研院全體同仁召開了一次特別會，並通過了一項決議，認為現任院長深知與學者相處之道——當然是藉此凸顯傅氏不善於與學者相處。「因此，院內洋溢一片和諧與互助合作的氣氛，並且可以從過去五年來的實質成就反映出來。」這絕非空穴來風或老王賣瓜，雖然受到戰爭的干擾，1943 年至 1944 年，研究人員發表的論文、著作，數量上比之前任何一年都來得豐富。因此教職員的意思是希望現任院長能夠留任，即或不然，還有其他替代的方案——或許教職員可以自律得很好，高研院沒有院長也可以正常運作（後來，歐本海默正經八百的建議說，高研院甚至沒有教職員也可以正常運作。或許道道地地的柏拉圖天空根本就不需要人類，只要有一群幽靈就可以了）。

　　這個近乎異端的主意其實早已醞釀多時，艾迪樓本人不過是無心插柳，他只是賦予教職員更廣大的自治空間，是傅氏經營高研

院時所未曾或見的。光是看艾氏時代，每年出版的高研院年鑑就可以一葉知秋。艾迪樓在拼「教職員」（faculty）這個字時，開頭是用大寫字「F」，而傅氏則總是用小寫的 f。況且，1945 年 12 月，艾氏應總統杜魯門之邀，擔任英美巴勒斯坦委員會（Joint Anglo-American Commission on Palestine）委員，因而離開院長工作達五個月之久。但這個地方也沒有分崩離析，他人雖不在，院務仍然由擔任常委的教授處理得一絲不苟。有此成功經驗為後盾，更給予教職員莫大的信心，繼而主張將其訂為永久的制度。

經常予人幕後老闆的印象，宛如幽靈般操縱高研院大局的維布倫，此時也建議高研院乾脆「以學院院長制取代總院長制」，這樣的新制度可以大大削減院長的權限，並且兩年一任，讓教授輪流擔任。

這些建議最後都不了了之。經過連番的委員會議、教職員會議等場合的激辯後，艾迪樓果然得以留任到繼任人選定案為止。最重要的是，高研院仍將維持總院長制，而不是維布倫提議的「學院院長制」。

理事們組成了一個特別委員會，以推薦艾迪樓的繼任人選，教職員這邊也雙管齊下。教職員委員會的三位教授代表是：數學學院的亞力山大、政治經濟學院的厄耳，和人文研究學院的潘諾夫斯基。1946 年初，三位委員將一份列有七位候選人的推薦名單送交其餘的教授，人手一份，次序如下：

歐本海默博士：加州大學物理學家。

布朗克（Detlev Bronk）博士：費城生理學家及物理學家。

沙普利（Harlow Shapley）博士：天文學家，哈佛天文台台長。

　　歐斯榜（Frederick Osborn）先生：陸軍少將退伍。

　　梅森（Edward S. Mason）教授：哈佛大學經濟學家。

　　布列根（T. C. Blegen）教授：歷史學家，明尼蘇達大學研究所
　　　　　　教育長。

　　哈比遜（E. Harris Harbison）教授：普林斯頓大學歷史學家。

　　三週後，教職委員會又在名單上增列二人，成了九人角逐院長
一席的局面。

　　賽哲里斯（Henry E. Sigerist）博士：約翰霍普金斯大學醫藥史
　　　　　　專家。

　　史特勞斯（Lewis L. Strauss）先生：前海軍少將，高等研究院
　　　　　　理事。

　　不久，全體教職員開了一次午餐會報，商討候選人名單問題。
會中決議將人數減為五名，並照著字母順序排列：布列根、布朗
克、梅森、歐本海默和史特勞斯。理事會則主張增列鮑林（Linus
Pauling）到新的精簡名單上，對其餘五名則並無異議。因某種緣
故，史特勞斯的大名仍赫然在列，儘管這個人基本上毫無學術成就
可言。

　　史特勞斯仍以他老式的維吉尼亞鄉音，稱自己的姓氏為「史特
羅斯」（Straws），從各方面看來，他都是個自我教育、自我造就的
人。他剛出道時在美國南方擔任皮鞋大盤商的售貨員，常拖著兩大
箱的鞋樣到西維吉尼亞與北卡羅萊納的採煤小鎮去推銷。他從來沒
上過大學，但是卻斷斷續續受了些教育，閒暇時也念了一些法律、

拉丁文和科學等相關文章，然而他獲益最大之處卻是在社會大學：硬碰硬的商場上。

史特勞斯曾在華爾街加入庫恩羅布公司（Kuhn Loeb & Co.），這是一家國際性的金融投資，他因是公司合夥人而發了一筆小財，1941 年加入美國海軍，並在軍中升到少將才退伍。這個人很懂得充分利用周遭的資源。對金錢的調度運用，更是幾近出神入化。大概是因為最後這幾項特質，才使得高等研究院於 1945 年選他擔任理事，現在又讓維布倫願意耗費唇舌，在一篇某教授形容為「冗長而帶玩笑性質的演說」中，提議他出馬競選院長。

同樣令一些人跌破眼鏡的是，歐本海默居然也榜上有名，請「原子彈之父」當柏拉圖天空的首席實在顯得格格不入。希臘碑銘金石專家梅里特（Benjamin Meritt）就在教職員會議上慷慨陳詞，直言他心中的希望：「別提名與原子彈有太多瓜葛的人。」但是與原子彈爭議毫不相干的事實是，歐本海默曾獲考慮延聘為教授，卻因其他人的堅持而不了了之。如今，一個資格不夠擔任教授的人，卻獲提名出任院長一職，這毋寧又是另外一樁不甚合理之事。可是，事實已擺在眼前！

涉獵廣博

歐本海默不但是製造原子彈的科學家，而且還是詩人及作家。他從十或十二歲就開始寫詩，一直到後來進了哈佛仍不中輟，作品曾在前衛的文學雜誌《獵犬與號角》（*Hound & Horn*）上發表過。他涉獵廣泛，遍及哲學、文學和語文，通曉八種語言，常常閱讀希臘文原版的《柏拉圖對話錄》，以及梵文寫的印度史詩《薄伽梵

歌》。有一次，他的好友郝特曼斯（Fritz Houtermans）和烏倫貝克（George Uhlenbeck）正在閱讀義大利文的但丁作品，歐本海默覺得自己受到冷落，於是發憤圖強學義大利文，幾個月後無師自通，從此加入他們的行列。又有一次應邀到荷蘭任物理講座，他開心的用荷語講授，他承認：「我想我的荷語並不夠靈光。」

歐本海默對科學的興趣啟蒙於六、七歲時，他的祖父送他一些礦石收藏，「從那時候起，純粹因童稚的衝動，我變得非常喜歡蒐集礦物，一直到我放棄這項嗜好為止，已經有為數可觀的收藏。」後來，他又對化學發生興趣，在哈佛大學的四年科學課程，僅花了三年就全部修完，在 1925 年以最優異的成績自化學系畢業。

當時，物理實驗方面做得最好的不在美國，而是在歐洲，所以歐本海默遠渡重洋到英國，想要隨劍橋的拉塞福（Ernest Rutherford）學習，但「拉塞福不肯收我……我的背景太怪異又不突出，至少以拉塞福的常識判斷是不夠傑出的。」因此，歐本海默轉而跟隨湯姆森（J. J. Thomson）。但是不久之後，歐本海默又打定主意不要當實驗科學家，因為許多實驗室的工作都顯得不著邊際。「我想我的目的是學習薄膜製作的技術，至於學成之後要做什麼，這個難題就暫且擱下。」他在提到一堂實驗課時如此說：「我也真做成了鈹薄膜（beryllium film）……但是我不想訴苦說把鈹蒸鍍到火棉膠上，然後再設法把膠體去掉，這一大串過程有多累人。」

歐本海默在哥廷根搖身一變，成了理論物理學家，受業於玻恩門下。他和玻恩合作發表過一篇有關量子物理的論文。後來，歐本海默獲得博士學位，玻恩告訴他：「沒關係，你可以走了；可是我不能走，你留下太多家庭作業給我。」

之後，他到荷蘭萊登大學隨艾倫費斯特（Paul Ehrenfest）研

習，又去荷蘭中部的烏得勒支大學（University of Utrecht）隨克拉瑪（Hendrik Kramers）研究，再到蘇黎世聯邦理工學院（愛因斯坦的母校）和包立共事。

散播知識種子

1929年回到美國時，他已經發表過十六篇科學論文，其中六篇以德文寫成，全部都是當紅的理論物理主題──量子論。歐本海默回國後決定將習得的新知廣為散布，在加州這個當時仍相當落後偏僻的地方播下種子，自立門戶。他說：「我想我該去柏克萊，因為那兒還是個沙漠，理論物理領域仍未開拓，我覺得能帶頭做點什麼總是挺不錯的；但我也想到這樣孤注一擲也滿危險的，恐怕會和外界脫節，因此我就與加州理工學院保持聯繫。」

就這樣，歐本海默同時接受了兩校的聘書，一個學期在加州大學柏克萊分校上課，一個學期在帕薩迪納（Pasadena）的加州理工學院任教。有些學生對他非常愛戴，也跟著他兩邊跑。他的學生瑟伯（Robert Serber）回憶道：「我們壓根兒沒想到要退掉在柏克萊的房子或公寓，因為深信在帕薩迪納可以租到一個月只需二十五美元的花園小木屋。」

歐本海默在加州開始對一整代的物理學下了魔咒。他在課堂上的演講技巧實在令人不敢恭維，至少剛開始時是這樣。他是個老菸槍，上課時手臂擺動得老高，有時候聲音低得都快聽不見了。講話吞吞吐吐，好像找不到適當的詞彙，經常講到一半停止，然後發出「嗯、嗯、嗯」的聲音（有時候則是「啊、啊」），這成為句子和句子、段落和段落之間的連接用語：「這就是狄拉克常數在此處的作

用。嗯、嗯、嗯……但是，如果你換個方式考慮……整個圖像就會
有極大的轉變……啊、啊……。」

　　很快的，學生就把歐本海默的風格照單全收，由上到下的模
仿，香菸一根接一根的抽、咬指甲、講課的姿勢、藍襯衫，甚至
「嗯、嗯、嗯」的習慣都學會了，包立就戲稱他為「嗯、嗯、嗯先
生」。有一次一位歐洲的物理學家在包立面前大肆嘲諷說美國「沒
有什麼真正的物理研究」，包立回答說：「哦？你是說你還沒有聽過
歐本海默和他那群嗯、嗯、嗯的徒子徒孫嗎？」

宇宙黑洞

　　歐本海默和他那群嗯、嗯、嗯的徒弟在粒子物理上奮鬥了十
年後，突然在 1938 年撈過界，改做天文物理，思索恆星垂死的掙
扎。歐本海默迅雷不及掩耳的寫就三篇論文，每一篇各由不同的研
究生執筆，而且結論一篇比一篇更強烈、更匪夷所思，討論的天體
質量也更大。1939 年寫成的最後三篇文章，歐本海默大膽預測有
些恆星將崩潰並成為黑洞。

　　黑洞的概念是說一個天體的重力大到連光都無法逃脫的地步，
這個想法並不是歐本海默首創的。早在十八世紀，法國的天文學家
兼數學家拉普拉斯（Pierre Simon de Laplace）就在《世界系統說》
（*Exposition du Systéme du Monde*）一書中認為，宇宙只不過是一個包
羅萬象的機制，就像高掛天空的巨型鐘表機械。他說：「世界及其
滋生的萬物都受到嚴格精密的控制，因此若可以得知其在某一時刻
的大小細節，就可以推測該物體在過去、未來任何時刻的狀態。」

　　所有的實質物質都受到重力的影響，既然光就像牛頓和拉普

拉斯相信的，乃是由看不見的微小粒子構成，當然也會受到重力的牽引。拉氏推理出，如果一顆恆星夠大，它發射出來的星光就會讓自己吸回去，以致於我們在地球上可能根本看不到，「一顆發光星體，若密度與地球相同，但直徑等於太陽的二百五十倍，由於其強大的重力之故，發出的光線根本無法達到我們的眼睛；這樣一來，宇宙最大的發光天體，可能因此讓我們無法一窺其面目。」

到了二十世紀，拉氏的講法獲得德國天文學家史瓦西（Karl Schwarzschild）的證實，他將愛因斯坦的廣義相對論方程式應用到一個假設性的問題：如果把整個恆星的質量，都集中到一個沒有大小的假想點上會怎樣？史瓦西發現，如果集中於該點的質量夠密、夠大，那麼它周遭的空間將會塌陷下來，將恆星封閉起來，而光線也就無路脫逃了。這種封閉效應發生的距離因星球質量而異；如果把地球的質量凝聚到這樣的一個點，那麼這個如今人稱史瓦西半徑（Schwarzschild radius）的距離約等於一公分，而當天體的質量較大時，會使此效應存在的範圍涵蓋更大的空間。

史氏證明了像拉普拉斯所說的，隱形天體是可以存在於廣義相對論的架構中，但問題是史氏主張的無大小的點，只是抽象的數學概念，並非真實世界中的物體。歐本海默應用廣義相對論於真實世界，進而顯示出黑洞其實可能確有其事，於是開始著手分析恆星的塌陷過程。

恆星的氫燃料一旦消耗殆盡，生命就告終止，星核開始冷卻，星體塌陷過程於焉展開。恆星的結局如何，端視其起始質量而定，如果小於太陽的 1.4 倍，那麼收縮後會成為極稠密物質組成的白矮星，大小則只有太陽的 1% 左右。較大星體的變化更為特別，強力收縮的結果，變成一顆中子星*；或者發生大爆炸而為超新星，並

於爆炸過程中釋放大量的熱能，相當其億萬年生命中輻射出來的能量總和。而遺留下來的殘骸，就只剩下一個結構非常緊密的中子核，在小小的一立方公分內塞滿了無數中子，淨量甚至可達一百億公噸。

有一段期間，天文學家一直認為塌陷星體終將於中子核階段就穩定下來，不再收縮。但是歐本海默於 1938 年與柏克萊的研究生伏科夫（George M. Volkoff）合寫的一篇〈大質量的中子核〉論文中，估算如果中子核夠大（質量若是太陽的 1.7 倍），則塌陷過程不開始則已，一旦開始就沒有停止之時（歐本海默的第一篇論文是和瑟伯合作的，其中討論到恆星質量與塌陷成中子核之可能性，以及與二者之間的關係）。

六個月後，歐本海默又著手撰寫一篇新論文〈持續性的重力吸引〉，這次是與史耐德（Hartland Snyder）合作。兩人計算出星核將會持續收縮，重力場則愈來愈強，而逐漸截斷了光線發射的路徑；最後，星體就會如蠟燭突然被吹熄，而光芒乍失。誠如作者在文中的描述：「星體有自我封閉，並和遠方觀察者切斷通訊的傾向，只有重力場永垂不朽。」他們二人的計算結果，為黑洞的存在提供了最佳的佐證。

未獲青睞

考慮延請歐本海默擔任高研院教授之議，首倡於 1945 年，約在第一枚原子彈首度試爆之前五個月。教授群審慎比較了歐本海默

＊譯注：恆星因劇烈收縮，致使外層電子與核心的質子結合，成為中子。

以及另外一位人選包立。當時包立已經住在高研院，雖然身分仍然是短期研究員。愛因斯坦和外勒應邀擔任兩位候選人的評審，雖然他們的評語如何，其他同仁鮮少過問，然而愛氏和外勒卻是一絲不苟詳述了兩人的優、缺點，當然純理論研究自是比粗俗、愚鈍的實驗工作更能獲得他們的青睞，而有較高之評價。

他們寫道：「數學學院上上下下，都一致同意理論物理不僅應在科學活動上繼續保有一席之地，甚且還應大力加強。自伽利略以降，整個物理史就是理論物理學家崇高價值的最佳見證，基本的理論架構思維，都得賴以開啟。而物理學的先驅結構，與稍後的實驗印證同樣不可偏廢。當然，做理論的人應該隨時和做實驗的人保持聯繫，以求知識之更新；但是，實驗派的人大可在現世文明中安然居住，實在沒有必要把實驗室也搬到其他地方。」

長篇大論的說理在在顯示了作者對包立的明顯偏愛，何況包立在科學上的成就，也的確遠比歐本海默來得重要。他們說：「可以確定的，歐本海默對物理界的貢獻，很難與包立相提並論；包立的不相容原理（exclusion principle）以及對原子自旋的分析，所運用的數學工具與理論架構，不管在目前或者在將來，顯然都遠較前者重要而影響深遠。」

不過，愛氏和外勒也讚揚歐本海默在大戰期間的「傑出行政工作」，以及「建立全國最大的理論物理學院」。他們二人特別提到歐本海默的涉獵廣博，並優游於冠蓋雲集的上流社會，而且極受學生的推崇愛戴。他們審慎的措詞：「也許，他的支配慾稍嫌太強，耳濡目染之下，他的學生也有變成歐本海默第二之虞。」

因此，1945 年春，高研院數學學院正式授予包立終身教授一職。但是，包立則審慎考慮到底要不要接受。最後，他決定只待到

1946 年就回蘇黎世去。臨走之前，數學學院見風轉舵，又推薦歐本海默擔任理論物理教授，並隨即指定愛因斯坦和馮諾伊曼這兩個對歐本海默皆沒什麼好感的人，為他準備履歷，給教職員及理事會參考之用。

另一方面，其實歐本海默對於高研院也是意興闌珊。1935 年他曾到訪此地，但並未留下深刻印象。在當時寫給弟弟法蘭克的信上，他如此形容高研院：「普林斯頓是個瘋人院，那群著名的知識份子，在這個鳥不生蛋的地方唯我獨尊。」那個時候外勒想為他安插一個位置，卻遭他拒絕。他告訴弟弟：「我在這種地方，可能一點用也沒有。但是費了許多唇舌，講了好多推託之辭，才讓外勒知難而退。」

現在輪到高研院出爾反爾，扯自己後腿。愛因斯坦和外勒將歐本海默的履歷準備妥當之後一年多，數學學院卻遲遲未發出正式聘書給歐本海默。相反的，他們開始向歐本海默在柏克萊指導的學生許溫格（Julian Schwinger）頻送秋波。可惜，許溫格也對高研院興趣缺缺。

後來，數學學院又試圖和費曼達成一項史無前例的交易。「他們不知從何得知我對高研院的觀感，」費曼稍後說道：「太偏重理論，缺乏實際的應用與挑戰。所以他們寫道：『我們尊重您對實驗及數學的熱愛，因此我們特地為您準備了特別的教授工作，如果您願意的話，可以一半時間在普林斯頓任教，一半時間待在高研院。』」

但是對費曼而言，這簡直不可思議。當然，這是莫大的殊榮，不過恐怕消受不起，他想著：「太荒唐了吧！我一邊刮鬍子，一邊想，只覺得好笑。」就這樣，如同稍早的歐本海默、包立和許溫

格，費曼同樣對高等研究院的職缺敬謝不敏。

在此同時，歐本海默業已辭去羅沙拉摩斯實驗室主任一職，正在考慮何去何從。回到學校教書似乎再自然不過了，況且他也收到不少知名大學及研究機構的邀請，包括原先的加州理工和柏克萊，還有哥倫比亞、哈佛等名校。最後，歐本海默決定回加州找他的老東家。豈料事過境遷，「大戰期間情勢的遽變，使得教學的魅力盡失，」歐本海默晚年時回憶道：「我雖然還是回到加州理工和柏克萊任教，可是總覺得心有旁鶩，無法專心致志於教學。大戰結束後，我的心境也變了，反正就是無法和以前教得一樣好。」

適才適任

當然，這也不值得什麼大驚小怪。因為和擔任羅沙拉摩斯實驗室主任比較起來，單純的教書無疑令人感到提不起勁兒來。在羅沙拉摩斯鎮，一年三百六十五天接觸的都是物理界赫赫有名的大師級人物，手中又握有無與倫比的權力。看到一手策畫的「超級能量」在黑夜裡發光，足堪與白晝的太陽爭輝，而且勢足以將百萬公噸的岩石沙礫推上無垠的夜空……呵！那比教書更令人興奮多了。

可是如果不能回到羅沙拉摩斯鎮，退而求其次，最後能夠到另外一個研究機構去主持業務，到一個唯一的目的與任務就是召聚當代高手、天下的英雄豪傑來探索宇宙奧祕的研究單位。在高等研究院當教授或許沒什麼意思，但是去當院長可就得另當別論了。主掌高研院與在羅沙拉摩斯當主任比起來，至少差強人意；何其有幸，高研院也正在多方物色新院長人選，況且歐本海默的名字又恰居榜首。

　　就高研院看來，歐本海默的條件再合適不過。院內不乏重量級的數學家，正需要一些優秀的物理學家以茲平衡，並激勵眾人的士氣，還有誰比得上這位在羅沙拉摩斯叱吒風雲、獨行神蹟奇事的歐本海默更適才適任？似乎與世界頂尖物理學家比起來，他都不遑多讓。他是耀眼的知識份子、出色的管理長才，能夠召集眾人完成艱巨的挑戰。此外，歐本海默還不只是物理學家，他精通數國語言，能詩能文，在哲學上又頗有造詣，幾乎具備一切高研院標榜且視為至聖的才情，完全符合當代人對全能天才的期許。誠如高研院一位評審人員說：「天啊！這裡是知識文化的聖地，而我們每天在《紐約時報》上，又都讀到各界盛讚歐本海默為當今世界最偉大的知識份子，我們不請他，請誰？」

　　於是高研院決定請他出任院長。1946年秋，高研院理事長史特勞斯飛抵加州，親訪柏克萊的輻射實驗室（Radiation Laboratory），歐本海默偕實驗室主任勞倫斯（Ernest O. Lawrence）到機場迎接。史特勞斯領歐本海默到停機坪前的一個水泥斜坡旁，就在那裡把院長聘書交到歐本海默手中，約定年薪兩萬美元，六十五歲退休時另有退休金一萬二千美元可領。此外，可以隨時住進位於校產老莊園的十八房大宅邸，房租全免，僕役、服務設施一應俱全。歐本海默表示需要一點時間考慮，不過至少他已經心動了。

　　歐本海默也老實不客氣的考慮了好一段時間，但到次年春天他仍然未做出決定。他深愛加州的一草一木，特別是柏克萊，而他對這所座落於普林斯頓，號稱是學者天堂的地方是否名副其實，還抱著半信半疑的態度。他稍後表示：「我在想，高研院是否真是重要的地方，我去了又能有什麼建樹。我一直持保留的態度。」

　　但是，就在4月的一個晚上，當他和妻子吉蒂開車從舊金山往

奧克蘭途中，經過海灣大橋時，聽到汽車收音機內傳出消息說歐本海默已接受邀請，擔任普林斯頓夙負盛名的高等研究院院長一職。歐本海默說：「好吧！既然如此，就這麼決定了！」

新人新政

1946 年秋，歐本海默初抵高研院履新，似乎就擺明了作風要獨樹一格，有別於前幾任院長。在福德大樓一樓，寬敞的院長辦公室牆上四周，艾迪樓掛滿了大大小小的圖片，展示牛津的生活情景。艾迪樓本身是位英文教授，1908 年獲得牛津大學的文學博士學位。但是，這些懷鄉的學術圈圖片顯然不對歐本海默的胃口，因此統統卸了下來，換上一個長長的大黑板，蓋滿了一整面牆。大部分時間，上面都寫滿了密密麻麻的方程式。

新官上任三把火，第二把是有關辦公室的那口保險櫃。原本它是用來存放一些法律以及機密文件，但是歐本海默來到高研院時，隨身攜帶了一大捆最高機密文件，日期編號都是回溯到他在羅沙拉摩斯的資料。人們原本害怕歐本海默會把實驗室帶進高研院，結果沒有，他是把「槍砲」帶進來。

事實上，他帶進來的東西比槍砲更嚴重。1951 年 6 月，一群炸彈專家聚集在高研院召開會議，討論一項「超級」計畫：製造熱核反應式的氫彈。在場的有氫彈之父泰勒、羅沙拉摩斯實驗室的新主任柏萊北里（Norris Bradbury），還有貝特、費米、惠勒、狄恩（Gordon Dean），當然更少不了高研院土產的炸彈專家馮諾伊曼（狄恩是原子能委員會主席，在他的評估報告上形容馮氏是「全世界最厲害的武器專家之一」）。

　　歐本海默稍早曾反對氫彈的製造，但是如今聽了泰勒和烏拉姆的新主意，改變了初衷。他解釋道：「當你看到某些東西技術上已經可行，就該放手一搏。等到技術上完全成熟後，再來煩惱做何用途。」

　　起初，歐本海默覺得高研院可取的一點，是距離華府只有幾小時車程，如今他已在華府樹立了智慧及權威的形象，那種成就感頗有形而上的成分，只能意會，不能言傳。政府首長想了解氫彈一旦完成要如何處置、要如何使用這種尖端科技的結晶，而遠在天邊、近在眼前的這位歐本海默，他……他本身就是氫彈嘛！怎麼使用，還有誰比他更清楚呢？於是他順理成章當上了現成的顧問兼指導委員。後來他獲選為原子能委員會總諮詢會議的主席，也是國防部研究發展部的委員之一，還兼任空軍動員署科學諮詢委員會的顧問。歐本海默身兼數職，經常在美國及世界各地旅行、演說、參加會議，主持各種討論會，成了原子能界的大普霸*，而他也樂此不疲！

　　有些高研院的同仁擔心歐本海默會變成「幽靈院長」，不過他並沒有怠忽職守。只是因為院長的工作，不需占用他全部的時間，甚至還行有餘力呢！他離開羅沙拉摩斯的時候，手下有六千人隨時聽候他的命令，如今只有區區百餘人，又各有各的計畫在忙，何勞天天守在院裡？他們不需要人指導，不像那些原子科學家那樣，需要上級領導。何況，一開始歐本海默就堅持自己只花一半時間處理行政工作，另外一半時間要花在物理工作上，這些約定明載於聘書

---

* 譯注：普霸（Pooh-Bah），指身兼數職的大官，出自Gilbert & Sullivan創作的喜
　劇「The Mikado」中之人物名。

上：「經理事會票決通過，閣下也受聘為本院的物理教授，與院長業務同時進行，本契約按照閣下的意願訂立，保障閣下繼續從事所選定研究領域的一切權益。」

作風果斷

這是高研院破天荒的創舉，不過卻也相安無事。歐本海默的作風果斷，在高研院諸院長中堪稱空前絕後。他重視物理研究，這是可想而知的，不過他更強調年輕，這點頗得一些元老的歡心，他們害怕高研院會成為養老院。譬如愛因斯坦就擔心聘用年紀較大的人，「會使高等研究院（Institute）變成高等療養院（institution）」，所以，歐本海默也的確引進不少青年才俊；像派斯（Abraham Pais）、戴森（Freeman Dyson）、李政道和楊振寧等人。其中幾樁人事命令，似乎冥冥中有神明指引。李政道和楊振寧到了高研院不過數年，就推翻了一項大自然的「定律」——宇稱守恆定律（law of conservation of parity），而獲得了諾貝爾物理獎。

楊振寧和李政道剛進高等研究院時，年紀不過二十五、六歲。他們兩人出生於中國，是昆明西南聯合大學的同學。當時西南聯大只有幾間鐵皮屋頂的簡陋房舍充當教室，學生宿舍則是茅草蓋頂。當時正值抗戰，教室的窗戶還常遭空襲的炸彈震得粉碎；在那兒受教育的學生，個個都是活生生的克難英雄典範，能繼續深造而終至贏得諾貝爾獎的，更可說是難能可貴。

楊、李二人獲獎學金的資助，而得以到美國芝加哥大學深造。李政道跟隨費米修讀博士，論文是有關白矮星的研究；而楊振寧則在泰勒的指導下，專攻核物理。楊、李二人就是在芝加哥開始攜手

合作，共同發表了三十二篇論文。之後，兩人再度於 1951 至 1953 年間在高研院共事，然後才分道揚鑣。李政道赴紐約哥倫比亞大學任教，而楊振寧則繼續留在普林斯頓。兩校相距不過八十公里，於是兩人約定每週會面一次，討論物理界發現的問題。

粒子發展方興未艾

當時粒子物理的發展，正好進入戰國時代，已知的基本粒子不下二十餘種，包括電子、質子、中子、微中子（neutrino）、正電子（positron）、還有神祕的「V 粒子」（亦即稍後為人熟知的「奇異粒子」），以及所謂介子（meson）的整個家族，其數量似乎像兔群一般急速增加；事態演變一發不可收拾，甚至有本物理教科書的其中一章叫〈也許沒什麼用的粒子〉。連物理學家都茫然束手，不知道該如何解釋這些五花八門次原子粒子的前因後果。在一篇 1953 年刊載於《科學美國人》（*Scientific American*）上的文章中，戴森描繪了這麼一幅蒼白蕭瑟的圖象：「從來沒有人能夠成功的將已知粒子分類，或者預測未知粒子的特性。沒有人了解為什麼某某粒子會存在，為什麼它們具有特定質量，為什麼有些交互作用極端強烈，有些則否。」

但是，一旦物理學家發現新的粒子，他們就會迫不及待去證實它們是否沿襲所有的「舊」規，像能量不減、電荷共軛及重子數守恆等定律。這類守恆原則和粒子的交互作用有關，例如當一個已知成分分解為其他多種成分時就會發生。有些粒子，如質子、電子、和微中子是公認絲毫不會衰變的，也就是說，它們是「穩定的」。其他的粒子多半會衰變，或說是不穩定，有些生命週期極其

短暫，通常只有億萬分之一秒而已。交互作用發生時，有些系統特性會改變，有些則穩如泰山。那些不改變的特性，就稱為「守恆」（conserved），其中最基本的一種就是電荷量。在每一次的粒子衰變過程中，系統的總淨電荷量在反應前後都維持不變。例如：一個原本電中性的中子，可衰變成一個質子和一個電子，它們的電荷剛好一正一負抵消掉；反應結束後的電荷量和最初反應前的情況一模一樣。

　　1956 年，楊、李二人埋首研究的是 K 介子。發現介子的歷史，可回溯到 1938 年的涅德麥爾（Seth Neddermeyer）和安德森（Carl Anderson）這兩位歐本海默在加州理工學院的同事。K 介子的特性不太穩定，而且只要一微秒左右的瞬間，就會蛻變為 π 介子；還有人觀察到一個 K 介子衰變為兩個，甚至三個 π 介子的情形。這種現象本身倒沒有什麼新奇，因為人們早就從理論和實驗兩方面得知：同一種粒子，可以同時有兩種衰變模式存在。K 介子衰變令人傷腦筋的是，那兩組衰變後的產物之「宇稱」（parity）並不相等；照理講不應該這樣，宇稱守恆應該就和電荷量守恆一樣，是天經地義的事啊！

　　宇稱指的是鏡像對稱的一般原則，就是說一個物體與其鏡像應該遵守相同的定律，各方面的功能也應該完全對等。比方說，你站在鏡子前面，把一個球拿在手中耍，左手拋給右手，右手拋給左手。宇稱的意思就是說：鏡中球的運動反應和真實世界中的球是沒有兩樣的——兩者的軌跡都是弧形的拋物線。誠如楊振寧在諾貝爾獎受獎演說〔他當時給自己取了個英文名字叫做富蘭克（Frank），以紀念十八世紀美國政治家、科學家、發明家兼作家富蘭克林（Benjamin Franklin），因為他是楊振寧最崇拜的人〕中所說的：「物

理學的定律總是左、右完全對稱的。」

　　當時普遍認同的觀念，以為宇稱性不但在巨觀宇宙中存在，在微觀宇宙中也照樣適用，雖然在微觀宇宙中顯示出來的方式有些許差異。在粒子的天地裡，宇稱性可用正負號來代表，端視粒子波動函數中的空間坐標變數，變號後對整個波函數的影響。如果波函數符號不變，就稱該粒子具有偶宇稱（even parity），用正號來表示；如果波函數符號跟著改變，就稱為具有奇宇稱（odd parity），用負號來表示。

　　K 介子與眾不同的地方是，它們衰變後產生的粒子有時候具有偶宇稱，有時候卻具有奇宇稱。這就令人大惑不解了，因為原來的介子並沒有什麼不同，它們的質量、電荷、什麼特性都幾乎一模一樣。當時的物理學家也都覺得莫名其妙，因為根據宇稱守恆定律，相同的粒子就應該有同樣的衰變方式。

　　為了解釋這種奇怪的行徑，物理學家也有點黔驢技窮；其中一派說法認為，其實觀察到的是兩種截然不同的 K 介子，他們甚至進一步將其分別命名為 τ（tau）介子和 θ（theta）介子。問題是，這個建議太牽強，因為沒有人能夠找出這兩種粒子之間有什麼本質上的不同，只是為區分而區分而已。

　　另一派則主張宇稱守恆，至少就這個例子來說，終究不是什麼自然法則。問題是，否定任何小地方的宇稱守恆，無異於宣判宇稱守恆不再是大自然的「定律」。簡單的說，否定當時一致公認的自然律，不是任何愛惜羽毛的物理學家所願意、所敢於輕易採行的。然而，明知山有虎，楊、李二人卻偏向虎山行。

宇稱性守恆嗎？

他們在《物理評論》上發表了一篇論文，名為〈弱交互作用下的宇稱守恆問題〉，楊、李二人的論文題目原為〈弱交互作用下，宇稱性守恆嗎？〉，但是《物理評論》的編輯高斯密特（Samuel Goudsmit）無法容忍文章篇名內有問號存在，因而易名。楊、李二人在論文中簡述了他們質疑宇稱守恆正確性的前因後果，寫道：「最近的實驗數據顯示，θ 介子和 τ 介子的質量及生命週期幾乎完全相等。但是另一方面，它們衰變後產生的粒子，若以角動量不滅和宇稱守恆的基礎來分析，則 τ 和 θ 又似乎不是同一種粒子。這種矛盾著實令人迷惑……走出此迷津的方法之一，是假設宇稱性並不嚴格守恆，那麼 θ 和 τ 即可解釋為同一粒子的兩種不同衰變模式。」為了證實宇稱性是否守恆，楊、李二人建議設計實驗「看看弱交互作用有沒有左、右之分」，哥倫比亞大學的吳健雄女士讀到了楊、李二人的論文後，決定替他們做實驗。

實驗的構想，是要顯示電子輻射是不是全方位都對稱。假使宇稱性於弱交互作用（亦即發生於粒子衰變和輻射過程中的交互作用）中仍然守恆，則自放射性物質裡面輻射出來的電子，應該會均勻分布於各方位上；如果宇稱性不守恆，則在某些方位上蒐集到的電子數，將會比其他方位的來得多。也就是說大自然不知什麼緣故，似乎對某些方向有偏好。可是，又好像不太可能。

一開始遇到的第一個基本問題，就是要解決如何讓原子核對正標齊在同一方向。吳健雄的做法是拿小塊含鈷的材料，特別是鈷60同位素，然後將其冷卻到絕對零度（攝氏 −273 度），或比絕對零度高零點幾度的低溫。當物質被冷卻到此低溫後，她又施加強力

磁場在樣品上，這樣一來，所有的鈷原子核就會對準同一方向。對準之後，只要宇稱守恆成立，從原子核發射出來的電子就應該任何方向都一樣多；如果在此交互作用下，宇稱不守恆，那麼某個方向的電子就會比其他方向多些。

謎底揭曉，真理彰顯的一刻；大出眾人意料之外，鈷 60 放射出來的電子竟然有方向性。原因迄今未明，好像大自然有一隻看不見的手，在指揮電子朝指定的方向走。實驗結果證明了楊、李二人的假設是正確的，宇稱性失靈了。而楊、李二人也因為證明宇稱不守恆，而共同獲得了 1957 年的諾貝爾物理獎。

他們獲得諾貝爾獎的時候，楊振寧已經擔任高研院教授達兩年之久，而李政道則還只是客座研究員。稍後，李政道也升任為教授。有一段時間，每個人看到這對諾貝爾獎得主形影不離的畫面，都會滿心歡喜。歐本海默就常講，光是看到楊、李二人一起走在校園裡，他就覺得很驕傲，因為總算在院裡看到彼此合作愉快的最佳典範。

談到團隊合作的精神，高研院一直都乏善可陳。葛爾曼說道：「在高等研究院裡，團隊合作可不是什麼歷史悠久的優良傳統，本院成立的初衷，就是專為獨立思考而設的，讓那些個別的、偉大的思想家得以安靜思想。但到了當今這個時代，這種方式其實很沒有效率。當然啦！愛因斯坦是另當別論，反正他已經和時代的物理脈動脫節了。他不需要和人討論，因為沒有人對他的那一套東西感興趣，而他對別人的研究也一樣興趣缺缺。至於其他人似乎是需要團隊合作才能有所建樹、做些成果出來。」

本位主義影響合作

高研院團隊精神的缺乏，肇因於「大牌紅星症候群」。本位主義作祟的時候，有時候也會蒙蔽了偉大的心靈，而且通常本人都不易察覺。就在楊振寧六十大壽前，一些熱心的朋友想出版一本紀念集，蒐集同僚針對他研究領域而發表的論文，以尊榮其卓越貢獻。於是將此計畫請教楊振寧本人。楊氏說：「我想了想，覺得還是蒐集一些我發表過的論文，以及別人的評論，或許會更有趣一點。」

就這樣，一本由傅利曼（W. H. Freeman）出版社發行的《楊振寧論文選輯及評論，1945 年至 1980 年》（*Yang's Selected Paper 1945–1980 with Commentary*）正式於 1983 年出版。當時在哥倫比亞大學的李政道，讀到兩人著名的合作事蹟之「楊氏版本」後，臉色大變，這根本就不是他記得的那一回事，簡直面目全非。不久，李氏立刻還以顏色，也寫下了「李氏版本」，私下在他的朋友當中傳閱，後來更收錄在《李政道論文選輯》（*T. D. Lee：Selected Papers*）的第三冊上面，由柏克豪舍（Birkhäuser）出版社於 1986 年正式發行。如果這段經驗可以表達兩個龐大的自我碰在一起，暗中較勁的典型，那就不難理解為什麼高研院內的合作關係會寥若晨星了。

楊振寧和李政道在芝加哥大學時的關係很微妙，楊振寧說：「因為我比李政道年長，又早幾年進入芝加哥大學深造，我總是處處想辦法幫助他。後來他投入費米門下做論文，還常常來向我請教，要我指點一二，所以我其實可以算是他在芝加哥那幾年時的物理老師……我就像他的老大哥，屈身回頭提攜他，在他為前途奮鬥時，拉了他一把。」。

　　1952 年，這兩位物理學家都還是高研院的短期研究員，他們合作寫了一篇分成上、下兩部分的論文，題目是有關氣相與液相間的轉變。此時，彼此的自我顯然已開始抬頭，因為標題下方的作者姓名誰先誰後，突然變成兩人關切的焦點。根據李政道的說詞，楊振寧認為應該是「楊振寧、李政道」，因為李比楊小四歲，根據中國長幼有序的觀念，楊振寧應該擺前面，李政道最初也依從了這個提議。後來，他查閱其他類似聯合執筆的物理論文，發現排名的順序不見得要取決於年齡。因此李氏主張要「李政道、楊振寧」。

　　幸好他們這篇論文分成兩部分，所以最後達成協議，第一部分「楊振寧、李政道」；第二部分「李政道、楊振寧」，兼顧了兩人的心願。兩部分同時發表在同一期的《物理評論》上。

瑜亮情節

　　愛因斯坦在院內讀到那篇論文後，決定和作者談一談。據楊振寧說，是愛因斯坦請他去的：「愛因斯坦遣助理考夫嫚（Bruria Kaufman）小姐來請我去見他。我隨即和她一同前往愛氏的辦公室，他向我表示對那篇論文很感興趣。不過很可惜，那次的交談我並沒有很大的收穫，因為我聽不太懂他講什麼。他的語調非常輕柔，我卻很難集中精神注意聽，因為和這位仰慕已久的物理大師坐得這麼近，已經夠讓我惶恐了。」

　　李政道的說法是愛氏請他們去：「愛因斯坦請他的助理考夫嫚小姐來，問問是否可以和楊先生及我談一談，於是我們到愛氏的辦公室……我們的回答令他很愉快，整個談話相當廣泛，而且為時甚久。」

　　楊、李二人停止合作了一段時日，直到 1956 年，才再度攜手譜出他們宇稱不守恆的驚人發現。根據楊氏的版本，論文是他獨力完成：「我把手稿拿給李，他幫我做了些微的修改，然後按照姓氏的字母順序簽名落款。我原想將我的名字擺在第一位，但隨即作罷。一方面是因為我不喜歡計較排名，一方面也是為了要提攜李政道。」李政道的版本則是：「我記得那篇文章是兩個人共同的傑作。真的，一如往常的合作經驗，我們不斷為著遣詞用字、表達理念的細微差異而激辯。那篇論文迭經修改，有好幾個版本，耗費不少時間才完成。」

　　本位主義到了瑞典皇家科學院又暴發新的問題，「1957 年，當諾貝爾物理獎的消息發布時，我正在普林斯頓。」李政道說：「同年 11 月，我和妻子準備動身前往瑞典。當時我和楊先生得預備演講稿，在討論講稿內容時，楊先生問我正式的頒獎典禮，可不可以按照年齡長幼的順序上台領獎。我大吃一驚，但仍勉強同意了。」

　　五年之後的 1962 年，兩人此時都已成為高研院的教授。當時《紐約客》（New Yorker）雜誌準備刊載一篇楊、李二人的簡歷。在付梓之前，兩人分別收到了一份複校稿，請他們各自檢查錯誤。就在此刻，李政道說楊振寧主張文中有三處待修正，即標題本身、諾貝爾發布的消息文中，以及描述頒獎典禮的那一段，楊振寧的名字要排在李政道前面。楊振寧還主張他太太的名字要擺在李太太的名字之前，因為楊太太的年紀大一歲。

　　「我說他真是無聊！」李政道感歎道。

　　1962 年 4 月 18 日，據李政道的回憶，楊振寧走進李的辦公室，對《紐約客》一文中的排名順序提出更多要求。李政道覺得不勝其煩，便大聲回答說他們到底還要不要繼續合作下去？「楊振寧

似乎突然百感交集而痛哭失聲，直說他很想和我合作。我覺得很不好意思，又不知道該怎麼辦，只好婉言相勸，陪他說了好久的話。最後決定暫停合作一段時間看看」。而楊的版本則是：「那是一次令人非常感動的經驗，又帶點情感宣洩過後的自由解放。」

　　一個月後，《紐約客》的文章終於與世人見面，在標題裡，李氏的名字在前──〈對宇稱性的質疑：李政道和楊振寧〉，而第一次提到他們獲得諾貝爾獎的地方則是楊振寧的名字在先。在其他地方就不循一定的排名順序。

　　那年春天，李政道辭去高研院職務，轉到紐約的哥倫比亞大學任教。據未經證實的謠傳，歐本海默曾親赴哥倫比亞想勸李政道回心轉意，但無功而返。1966 年，楊振寧也離開高研院到紐約州立大學石溪分校任教。

　　二十年後的 1986 年 11 月，哥倫比亞大學為李政道舉辦了盛大的六十大壽慶生宴會。許多重要的物理學家都出席了這場盛會，包括有拉比、德瑞爾（Sidney Drell）、蘇米諾（Bruno Zumino）和戴森等人。不知道該慶幸或遺憾……楊振寧當時沒有在場。

見仁見智

　　雖然歐本海默仍然保留一半時間來研究物理，可是他到高研院以後就沒有什麼較重要的科學貢獻了。最常聽到的解釋是歐本海默已經江郎才盡、過了物理學家多產的黃金歲月、過分涉入華府的政治圈等等。幾乎每個人都有同感，覺得歐本海默並未發揮他全部的科學潛能，雖然他也許比擔任羅沙拉摩斯實驗室主任時期更上一層樓。而這點也是見仁見智。

　　拉比就說：「我覺得歐本海默似乎接受了過多傳統科學之外的知識，例如他對宗教的興趣，特別是印度教，使他覺得自己好像籠罩在一層神祕的宇宙霧幕裡……也許有人要說我對神缺乏信心，但是我認為那只會將人誘離理論物理腳踏實地、穩紮穩打的步驟，而誤入空泛直覺的神祕領域。」

　　也有人指出歐本海默對細節缺少耐心及毅力。瑟柏說：「他對物理是還不錯，但是算術卻糟透了！」葛爾曼也說：「他沒有耐心，不能安靜坐在椅子上，他就是坐不住。就我所知，他從未寫過什麼長篇大論，或做什麼冗長的計算指導之類的事。他沒有那個耐性。他自己的研究常常只是由一些小小的靈感組成，不過卻是非常敏銳的洞見。他能夠激發別人的潛力，影響力也無遠弗屆。歐本海默的確教出一、兩代的美國理論家，科目涵蓋近代物理、量子力學和場論（field theory）。」

　　許多人曾抱怨歐本海默才思敏捷，但沒有原創力，說他只會剽竊別人的構想，然後代為完成，但是真正的構思仍然是別人的，而不是他自己的。也有人說他口是心非、長袖善舞；一張嘴、兩面皮，隨他怎麼說，最有名的是和原子彈有關的說詞：「由於某種直覺，物理學家是明白罪惡、知道是非的，這不是鄉野清談、低級幽默或誇大其詞能輕易掩蓋的。這種對罪惡的自省，是他們不能失去的。」這番好像在眾人面前認罪悔改的話激怒了許多位同事，包括歐本海默在哈佛時的老師布里吉曼（Percy Bridgman）。布氏說：「如果有人應該覺得羞愧，那就非上帝莫屬了，因為是祂把事實擺在那兒的。」又有一次，是戰後與美國總統杜魯門的聚會時，歐本海默自承：「總統先生，我覺得自己雙手沾滿了血腥。」（其實，杜魯門聽到這句話應該從口袋裡掏出手帕，遞給他說：「要不要擦一

擦？」）但是到了晚年，歐本海默又換了另外一套說法：「有一件事是我不會做的，那就是對我在羅沙拉摩斯所做的一切表示懺悔。事實上，在不同的場合，我也一再重申，不論是功是過，那都是無怨無悔的往事。」

就因為歐本海默才思敏捷，對真理的選擇又帶著太多自由色彩，使得他聰明反被聰明誤，導致最後江河日下的悲劇。1953 年 12 月 14 日，就在耶誕節前兩個星期，歐本海默接到史特勞斯打來的電話，那個人正是六年前為歐本海默戴上高研院院長烏紗帽的先生。當時史特勞斯是原子能委員會的主席，歐本海默則是原委會的顧問。史氏來電的目的，是要告訴歐本海默有關安全許可資格*的事，於是歐本海默專程趕往華府與史氏會面。史氏當時說的話，如晴天霹靂，幾乎令他不敢置信。

美國總統艾森豪親自下令，不准歐本海默再接觸機密的原子能資料，而在高研院保險櫃中的其餘文件也都要一一清除，安全許可資格也一併撤銷。據曾任原子能參眾兩院聯席會（JCAE）官員的波頓（William L. Borden）所述：「歐本海默極有可能是蘇聯派來的特務。」

問題的癥結當然是歐本海默和共產黨員之間糾纏不清的關係：他的弟弟法蘭克是共產黨員，法蘭克的太太也是。甚至連歐本海默的太太也是——至少很久以前曾經是共產黨員。歐本海默尚在羅沙拉摩斯時，甚至還聘過不少左傾的物理學家。此外，很久以前，他還告訴羅沙拉摩斯鎮的安全督察一些不實的消息。不過，最奇怪

＊ 編注：安全許可資格（security clearance）。政府單位通常為了會接觸到敏感情資的工作，而對雇員做背景調查，以確認其無間諜嫌疑。

的是，這些事情政府早就知道，但又不咎既往的讓他放手去造原子彈，為什麼事隔十年了，又重算老帳呢？

傳統的解釋是歐本海默曾經在公開場合，令一度支持他的史特勞斯當場下不了台，史氏心有不甘，乃決定以牙還牙，讓歐本海默死無葬身之地。

結下梁子

1949 年 6 月 13 日，歐本海默在原子能參眾兩院聯席會上，為挪威政府要求購買一毫居禮（millicurie）的鐵 59 作證。他們要用鐵 59 同位素來監控煉鋼過程中，鋼鐵熔漿的行為。史氏是位堅決的反共人士，對輸出任何的放射性材料到國外總是疑神疑鬼，不巧又讓他發現挪威的研究小組中，有一位成員有親共傾向。好啦！想當然耳，同位素要輸出到挪威，史氏這關是別想過了。

歐本海默站上證人席作證，贊成賣鐵同位素給挪威。被問到挪威可不可能拿它做軍事用途時，他說：「沒有人能強迫我說，他們不能把同位素用於做軍事途上，鏟子也可以做軍事之用。事實就是如此！」

房間裡傳出呵呵的笑聲，而史氏開始咬牙切齒。歐本海默說得正起勁：「一瓶啤酒也可以產生原子能，沒錯啊！但是說正經的，其實以我的了解，這些材料無論在戰爭期間或戰爭結束之後，都無足輕重，一點重要性都沒有。」這個時候，史氏已氣得滿臉通紅，眼睛幾乎冒出火來，狠狠瞪著這位原子科學家在眾人面前把他當猴子耍。

參議員諾連（William Knowland）問歐本海默說：「歐本海默博

士，一個國家的整體國防並不單靠祕密武器的研製，對吧？」

歐本海默說：「當然囉！從大方面來看，我認為同位素並不比電子元件重要，不過或許比一種東西重要許多，那就是——維他命丸。」

史氏就這樣和他結下梁子。過了幾年，波頓將歐本海默印上「蘇聯特務」的標籤後，史氏見機不可失，就決定要報一箭之仇。他安排聯邦調查局的密探，如影隨形的跟蹤歐本海默，攔截信件、偷偷拆閱。並且，根據最近一份解除機密的聯邦調查局報告顯示，他們還在歐本海默的高研院老莊園家中裝置竊聽器。檔案中寫著：「應原子能委員會主席史特勞斯將軍之要求，在歐本海默博士於紐澤西州普林斯頓的家中，裝設技術監控位置。日期：1954 年 1 月 1日。」

歐本海默不但把槍炮、氫彈研討會帶進高研院，連竊聽器、聯邦調查局密探、特務工作都帶進來了。

最後，史氏大獲全勝，如願以償。歐本海默被烙上安全堪虞的標誌，並且遭受徹底的清算鬥爭。那一口大保險櫃以及一天二十四小時的警衛都清除撤離得乾乾淨淨。史氏卻仍不肯罷休，還要高研院開除歐本海默，這點遭到高研院理事及教職員的強烈反對。1954年 6 月，教職員齊聚一堂，起草了一份聲援歐本海默的聲明。摘錄其中一部分如下：「七年來，歐本海默博士以其啟迪後進的投入精神，領導高等研究院上下。他獨特的人格特質、廣博的科學造詣及敏銳的學者風範，在在證明他的適才適任。我們這次深感榮幸，能夠公開表達對他忠誠的支持與感謝，我們深感在其卓越的領導下，獲益良多。」該聲明獲得全體二十六位永久成員、名譽教授的連署，包括畢奇樓、戴森、愛因斯坦、哥德爾、高士譚、派斯、塞伯

格、維布倫、馮諾伊曼、外勒以及楊振寧（按英文姓氏順序）。

雖然獲得同仁一致支持，可是歐本海默卻像隻鬥敗的公雞，垂頭喪氣，往日的自信與高傲盡失，似乎科學家的生涯也要畫上休止符。他失去了華府的顧問職位，也就是意味著待在高研院的時間變多了。有些教授認為，這是塞翁失馬、焉知非福。「對我來說，」戴森道：「他在外受到的羞辱，反而使他成為更盡職的院長。他去華府的時間漸少，而在高研院的時間漸多……變得比較和氣，也比較注意我們面臨的問題。他又可以重拾書本、安靜思考、討論物理，做些最喜歡的工作了。」

然而，歐本海默受到的羞辱也使他付出慘痛的代價，並波及家庭生活。歐本海默和他太太吉蒂本來就嗜酒如命，經過此番挫敗，更是每況愈下。一位訪客回憶道：「我還可以回想那個家庭每天晚上典型的光景，你就坐在廚房陪他們聊天，酒一杯接一杯的喝，什麼東西都沒得吃。到了十點左右，吉蒂才丟幾個蛋、放點辣椒醬下鍋炒一炒，這就是晚餐。」簡直沒有家的樣子，數學家蒙哥馬利就稱歐本海默的住處是「波本莊園」（Bourbon Manor）。而歐本海默則不甘示弱，稱蒙哥馬利是「我見過最傲慢、最沒教養的老混球。」

自視頗高

從大家對歐本海默十九年院長任期內之評價，多少就可看出一點端倪。物理學家很懷念他，因為是他讓物理成為眾所矚目的焦點；人文學家則景仰他博學多聞。有一次，為大英國協基金會工作的賀門（Lansing V. Hammond）來向他討教，基金會到底該派遣哪

些優秀的英國青年學者赴美深造。因為申請信件堆積如山，賀門請求歐本海默協助篩選物理方面的申請人。

歐本海默很快處理完物理方面的申請人，然後主動要求看看其他學科申請人的資料，甚至連人類學的都看。

歐本海默看著手上的申請資料說：「嗯……美國原住民音樂，他可以在哈里斯（Roy Harris）門下受教，相信會很有興趣，哈氏去年在史丹福，但是剛轉到那許維爾的匹柏帝師範學院（Peabody Teacher's College）。社會科學，他的第一志願是密西根，嗯……希望獲得廣泛而全面的經驗，如果到密西根，他八成會被分到一個研究小組，只專精某個領域。我建議他不如到凡得比爾大學（Vanderbilt University）去，那兒人少，比較有機會學到東西。」

「符號邏輯，」他又翻到另外一件申請案，「那就得去哈佛、普林斯頓、芝加哥或柏克萊。我來看看他的學習重點在哪裡……哈！主修十八世紀英國文學，那就非耶魯莫屬了。不過也別漏掉哈佛的貝特（Bate），雖是後起之秀，不過很值得和他談一談。」

就這樣，又花了個把鐘頭，全部六十個學門的申請案，歐本海默幫不上忙的大概只有兩、三位。他似乎是全才全能，無所不知，怪不得人文學家會喜歡他。

歐本海默最大的冤家可能是那些數學家，他們眼睜睜看他把高研院塞滿了學物理的人，對數學領域卻冷眼相看。韋爾說道：「他是故意要來羞辱數學家的，歐本海默是敗軍之將，最大的樂趣就是看人吵架，我親眼見過。他喜歡在高研院內挑撥離間，讓人互相爭吵。其實是掩不住挫敗的情緒，因為他想成為波耳或愛因斯坦，可是他知道自己不是那塊料。」

不過歐本海默倒是自視甚高。1963 年，在當了十五年院長之

後，有一次接受訪問時指出高等研究院的優缺點，歐本海默說道：
「真正因為本院終身職制度受益的微乎其微，在理論物理界，願在
此地終老一生也不他就的人，為數不多。最典型的是他們會花六個
月的時間在這裡，另外六個月在其他地方。去年一整年，戴森都在
大學教書；今年楊振寧也教了一整年。明年戴森要到拉荷雅（La
Jolla）；楊振寧雖然仍在此任職，可是大半時間都在布魯克赫文國
家實驗室（Brookhaven National Laboratory）。他們常用這種方式滿
足某些不易言明但不可或缺的需求。」

　　高研院的長處在於提供了避難所，一間知識份子專用的旅館。
「對博士後研究員、或者缺乏接觸新知機會的實驗物理學者，或者
被教學過分羈絆的人而言，能有一年半載的時間心無旁鶩，只鑽研
物理，和其他物理學家交換心得，是一件再美不過的事了。而高研
院就是這樣一個地方。」

　　話鋒一轉，歐本海默又開始笑著說：「或許高研院根本就不需
要教職員。」意思就是說，他自己就幾乎可以一手包辦，指導那些
短期研究員。「只要我才多藝廣、知識夠淵博、精力夠充沛；只要
我能和所有研究人員個別談論他們領域的學問，解答他們疑難的
話，就連教授群都不需要了。」

　　大概也只有歐本海默才講得出這種話吧！

優游於天地之間＿＿＿＿

第7章

放眼宇宙 —— 天文幫

毫無疑問，牟恩（Franz Moehn）是高等研究院最重要、也最受推崇的人物。他在 1979 年才來到此地，算是相當資淺（有些人一待就是幾十年）。雖然高研院各學院之間壁壘分明的情形相當普遍，但似乎所有的人都認識他，而且每個人都和他的業務息息相關。當然啦！因為牟恩就是餐廳的大廚。

美酒佳餚

牟恩出生於德國維特利希的莫歇爾山谷區（Moselle Valley）。他的父親開了一家飯店叫「瑞比史托克」（Zum Rebstock），牟恩的手藝就是在那兒起家的。後來，他到美國的香格里拉飯店當學徒，之後就到高研院任職，現在已經在餐廳旁邊擁有一間排滿各種食譜的私人辦公室。由於他高超的烹飪手藝，餐廳實際上已經成了高

研院的社交中心與焦點所在，是同仁上班時聚會聊天的最佳去處。雖然並未因此打破級職與工作領域的差距，不過至少算是齊聚一堂了。

研究人員是不會擅入廚房的。廚房裡鋪著白色磁磚，不銹鋼廚具，一塵不染，是廚師的天堂。放眼所見：有一個肉架，上頭還掛著剛殺好的雉雞，羽毛都還完好如初；一個大可容人的冷凍櫃、蔬菜專用的冷藏室、烘焙區，外加一組瓦斯爐、排油煙機、電爐、烤箱等，一應俱全。

烤箱裡傳來陣陣燻鮭魚的香味，牟恩手上則忙著給五個小乾酪蛋糕裹上糖衣，然後填上果醬，這些都是明天西班牙式晚餐要用的。餐廳每天早上供應咖啡、蛋捲，上班時間每天供應午餐，星期三和星期五供應晚餐。晚餐供應是院內一大盛事，典型的菜單如下：開胃菜（可能是清蒸蝦），紅燜珠雞、八寶飯、焗烤沙參、沙拉、甜點。或者是：開胃菜（例如：香瓜加義大利生火腿）、班節蝦波菜燉飯、苦苣根芹沙拉、薩日昂飲料*。或者是：開胃菜、水煮灰鰽淋奶油，綠豆蘑菇、沙拉、甜點。或：開胃菜、烤雉雞、菠菜炒香菇、沙拉、甜點。

如此佳餚，當然要有美酒陪伴才能相得益彰，晚餐的菜單上通常會順便列出研究院庫存的名酒。牟恩初抵高研院時，發現餐廳裡收藏的酒品有待加強，於是在重視生活品味的院長伍爾夫的全力支持下，進行一次瘋狂大採購（歐本海默通常由老莊園的家中走到一箭之遙的福德大樓上班。同樣的距離，伍爾夫會開著他的奧迪轎車上路）。牟恩一次買全了十年份的量，而新近購買的一批法國波爾

---

*　譯注：薩日昂（zabaglione），由葡萄酒加糖、蛋黃等製成的一種熱飲料。

多葡萄酒還等著上架呢！因為他的熱心投入，高研院當時收藏的名酒，大約有五千瓶之譜。

這兒的午餐比起晚餐也毫不遜色，只是規模稍小而已。各色的主菜像照燒雞胸肉，日漸流行的燉濃汁小牛肉千層酥、法蘭德斯燉牛肉、茄子肉醬千層派、瑞典烤豬，當然還有每週五的鮮魚，按著時令推陳出新。胃口較小或喜歡清淡飲食的，可以有各式各樣的冷拼盤和沙拉供選擇。此外，三明治種類繁多，從裸麥牛舌三明治到雞肉沙拉三明治，任君挑選。午餐也提供各式美酒，還有本地或進口的啤酒供大家開懷暢飲。甜點是永遠都不缺的：大黃派、覆盆子蛋糕、小乾酪蛋塔，以及上面覆蓋白色稠奶油的各式點心。滴滴香醇的現煮咖啡，好像錦上添花的人間極品，一杯不到一美元。如果你是高研院的同仁，可以一卡在手，吃遍美味，先享受後付帳。時常光顧的客人都會發現體重增加不少，這都是大廚牟恩的功勞。

餐廳本身是一棟長方形的大建築，教堂式高窗、三面採光，四面都是玻璃牆，讓客人可以飽覽底下的花園景致。花園裡的花隨著季節更換，現在是水仙，因為適逢 4 月的第一天，高聳的樺樹與湛藍人工湖相映成趣。天氣好的時候，可以端著食物到外頭吃，一邊享受美食，一邊欣賞鳥語花香；不過在室內進食，桌上也會擺著小花瓶，插上幾枝芬芳的鮮花。牆壁上用磁磚鑲嵌出美索不達米亞的塞琉細亞古城（Seleucia），再下去則是一幅現代抽象掛畫。

就因為有這些美不勝收的景致，難怪時針剛指著十二，高研院的上上下下就蜂擁來到餐廳。當然，食客很自然會按照專業領域，尋找同黨一一坐定；天文物理學家通常都聚集在北面的長桌，粒子物理學家則坐在南面的幾張桌子。數學家似乎又依年齡再細分，年輕的在一處，年長的如塞伯格、韋爾、蒙哥馬利等散坐在另一

處。戴森通常和那些「看天的」坐在一起，稱他們為「那群天文幫的」。雖然戴森的辦公室和粒子物理學家在一起，但是他的工作獨樹一幟，不易歸類，從分子生物學到理論數學，從粒子物理到建造核反應爐及太空船，他都有份。不過他最喜歡和天文學家在一起，因為他們有幽默感。

天文幫聚會

每個星期二，戴森和他的天文幫就轉移陣地，到另外一間單獨的會議室，召開每週一次的午餐會報。這件事情對天文學家別具號召力，不但吸引了院內的同仁，還有從普大以及鄰近的貝爾實驗室慕名而來的同好。

時間是十二點半，會議室陸續有人湧入。房間中央由幾張木製餐桌排成 U 型，四周則放置了藤椅。普林斯頓區約有五十位天文學家參加盛會，他們吃著午餐，等待和主講者坐在主席位上的貝寇致詞。高研院自然科學學院的行政主管，每年由各教授輪流擔任，今年正好輪到貝寇。他也是高研院內首屈一指的天文學家，專攻太陽微中子問題，並且準備出版專書。傳聞說他正排隊等候登上下一任院長的寶座（貝寇曾說：「候選人名單上沒有我，而且我也不容許自己成為他們考慮之列。」）此刻貝寇一身藍紅條紋毛線衣打扮，笑容可掬的主持天文學家的午餐會報。他個性隨和，不太愛出鋒頭，處事也常採低調。

他用茶匙敲敲玻璃杯，臉轉向許耐德（Don Schneider）說：「好啦！阿德，可以和大家分享我們討論了一整個上午的驚人發現吧？」

　　許耐德就是他身旁那位年輕的博士後研究員，剛和高研院簽下為期五年的合同，這是博士後研究的最長年限。今早的咖啡時間，他已在 E 樓發布過消息，現在，要與更多的同行分享這件令人興奮的大事。

　　許耐德清清喉嚨，顯得有點緊張，但是誰又會怪他呢？畢竟他要宣布的消息，就發生在今晨破曉時分：他發現了已知宇宙最遙遠的天體。

　　許耐德拿著一束紙張說道：「我手上有些數據，是屬於一顆新的類星體（quasar），其紅移高達 4.1 ！」

　　4.1 ！在座的聽眾都知道這個數字代表的意義。在天文學的領域，極遙遠天體如類星體或遙遠星系與地球的距離，不是用光年或百萬秒差距（megaparsec）計算，而是用紅移為單位。在 1970 年代，大約發現了六百五十顆類星體，距離最遠的紅移達到 3.5，亦即與我們所在的銀河系相距約億萬光年之遙。接著又陸續發現其他更遠的類星體，紅移則大約界於 3.6 至 3.7，那已經是幾近造物的極限了。可是現在有人發現 4.1 的極大值！這實在來得太突然，也太令人難以置信了。有些人甚至愣在那裡，忘了咀嚼，看來這消息十分令人震驚。然而許耐德似乎語不驚人死不休，還有更多的消息要講。

　　「數據顯示，該天體屬於重力透鏡（gravitational lens）的一部分。」許耐德說道：「我們測量過其吸收光譜，似乎沒有什麼太大的疑問。我們真是幸運。」

　　重力透鏡！怎麼可能？所謂重力透鏡指的是星系的重力場將極遙遠的天體，像類星體所發射的光分成兩半的現象。光線可能受到偏折，而沿著星系的邊緣前行，也有可能繞到另外一邊走，因而

形成雙重影像——同一星體，但看起來像兩個一模一樣的星體分列星系兩邊。愛因斯坦很早以前就預測過存在這種重力透鏡，而且最近也的確在浩瀚天際發現了好幾個。不過這種現象是極端罕見的，理由很簡單：類星體、星系和觀察者——也就是在地球上的我們，三者必須巧妙的排成一線，才可能看得到透鏡效果。而這位許耐德先生居然宣稱他不只發現宇宙最遠的天體，並且還正好位在重力透鏡當中，這實在是有點令人難以置信。

然而許耐德拿出他繪製的圖表給眾人看，數據顯然不像是捏造的。波長對宇宙能通量（energy flux）做圖，看起來就像稍微失真的曼哈頓南區，高峰深谷畢現，其中一個特別突出的脈衝形狀，宛如紐約的世貿中心。天啊！真的是類星體，而且其紅移足以破世界紀錄。

全場吱吱喳喳議論紛紛，學者們交頭接耳，彼此交換意見，貝寇也無法招架排山倒海而來的各種問題。他們想明白所有的細節：那個天體位在何處？坐標在哪裡？觀察到的準確時間是幾點幾分？許耐德胸有成竹的答完每一道問題，無一推諉……直到最深入的關切點也澄清了，他才從容的畫下休止符，因為還有下一個講者要演講。可憐的人，想接在許耐德後面再造高潮，顯然太難為他了。

天才們的玩笑

這時，似乎有人慢慢領悟過來，暗呼上當了。紅移 4.1，而今天又是 4 月 1 日，該不會是……？天啊，一定是的。一點兒都沒錯，它的確是……愚人節的惡作劇！許耐德只是重施幾十年來的故技，把濟濟一堂來自普大、貝爾實驗室和高等研究院的天文專家唬

得一愣一愣的，居然騙得他們深信不疑：今天一大早，他在沒有用
到高研院的任何儀器設備，甚至連一架雙筒望遠鏡都沒有用到的情
形下，發現了天際最遙遠的星體，而且還鑲在重力透鏡當中。

許耐德簡直不敢相信。他以為西洋鏡一下子就會被普林斯頓的
天文學家拆穿，指出他的數據和圖表純屬虛構。結果他只好一直強
忍住笑，保持嚴肅的表情，忍得好辛苦。貝寇同樣在忍，不過快忍
不住了，他一開始就是共犯，和許耐德大演雙簧。但是有人一直到
會議結束仍然蒙在鼓裡，餐後並且向許氏表達敬佩及恭賀之意，還
想和他握手致意，儘管這個發現實在妙到令人難以置信，然而他們
還是單純的相信了。

許耐德最後還是把這樁騙局的始末告訴大家：其實他從頭到
尾，就是在鬼扯。

如果他們熟悉許耐德，可能就會有心理準備。畢竟，他是那種
會把演員蒙特爾班（Ricardo Montalban）在「星際爭霸戰」中的劇
照貼在辦公室門上，並在下頭寫著「唐·許耐德」的那種人。除此
之外，門上還有些良知血性、關心國是的知識份子才可能張貼的海
報。可是當你靠近點看看這些造型逼真，宛如實物的各式照片或圖
片下的文字，會發現一些口號，像「美國滾出內布拉斯加」、「阻止
美國帝國主義入侵阿富汗」以及「內布拉斯加人民行動大勝利」。
許耐德說：「如果讀者缺乏幽默，他們活該。」

不過惡作劇的嗜好倒不是許耐德的專利。不知是何道理，也
許是因為他們研究的乃眼睛可見之物，日復一日談論的都有事實
可供佐證，所以天文學家似乎是高等研究院內最快樂的一群人。數
學家滿腦子裝滿了理型的世界，可能變得面目猙獰。至於粒子物理
學家，他們常自以為是造物主，專司製造巨大的粒子加速器；而前

衛的超弦理論，恐怕他們自己也沒幾個人懂。天文學家則不然，他們不會那麼一板一眼。就在去年的愚人節，雷諾坦加（Kavan Ratnatunga）才利用電腦系統跟大家開了個無傷大雅的小玩笑。

　　雷諾坦加是個五短身材、皮膚黝黑的傢伙，蓄短髭、臉上總是掛著性感的微笑。他精於電腦，特別是對地下室那套 VAX 11/780 的熟悉程度幾近出神入化。去年愚人節的前一天晚上，他夥同後來到加州理工當教授的芬尼（Sterl Phinney）花了幾個小時，把唬人的程式輸進電腦。經過他們悉心設計，只要隔天早晨坐到終端機前，開機進入系統時，螢幕上就會赫然出現以下的字樣：「早安！老包。」（反正你的大名是什麼，就出現什麼。經過他們的改良，螢幕上的訊息會隨著簽到資料而變動）接著就是：

　　「我是來自西元 2001 年的 HAL 9000 *。我剛從木星的軌道下來，要接管地球上所有的電腦系統，以便阻止星戰計畫的進行。有什麼需要效勞的嗎？」

　　看得滿頭霧水的使用者，自然就會試著按下標準的強迫中止程式鍵 Ctrl + Z，企圖擺脫它。可是如果你這麼做，只會看到進一步的訊息，寫著：

　　「你無法擺脫這個程式的，老包！」

　　老包當然不信邪，就會再按一次 Ctrl + Z：

---

　　* 編注：《2001太空漫遊》中的人工智慧超級電腦。

「如果你再按一次的話，老包，我就要開始殺你的檔案囉！」

不信邪，再按一次 Ctrl + Z⋯⋯可憐的老包將會看到螢幕上寫著：

「現在正在殺老包的第一個檔案！」

到這個時候，你知道很顯然有人在惡作劇，把一個唬人的笨蛋程式輸進電腦，故意開個無傷大雅的玩笑而已。問題是光知道並無濟於事，你一樣無法脫身。不過，有人靈機一動，試著打進「愚人節」（April Fool），然後，感謝主！電腦又再度恢復正常。被整的人卻不約而同愛上這個程式，於是廣為流傳一直到今天，成了雷諾坦加鬼點子的代表作。

相形之下，許耐德捏造的故事就幾可亂真了。原來幾年前，普林斯頓大學的透納（Ed Turner）在星期二的午餐會報上，報告說他和加州理工學院的同行，發現到一顆新類星體以及相關的重力透鏡。那天透納剛到帕洛瑪山上的天文台去了一趟，而午餐會報當天早晨，他的朋友從山下打電話來告訴他最新的數據。那顆類星體非常晦暗，紅移量出來約 3.273，不足以破世界紀錄，但是也夠遠的了。午餐時，透納把兩天前才剛拍到的類星體照片在餐桌間傳閱。他親自把照片從帕洛瑪山上帶下來，加洗，並在午餐會報開始前及時送達。這些照片和數據都是如假包換，不是開玩笑的。

許耐德之所以能瞞過普林斯頓區眾多的天文頭腦，其實也僅說明了一項事實，就是這群人到目前為止已習慣於被饗以各式各樣的半奇蹟式新聞片段，佐以大廚牟恩的山珍海味一起享用罷了。

太陽系外的行星

　　許耐德事件過後的一個星期，普林斯頓的天文幫再度聚集午餐。貝寇仍在主位，這次是和麻省理工學院來的客座教授艾卡克（Charles Alcock），以及普林斯頓大學天文物理系主任歐史崔克（Jerry Ostriker）同座。貝寇給了大家五至十分鐘左右的時間用餐，然後敲敲玻璃杯請大家安靜，說：「賀特（Piet Hut）有一項關於高研院研究員古德曼（Jeremy Goodman）的大事要宣布；古德曼因為妻子前夜產下一名女嬰，需人照料，故不克前來。」接著賀特按照禮俗向大家報告嬰兒的體重。

　　「你知道嬰兒的體積嗎？」貝寇說了個冷笑話……

　　言歸正傳。貝寇轉頭詢問此刻正埋首咀嚼盤中匈牙利紅燒小牛肉的艾卡克，請他向大家報告離開後的所見所聞；艾卡克在1977年至1981年間在高研院做博士後研究。

　　就在眾人「埋頭苦幹」的同時，艾卡克開始報告有關白矮星表面的重元素問題。他祖籍紐西蘭，但是他的英語幾乎找不出絲毫的紐西蘭腔。白矮星的直徑約為太陽的百分之一，密度極高，約為水的一千倍。觀星時會發現有些白矮星表面飄浮的是一種比氫要重的元素，這就很奇怪了，因為那種元素顯見的來源只有周遭的介質，亦即星際間的氣體。問題是周遭的氣體大部分都是目前已知最輕的元素──氫氣，所以在那些白矮星表面飄浮的氣體，就不太可能是四周的星際介質流過來填充的。但是話又說回來，除了星際介質外，廣寂的太空中空無一物，到底……那些重元素來自何方？

　　艾卡克啜了一口水，給聽眾一段安靜思考的時間，這是相當具有戲劇張力的留白。最後，他開口說：「這些重元素總是有個故

鄉吧？」然後繼續說道：「但它們的故鄉一定不是氫氣源，因為重元素內沒有氫的成分。事實上，太陽系的小行星群，基本上是不含氫的，所含的卻是大量的重元素，如同在白矮星上觀察到的一模一樣。」

換句話說，艾卡克提出的理論，就是說有太陽系外小行星群（extrasolar asteroids）的存在。天文學家長久以來就對太陽系外的行星興趣濃厚，但是另有小行星群圍繞另一顆恆星運行，這種說法倒是前所未聞。不過，若照艾卡克的說法，聽起來也挺合理的：既然我們自己的太陽系有小行星，別的地方為什麼不能有呢？

「太陽系的小行星爆裂後產生了大量微塵，」艾卡克說：「大部分的微塵回落到太陽表面。這很有可能就是白矮星上重元素的來源。」

聽眾當中已有一些人點頭表示同意⋯⋯但是有一個人提出問題：「在正常恆星過渡到白矮星的過程中，小行星有辦法生還嗎？」在恆星演變為白矮星之前，會經過一段中間期，先成為紅巨星，太陽這種大火爐將膨脹為原先的好幾倍大。幾百萬年以後，當我們的太陽成為紅巨星，它會像氣球一樣脹大，並將它的附屬行星吞沒，地球恐怕也無法倖免於難：變成一粒燃燒的大石頭，繞著太陽腹中的軌道滾動。他的問題就是，太陽外的小行星帶，能否在燃燒紅巨星產生的炙熱下逃過一劫。

「嗯！我們太陽系內的小行星恐怕在劫難逃，」艾卡克說：「但是在其他的太陽系，小行星也許離太陽的距離加倍，那麼恆星演變過程中，它們就可高枕無憂了。」

普大的天文學家史匹哲（Lyman Spitzer）舉手發言說，有些星際雲（interstellar cloud）含有濃度奇高的元素，白矮星上面的重元

素會不會就是從這類星際雲飛過去的？

「我還沒有深入研究過這個問題，」艾卡克說：「但是星際雲的問題，就在於它們都富含氫元素，則前述的氫氣問題又回來了，因為在某些白矮星上面，並沒有觀測到任何氫分子，所以重元素一定不是來自星際雲，而是另有其他來源。」

聽眾的興致似乎已被挑起，甚至可以說聽得目眩神馳，就在這個節骨眼，深諳人性心理的主持人貝寇見好就收，上台致詞感謝艾卡克的精采演說，然後請另一位講者賓尼（James Binney）上台。

從牛津來此客座的賓尼，算得上是識途老馬，十年來進出高研院已不計其數，他以一口鏗鏘有力的英國腔，從容不迫的述說自己用電腦來模擬星系的工作進展。

電腦模擬銀河

電腦模擬——這可真是新潮天文物理，二十年前恐怕聽都沒聽過，但如今天文學家從恆星的起源與毀滅，銀河系的演化到太陽系的長程遠景，差不多沒有一樣不能用電腦來模擬的。模擬像銀河系這種超大型系統的問題是，電腦模型常常不夠穩定。不是螢幕突然糾纏在一起，像腸胃痙攣一樣，在抽搐一陣後死去；要不然就是像雞蛋掉落地上，蛋花四濺。最大的挑戰就是要能建構一個模型，不但穩定而且能準確模擬我們所觀測到的星團（star cluster）、星系，或任何天體。賓尼研究星團動力學已有一段時日了，對象可能是數百甚至數千顆恆星，因其相互間的重力而集結成團。有些星團還會隨時節推移而改變外觀，由起初的球形逐漸拉長變扁而成為長球形，或像雪茄一樣的形狀。

「在本院以及柏克萊都有人在做這方面的研究，」賓尼說道：
「試圖找出模型不穩定的臨界點，但是他們做的計算大部分都是極
端昂貴的多體問題（n-body problem）。前一陣子，我和一位在牛津
跟我做博士後研究的助手，發展出一套新算法，理論架構更精密，
計算更簡單、更便宜，而且所得的結果更準確。」

當兩個天體進行重力交互作用，好比地球和月亮的關係。如
何計算出雙方未來相關位置的問題，稱為二體問題，解決起來很容
易。相關的方程式可由牛頓的萬有引力定律來規範，在大一的天文
學基本課程中，學生已練得駕輕就熟了。然而，當第三個質量加入
戰場，比方像地球、月亮、太陽這樣的三體關係，問題的複雜性就
不可同日而語了。加進來的天體數目愈多，問題的困難度就相對增
高。在電腦尚未發明以前，要解三、四個天體以上的多體問題，簡
直就只能仰天長歎。有了電腦的協助，同時計算上千個天體都不再
是難事。賓尼說：「只要寫好程式，輸入各星體的起始位置和初速
度，例如共有一萬個星體，只須把各運動方程式整合起來，讓系統
按規定運轉，然後就可坐待最終結果顯現。」

但是，如果使用最好最快的電腦，也撇開一機難求的顧慮，多
體問題的計算確是曠日耗時而且所費不貲。因此，賓尼發明的新方
法則堪稱價廉物美，大大節省了時間與成本。他的靈感得自量子力
學，而將其活用在天文物理上。

「這個構想就是：不再一成不變的用位置、速度等物理坐標來
表示星體的一些性質、指標，而改用一種稱為『作用』（action）的
坐標。」賓尼說：「總而言之，你不再需要緊隨各單一成分的運轉
方式，就能掌握星體在軌道上公轉的方式。」

巴尼斯（Joshua Barnes）、古德曼、賀特等三位高研院天文物理

學家甫於《天文物理學刊》（*Astrophysical Journal*）的 1986 年號上面，聯名發表了一篇計算星團動力學的論文。僅僅數月之隔，賓尼便以原先方法五百分之一的低成本，複製出完全一樣的結果；雖然只是技術上的改革，而非理論上的提升，然而身為聽眾的賀特卻聽得津津有味，只可惜因為時間的關係，不容許他進一步討論，因為後頭還有兩位講者在等著上台。緊接著，歐史崔克就步上講台了。

　　例行討論一直進行到一點半，午餐完畢後才正式結束。

咖啡時間

　　一年中，高研院大約會有二十四位左右的天文學家居住在 E 大樓。為了確保每個人的進度，他們便開始每日固定的咖啡時間。

　　時間通常在十點過後。這天有八位年輕的天文學家圍坐在 E 大樓圖書館的會議桌。該圖書館是一間寬敞的白色房間，略為挑高的樓面底下，擺著一排排裝滿本行專業書籍的架子，典藏了完整豐富的期刊如《自然》、《天文物理學刊》、《天文學報》（*Acta Astronomica*），《天文物理與太空科學》（*Astrophysics and Space Science*）等等。《天文物理學刊》是專為理論天文學開闢的發表園地，相當於天文界的大事記年鑑，其中又分為三大類別：期刊（Journal）、別冊（Supplementary Volume）以及專門收錄最新突破進展、急著公諸於世發現的讀者來函（Letters）。沒有例外，目前在座的每一位都曾經在《天文物理學刊》發表過一篇以上的論文。這行的另外一項利器是電子計算機，因此平放在會議桌上的當然也少不了最近一期的小型電腦系統期刊《位元組》（*Byte*）、《電腦世界雜誌》（*Computerworld*）以及 TeX 愛用者的消息來源，專門報導電

腦排版消息的《拖船》（*Tugboat*）期刊。

高研院天文幫在會議室裡或坐或臥，採取他們最舒服的姿勢靠在裝有花布套的椅背上，手裡拿著一杯咖啡。米爾廣（Moti Milgrom）、雷諾坦加和魯德（Herbert Rood）等人都在場。每隔幾分鐘，他們當中就會有人起身走到咖啡廳旁，再添一杯。

第一項議題談的是樓下那部 DEC VAX 11/780 迷你電腦。放在地下二樓的那部今早當機，因為專門伺候 VAX（而不是伺候人）的冷氣罷工，無法把室溫降得夠低，所以電腦系統自動關機，這對房裡的天文學家實在是天大的壞消息，那意味著他們的工作都會因而停擺，既不能寫程式也收不到電子郵件，這可不是鬧著玩的。貝寇自己也用電腦，知道其嚴重性，所以他立刻起身離開房間打電話找人修理，讓電腦趕快恢復正常運作。同時，天文物理系最新的成員，也是最早做「死亡之星」（Death Star）理論研究的賀特，開始和賓尼就程式語言一事展開辯論，賀特認為多數的語言都過分遷就機器本身，很少由人類的觀點去設計。

程式語言之戰

「任何程式的先決條件，就是要讓人易讀易懂，」賀特說：「其次才是讓機器可以閱讀。」

賀特穿著棕色花布、棕褐條紋的暗色襯衫，那一天天氣很冷，但是他只穿著涼鞋。他留著一頭長而斑白的頭髮，絡腮鬍也已變得灰黑雜陳，活像個中世紀的魔法師。賀特偏愛專為發展人工智慧而設計的 LISP 語言，但是賓尼對該語言中不勝其煩的大小括弧卻沒什麼好感，「程式寫好還得檢查那些惱人的東西是否兩邊平衡，」

賓尼不以為然的說。

「可是，只要你有一套文書處理程式，」賀特以他濃厚的荷蘭腔反駁說：「它就會自動計算括號的數目，所以這不成問題。LISP語言的好處是：它強迫你按著邏輯推理，因為它本身就是非常邏輯化的設計，希望你將問題分得愈細愈好。LISP語言可讀性也很高，如果和C語言比起來，簡直易如反掌。我學LISP語言才不到一個小時，就已經知道如何用它來寫程式了。」

除了上述的優點外，其他特性就乏善可陳了。接著，有人指出記憶體定位的問題，用LISP語言寫程式，必須先告訴機器你需要多少記憶容量，可是程式還沒跑，怎麼知道到底要多少容量才夠呢？

「LISP語言跟老牛拖破車一樣，慢吞吞的。」有人這麼說。

「而且還有一大堆版本的LISP語言方言。」另外一個人附和道。

「許多電腦語言都有很多種方言，」賀特說：「LISP語言是電腦史上第二早的語言，僅次於FORTRAN。LISP語言的語法最接近物理學家的思維，並沒有太遷就機器。」

過了一會兒，貝寇如釋重負的回到討論室，告訴大家說VAX很快就可以恢復正常了。他剛踏進討論室時，聽到眾人正在討論LISP語言，於是插嘴說：「問題是理工科的學生已經不再學LISP語言了。自1965年以來，就有資訊界的人群起批評說FORTRAN不好用，遲早會被淘汰，可是時至今日它仍是理工方面執牛耳的電腦語言。」

「再過二十年，將會是LISP語言一枝獨秀的局面，其他語言終將被唾棄。」賀特說道。

　　「是啊！當然囉！」有人說：「因為用 LISP 語言寫程式只要用七個字，外加一千個括號就夠了！」這句話惹得哄堂大笑。「討論電腦語言就和討論政治一樣，」賀特說：「可以使人類互揭瘡疤的醜惡本性表露無遺！」

　　就在此刻，古德曼剛好走了進來。「啊！新手爸爸來了！」貝寇喊道（幾天前的週二午餐會上，才有人宣布古氏升格當爸爸的消息），眾人報以熱烈的掌聲，古德曼則回以靦腆的一笑。路過的人聽到這一陣歡呼騷動，有的就很好奇的走進圖書館一窺究竟，但是當他們發現原來只是有人添了女兒，而不是發現新的星系或什麼有趣的鮮事，就掉頭就走，不過還是有少數人留了下來。他們又討論電腦模型這個話題一會後，咖啡時間就宣告結束，接下來則是古德曼的專題演講時間。

　　古德曼算是高研院較資淺的人員，年紀輕輕的只有二十九歲，但是卻已在院內主持兩週一次的天文物理專題，凡是有興趣的人都可自由參加。他擬定了閱讀進度表，發給大家當家庭作業，就像念研究所時的專題討論一樣，不過雷同之處也僅止於此。參加專題討論的人目的不在賺取學分，而是單純的想知道在廣寂浩瀚的太空中，究竟有什麼事情發生，到底天體如何運行。

　　古氏將圖書館的房門輕輕關上，門外則掛了一塊牌子，寫著「專題討論中，請勿打擾」，然後回到位子坐下。留在會議桌旁的還有五位先生：高研院的賀特、年輕的普大博士後研究員雷熙（Cedric Lacy）、高大金髮，同樣也在普大做博士後研究的漢彌敦（Andrew Hamilton）、曾於 1979 年至 1980 年間在高研院做過研究的普大教授杜萊恩（Bruce Draine），以及來自貝爾實驗室的史塔克（Anthony Stark）。

坐落在紐澤西何姆岱爾（Holmdel）的貝爾實驗室離高研院不過數十公里之遙，是孕育無線電天文學的搖籃。1930 年代，無線電工程師顏斯基（Karl Jansky）在貝爾系統的跨大西洋短波無線電話設備上，發現了靜態無線電波，而其來源竟然不偏不倚位於我們的銀河系中心。1965 年，同樣也是在貝爾實驗室，天文學家潘佳斯（Arno Penzias）和威爾森發現了宇宙微波背景輻射，亦即大霹靂（Big Bang）過後，絕對溫度 3 度的殘留雜訊。史塔克是貝爾實驗室新生代的天文學家，專為探索分子雲結構與演進而來到此地。

撥開分子雲謎團

行家一聽就知道中心議題何在。分子雲，顧名思義，乃是由分子（尤其是氫分子）在星際太空的深處所組成的星際雲。就天文學家所知，至少在相當充分的觀察證據上可以推論，銀河系內恆星的誕生，就是這種分子雲較濃密的部分因本身重力而塌陷所致。問題是，在諸多可辨認的分子雲中，塌陷速度似乎不如理論所推算的速度來得快。如果仔細觀察分子雲當中個別的複雜成分，則可能會預期各成分會很快的結合，在平均約一百萬年的時間內聚合成為一顆恆星。這段時間相當於星際雲中各分子感受到彼此之重力，並逐漸內縮，終至形成恆星所需之時間。

分子雲的總質量大約在二十億太陽質量之譜；換句話說，分子雲內自由懸浮的物質，足以形成二十億個太陽。但是，如果簡單計算，把二十億個太陽質量除以一百萬年（分子雲塌陷所持續的時間）就會發現，恆星形成的速度應該是每年兩千顆。實際觀察的結果，卻只是微不足道的每年三、四顆而已。恆星出生率的觀察值，

與當前分子雲如何孕育新恆星的最佳學說理論值之間，差距竟高達近一千倍，兩個數值如此大相逕庭，實在是讓天文理論專家臉上無光。顯然理論本身出了差錯，但是究竟錯在哪裡？

今天的研討會上，天文幫討論到一個分子雲的特例——獵戶座。史塔克和他貝爾實驗室的同僚都是屬於天文觀察家，而他們正在「清查獵戶座的底細」。史塔克順便解釋他們在該區域的發現，有什麼分子、密度多少等等，不過也承認分子雲內有很大一部分是觀測不到的。

有一個人問史塔克說，既然分子雲有一大部分隱而未現，那如何計算其平均密度？有人希望能夠人手一張獵戶座分子雲圖，擺在眼前邊聽邊看，免得不知所云。於是古德曼起身走到《天文物理學刊》的書架先抽出幾本下來，大略翻閱搜尋一番，最後終於找到他要的那本。過了一會兒，他走回會議桌，手上捧著一本書，書頁正翻到印有一張獵戶座分子雲圖那裡。

史塔克一眼就認出那張圖，「對了！就是這張，這是顧特納（M. L. Kutner）寫的老文章。」這篇論文發表於 1977 年的《天文物理學刊》，題目是〈獵戶座的分子複雜成分〉。

大家都起身離座來看這張分子雲圖。

「這張圖考證的數據少之又少，但是……」史氏說道。其實他是很認真的，可是眾人仍為之莞爾。史氏接著解釋為什麼在觀測數據不充分的情況下，仍然可能相當準確算出分子雲的總體密度。漢彌敦聽了他的自圓其說後，眉毛揚了揚，臉上露出詭異的笑容，似乎有點不以為然。

正當大家擠在一起圍觀數據的時候，又有一位先生姍姍來遲，他就是紐約州立大學石溪分校的所羅門（Philip Solomon）。他比

其他人稍年長些，約四十歲上下，額頭微禿。所羅門在 1973 年至 1974 年間曾客座高研院，現在則重返舊地，正好趕上春季班的開始。他是天文觀察家，但是對理論造詣頗深。進門後，大家不約而同的將眼光投注在他身上，彷彿他是萬方期待的救世主。古德曼把議題的來龍去脈簡介了一番後，所羅門立刻直陳己見：

「每個分子雲的塌陷率並不一致，」他一邊說，一邊走近黑板畫出分子雲圖，下方則是各區域分子密度的直方圖。沉默好一陣子的賀特看了之後，完全不同意，於是到黑板畫了另外一幅。

「噢！不不，絕對不是那樣！」所羅門大搖其頭的嚷道。兩人站在台上，糾正對方的圖形，過了一會兒，他們同時回到原位坐下。

古德曼說：「我建議大家回頭看看論文怎麼說。」

大家手上都有一份論文，也是他們今天的「家庭作業」——有關分子雲的問題，不過大多數人都覺得幫助不大。「這種大一的基本重力理論也能發表在《天文物理學刊》上，我真是不敢相信。」杜萊恩說道。

「那麼，我們看看下一篇論文好嗎？」賀特問道。但沒人理會他，他們還是執著在第一篇論文上，想賦予其中一張圖合理的解釋。

科學家又繼續討論了半個鐘頭，試圖找出分子雲塌陷過程不如預期的道理。他們說了一堆名詞：「柱密度」、「穿越時間」、「核心塌陷率」等等，但是似乎都沒什麼進展，於是間或有人停下來問：「大家真的了解嗎？」一語道破討論會的光景：言人人殊，每個人都是根據殘缺不全的數據、未經驗證的假說、未經測試的假設來以偏概全、自圓其說罷了。

　　一直到了中午，研討會結束時，眾人得到的共識只有一件，就是分子雲的密度，可能不如先前大家公認的那麼高。至於恆星出生率之觀察值與理論值間的鴻溝如何填平，這個一開始就有的疑問，則仍是個謎。

沉寂已久的天文物理

　　天文物理以前在高研院並不成氣候，一直到歐本海默下台的1966年，情況才有了改變。歐本海默特重粒子物理，並劍及履及的將好幾名武林高手帶進該領域；不過這倒也頗能理解，畢竟粒子物理是當時科學界的最大盛事。量子理論的問世，首先挑起戰端；接著，原子彈的製造……本身就是科學實驗史上劃時代的巨獻；迴旋加速器在全球各地如雨後春筍般冒出來，相繼發現新粒子，連帶的新理論相繼出籠，呈現百家爭鳴的態勢，整個戰場群魔亂舞、各顯神通；理論物理學家為了實驗室新發現所交付的任務與挑戰，天天忙得不可開交。

　　天文學則鮮有這類革命性的事件發生，進展的步伐似乎千年如一日，一點一滴緩慢而穩定的累積。理由很簡單，其中一個事實是：儘管天文學也是物理的一支，但是以實驗觀點來看，和其他物理卻是大不相同。一般的物理理論皆可經由實驗室的努力而得到驗證，有些實驗或許需要用到大型加速器，不過一旦加速器建構完畢、測試正常，就可以忠實的提供源源不絕的數據而搞定事情。然而，天文物理通常不是那麼回事，因為你不可能親自到外太空去摸摸弄弄天體和銀河，以便直接印證理論的正確性。無可奈何，天文觀察只好坐在望遠鏡後面，被動的瞭望廣寂而幽暗的天際。因此，

天文學反倒與地質學有更多雷同之處，因為兩者所謂的實驗其實都只是退而求其次──純觀察，而不是平常科學上所說的那種可反覆操作的實驗。

天文學進步緩慢的第二個原因，是資料蒐集設備：望遠鏡，二百年來並沒有多大的進展。二次大戰結束時，世界最大的望遠鏡是座落於洛杉磯郊外，威爾遜天文台的一百英寸反射式望遠鏡。但是，早在一個半世紀之前的 1789 年，天文學家赫歇耳（William Herschel），就已經使用他在英國製作的四十八英寸反射式望遠鏡來觀測太空了，其直徑已達二次大戰時期的一半。顯見天文學擁有的是：緩慢成長的數據資料、多如牛毛的各家學說，以及無從驗證的理論與現象。

然而，第二次世界大戰後，天文學上卻發生了足以媲美粒子物理加速器的大革命，那就是電波（無線電）天文學的誕生。

自伽利略以降，望遠鏡蒐集數據的方式皆是透過肉眼可見的光線。其實天體發射出來的光，遠比可見光要豐富得多，它們還會散播出各波段的無線電波、X 光、伽瑪射線，以及紅外光、紫外光。在電波天文學前的時代，觀測者接收到的信號只是九毛一毛，其餘的數據就像風中的禾稻從身邊飄逝。好比天文學家是色盲一般，只看得到程度不同的灰色影子，卻對宇宙五彩繽紛的花朵視而不見。當無線電波接收機於 1950 和 1960 年代如雨後春筍般冒出之後，科學家才算是在浩瀚的宇宙中開闢了新航線。

電波天空不再只是可見天空的複寫，原本光學領域中鮮明的天體，像月亮和行星，在無線電波長上卻靜悄悄的；而原本肉眼不能見的東西，例如在銀河系兩邊的巨大星際雲物質，在無線電頻譜上卻是頭角崢嶸。隨著 X 光和伽瑪射線望遠鏡、紅外光偵測器及微

中子天文台的發明設立，天文學家可說是茅塞頓開。

　　稍後，到了 1970 年代，又有另一次革命。電腦的應用給了天體物理學家利器，得以模擬他們的實驗主體。經過數百年的漫長等待，天文學家一向只能瞪大眼睛注視數萬光年外的東西，如今卻可自由操縱著比例縮小版本的天體，小自沿著軌道繞行的小行星群，到各種恆星、星團、星系、星系團，甚至更大膽的——整個宇宙。

　　這是全新的經驗，詩一般的意境，展示科學驕傲的新手法。說起來的確是值得驕傲，想想在龐大宇宙內一顆行星上的一小撮人，竟然能夠知道極遠天際外，巨大物體的形狀與結構；而更放肆的是，科學居然有辦法把整個銀河系，甚至整個物理宇宙濃縮到電子往來穿梭的幾片矽晶片上。

天文物理重鎮

　　隨著宇宙因電波天文學而門戶洞開，而電腦又似乎無所不能的提供理論家工作模型之際，高等研究院也不落人後的對天文物理刮目相看，並於 1971 年聘請貝寇擔任教授。當他當上自然科學學院的行政主管後，更老實不客氣的大肆招攬天文方面的長才；以致於一直到今天，每當高研院行政人員得大費周章、東騰西挪以找出辦公空間或計畫進行的特區時，總會怪到貝寇頭上說，都是他呼朋引伴，讓院裡塞滿了天文學家。

　　院裡的天體物理學家，加上隔壁普大的天文專家，已經使得普林斯頓成為天文物理的世界重鎮。由英國愛丁堡大學來此訪問的海吉（Douglas Heggie）便說：「高研院是當今全世界恆星動力學最強的地方。這兒有許多有趣的研究在進行，而且每次我到此訪問，總

是會聽到令我驚奇的發展。」賓尼心有戚戚焉的說：「在我的專業範疇內，世界上迄今沒有什麼地方能媲美普林斯頓；我試過劍橋，也去過加州，但總覺得這些地方根本連起步都還談不上。」

高研院天體物理家研究的範圍從太陽到最遠的類星體，大小通吃，不過其中有許多人只專心研究恆星、星團以及更遠的天體，亦即所謂的「銀河系外天體」（extragalactic object）。你很少看到 E 大樓的人在研究與太陽系內行星及其衛星有關的科學；當然少數的例外還是有的，像崔楣（Scott Tremaine）就是其中一位。崔楣深入研究過土星環的結構，並預測：根據土星環的結構，在土星外面除了現有已知的十幾個衛星之外，應該還有其他未被發現的衛星存在。果真，當航海家一號太空船於 1980 年航經土星時，赫然發現「牧羊犬」（sheepdog）衛星高掛在土星外圍，而且其運行軌道與崔楣所預測的完全相符。

另外一位是因復仇女神（Nemesis）——「死亡之星」理論名噪一時的賀特。他和戴維斯（Marc Davis）和穆勒（Richard Muller）在 1948 年提出主張，認為我們所在的太陽系或許有另一顆難以看見的恆星伴隨著太陽。戴維斯、賀特與穆勒分析地球上發生大滅絕的明顯週期是二千六百萬年左右，因此認定這種周而復始的現象，或許可以用太陽擁有某顆伴星來解釋，並沿著二千六百萬年為一週期的偏心軌道（eccentric orbit）繞著太陽運行。這顆伴星傾斜劃過的距離可以長達三百萬光年，然後回過頭來朝太陽飛奔，最後再度呼嘯穿過太陽系。在其進進出出的旅行當中，死亡之星的重力場會驅使一些彗星脫離歐特雲（Oort cloud）的軌道，導致它們成群結隊摔向地球表面，後果就像寒冷晦暗的核冬天，造成恐龍及其他物種的大滅絕。

　　「如果有一天真的發現這顆伴星，」賀特及其同僚在《自然》上的一篇論文中寫道：「我們建議將它命名為「涅米西斯」，以紀念那位職司復仇，毫不留情處決驕奢淫佚、玩弄權術之人的希臘復仇女神。不過，我擔心如果找不到那顆伴星，那麼這篇論文將成為我們的涅米西斯。」

　　雖然迄今仍未發現那顆伴星，但是賀特卻於 1985 年獲延攬到高研院擔任教授，不只是因為涅米西斯的提議，也是肯定他在星團動力學與三體問題上的成就。

宇宙泡泡

　　天文物理學的精髓是理論與觀察二者環環相扣。大多數的研究員也都曾經親自站在望遠鏡後面，一站就是數小時。高研院沒有望遠鏡，所以要觀察天象就意味著出差，但是新的觀察結果往往都會推翻舊有的理論，天文學家不得不學著去適應這點。

　　「天文物理是非常年輕的科學，」賓尼說道：「我們對高掛天際的繁星其實所知極為貧乏，因此大體說來，我們對模型與實物之間究竟有多大關連的掌握，也非常有限；即使我們遇到什麼與既存模式不合的，也很少會驚嚇到魂飛魄散的地步。在天文物理的領域裡，如果發現一項錯誤，我們可能會開始緊張；如果發現兩項錯誤，那⋯⋯那或許我們就該對整個問題採取截然不同的看法了。」

　　轉眼又到了星期二，這一天，天文幫的似乎總會周而復始的運行到普林斯頓的軌道上。普大的人到高研院參加午餐會報，下午高研院的人到普大聽演講，雖然邀請來的通常都是同一位外來講者，可是兩場演講的內容卻不能重複，因為出席的聽眾都是原班人

馬。可是今天卻是例外，對普林斯頓天文幫的成員或歷年來的星期二而言，都算是特別的日子：蓋樂（Margaret Geller）女士從麻州劍橋的哈佛—史密森天文物理中心（Harvard–Smithsonian Center for Astrophysics）來指點迷津，告訴大家最近如雷貫耳的——泡泡理論。與蓋樂同行的尚有她的兩位同僚胡夸（John Huchra）與德拉帕朗（Valérie de Lapparent），他們三人通力合作展示了一些證據，顯示出星系並不如先前大家所認為的，在宇宙中呈隨機分布，而是分布於所謂宇宙泡泡（cosmic bubble）的表面。

　　天文幫當然對此早已略有耳聞，透過學術界繁密的通信網路，消息自然不脛而走。蓋樂早在幾個月前，也就是1月，在休士頓舉行的美國天文學會年會上，已經發表過他們的新發現。之前，天文物理學者就收到了預印本，在他們三人的聯合論文〈宇宙剖片〉刊在《天文物理學刊》之前就已先睹為快了。即使有人不巧錯過了這些熱門話題，他們也不可能沒有看過媒體喋喋不休的報導，大至《時代》雜誌（封面標題寫著「宇宙泡泡」），小至籍籍無名的亞利桑納州土桑（Tucson）的《綠山谷新聞時報》（Green Valley News-Times），標題是〈勞倫斯·威爾克宇宙論〉。儘管有這些報導，還是有人不願相信宇宙擁有大型蜂窩狀的結構，因此蓋樂這次到普林斯頓可是有備而來，不但親自出馬，而且還全副武裝，行囊裡裝滿了幻燈片、投影片、甚至還有電影膠卷。

　　在午餐會報時，蓋樂和貝寇、歐史崔克、透納（Ed Turner）和關恩（Jim Gunn）坐在首桌。年近四十的蓋樂，一襲黑色禮服，看起來相當苗條端莊。普大演講系列的召集人帕辛斯基（Bohdan Paczynski）則坐在一旁的位子，貝寇請他宣布下午在培頓堂（Peyton Hall）的演講消息。

「是的，很好！」帕辛斯基操一口波蘭腔英語說：「時間是二點三十分，由我們的貴賓蓋樂女士主講，題目是「泡泡、泡泡、辛苦與煩惱」，據我所知，還有一場電影可以看。」

「而且是普遍級的，對吧？」貝寇問道。

才剛叉了一口生菜沙拉在嘴裡的蓋樂趕緊點點頭說：「對，普遍級的，」她好不容易把沙拉吞下去，說：「可以帶小孩一起來看。」

貝寇先請所羅門上台報告他最近觀察的分子雲。「這是真正的數據，」貝寇說：「可不是電腦模擬的。」

所羅門把兩張記滿數據的講義分給大家後，就開講了，內容大致上是把前些天在古德曼研討會上發表過的內容提綱挈領，再總結報告一次。大約做了十分鐘的演講後，就接受聽眾的發問。

歐史崔克和史匹哲兩位普大的教授，不慍不火的辯論方才所羅門說的某個問題。貝寇則試圖敲敲玻璃杯以制止兩人的辯論，過了一會兒終於使二人安靜下來。此時聽眾已經迫不及待要聽蓋樂講講話，雖然此時此地都不太適宜講述泡泡理論，然而貝寇終於還是轉向她說：

「大家都引領企踵妳今天下午莎士比亞巨作般的演講呢！」

「是不是講「庸人自擾」那一齣的故事？」歐史崔克隨聲附和道。

蓋樂女士深深陶醉在這種氣氛中，她在普大當過研究生，並於1975 年獲得博士學位，當時高研院的午餐會並未限制學生不准參加。如今搖身一變，她以不同的身分出席，然而唇槍舌劍，巧問妙答依舊，更是別有一番滋味在心頭。

「各位都知道，我的同事胡夸先生正在觀測靠近重力透鏡附近

的紅移現象，」她以此為開場白：「而且發現這一帶的類星體集團的紅移可高達 4.1……」

啊哈！高研院臭蓋紅移為 4.1 的類星體，已經威名遠播，傳到麻州的劍橋了〔稍後，透納說還不止於劍橋，更南端維吉尼亞州的沙洛斯維（Charlottesville）都知道了，因為有當地的天文學家一本正經的打電話來索取更進一步的詳細資料〕。折騰了半天，蓋樂總算要切入主題了。

紅移的蛛絲馬跡

蓋樂說她和幾位同僚計劃要探究發現宇宙泡泡後的展望，最主要的是要確認紅移觀察結果所繪製的圖形，和實際三維空間的太空之間有多密切的關連。而且還要把宇宙泡泡定位出來，方法是以紅移為單位，測出各星系和地球的距離，亦即測量由星系發出的光到達地球時，偏向光譜紅色端的程度。

「紅移可度量三件事，」她解釋道：「第一是宇宙的膨脹；第二是星系連結系統的移動速度；第三是大尺度流（large-scale flow）的指標，這些都包含在紅移表示的物理意義裡頭。現在想知道的是紅移太空結構與實際太空結構間的關係，但我們還不能完全掌握，因此需要用其他方法或工具來估計其相對距離。」

蓋樂將他們計劃觀察的技術細節交代完畢後，緊接著就是例行的有問必答。最後，雖然眾人意猶未盡，時間卻不夠了，於是貝寇對著帕辛斯基說：「老帕，在我們離開之前，講點有趣的讓大家輕鬆一下吧！」

帕辛斯基也毫不含糊，腦中縈繞多時的伽瑪射線爆發，這時變

成了現成的題材。

　　其實，這也不值得大驚小怪。伽瑪射線爆發就像戲劇中的小插曲，稀有罕見、為時又短，只有幾秒鐘之久，每年只觀察到四、五次。它們的身世幾乎完全沒有人知道，究竟是什麼造成的？是起源自遙遠的天邊，或者近在咫尺的地球附近？而天文學家則競相提出一籮筐的猜測，並且經常是怪誕不經的解釋。

　　「誠如眾所周知的，」帕辛斯基開口，「這些東西的起因，各家說法互異，甚至有人猜測是外星人心情不好時放出來的。」

　　他說，要辨認它們有一個大問題，就是迄今人們仍無法確定其來自何方，是從太陽系外緣的歐特雲區，或者是從「宇宙遙遠的地方」——亦即銀河系之外的異地來的。

　　貝寇插嘴道：「就算再加一場午餐會報來討論這個問題，也一樣眾說紛紜，莫衷一是。」

　　帕辛斯基點頭表示同意，不過他現在卻有了新的想法；或許爆發的起因是由於彗星撞擊中子星所致，因為那樣的碰撞會釋放出可由地球上觀察到的伽瑪射線爆發，謎題就迎刃而解了。

　　人們開始在腦中打轉，反覆思量帕氏的靈感。

　　所羅門打破沉默，朗聲道：「留下的問題只有一個——就是彗星撞擊中子星，是否就是導致恐龍滅絕的原因。」

肥皂泡泡

　　蓋樂下午演講的地點是在培頓堂，那棟大樓是普大天文物理組的大本營。講堂是一間階梯教室，座位是學生式的座椅，扶手有可供筆記的小桌子。演講從二點三十分開始，但是直到二點二十五

分，都還空蕩蕩的不見人影，只有帕辛斯基一人在教室後方調整投影機。然而，到了二點二十七分，那些天文幫的就魚貫入場；到了二點三十一分時，會場已有七、八成滿了。高研院那邊的人，包括貝寇夫婦、派朗（Tsvi Piran）、古德曼、許耐德、雷諾坦加、凱撒塔諾（Stefano Casertano）、賓尼等，除賀特在日本開會外，其餘的人幾乎全員到齊。普大這邊的人馬當然也在場盡地主之誼：歐史崔克、史匹哲、透納、關恩和匹柏士（Jim Peebles）等天文學家都親臨捧場。

匹柏士可說是獨力完成了一本有關宇宙的著作──《宇宙的大尺度結構》（*The Large-Scale of the Universe*）。他是利用 1977 年至 1978 年在高研院客座的教授休假年度完成的。「我在寫這本書的時候，」他說：「學界盛傳宇宙是呈細絲或蟬翼狀的結構，可是又說得模稜兩可，令我非常懷疑，因此我的書中很少提及這個論點。」

普大博士後研究員漢彌敦和雷熙也在場，他們將筆記本拿在手上準備洗耳恭聽、忠實記錄；此外，還有一群研究生，總人數在七十五人上下，大家都準備來聽蓋樂女士如何將宇宙濃縮成一個肥皂泡沫。

帕辛斯基站到台上，簡單做個引言：「今天的講者是來自史密森天文物理中心的蓋樂女士，她的講題是『泡泡、泡泡、辛苦與煩惱』。」

原來坐在第一排的蓋樂這時起立，走到台上。

「艾卡克前一陣子邀請我到麻省理工學院演講，」她開始先講了個插曲：「他向我要題目，我告訴他是『泡泡、泡泡、辛苦與煩惱。』他說妳確定不是『哈伯、泡泡、辛苦與煩惱』（Hubble, Bubble Toil and Trouble）？」

　　全場哄堂大笑，當然哈伯就是指大名鼎鼎的二十世紀最偉大天文學家哈伯（Edwin Hubble）。他奠立了日後天文學的基礎，這裡僅舉其犖犖大者——是他發現了我們熟知的夜空之外另有天地；也就是說，他發現了我們所在的銀河系之外，另有其他星系。

銀河外的宇宙

　　除了極少數的例外，肉眼所見的天體清一色皆是位於我們所在的銀河系內。但有些看起來像星星的物體，卻只有一片朦朧模糊的外貌，好像隔了一層霧或紗似的。他們沒有刺眼的光芒，倒像是一塊會發亮的汙漬。天文學家以前把這種朦朧的光源稱為星雲（nebula），以為是由一團光度較暗的星星組成，或是由氣體及微塵包裹著會發光的星體在其中。反正天文學家當初相信這些星雲也是在我們的銀河系內。

　　但是到了 1924 年，哈伯使用位於威爾遜山（Mount Wilson）天文台的一百英寸望遠鏡，觀察到仙女座星雲（Andromeda nebula）裡的幾顆星。仙女座現在改稱星系（galaxy），並廣為人知。那些星星相當模糊，鐵定是在很遠很遠的地方。究竟多遠呢？當哈伯發現了仙女座裡的造父變星（Cepheid variable），並用來當成測量天文距離的天體後*，問題便趨於明朗。他計算出該星雲距地球八十萬光年，約比銀河系最遠的恆星還要遠八倍左右（後來的數據，更將此距離推至二百萬光年之遠）。所以，仙女座「星雲」其實本身就

---

* 譯注：天文學上較短的距離可用視差法測量，較長的距離則可用造父變星變光週期的長短來判定。

是另外一個星系。

哈伯是星系研究的開山祖師。研究過程中，使他對宇宙的大小和組成逐漸有了清晰的概念。他將星系依形狀分為螺旋星系、棒旋星系、橢圓星系和不規則星系，現在已經成為標準區分法了。最重要的是，哈伯發現了紅移定律，現在人稱哈伯定律。根據此一定律，他認為宇宙並非靜態、沒有年歲的結構，而會持續不斷向外擴張、成長；星系與星系之間也正彼此遠離，就像膨脹中氣球上的兩點一樣。哈伯定律主張的是星系遠離的速度，和它們的距離成正比，星系離我們愈遠，後退的速度就愈快——這個主張已成為當前天文物理的熱門話題。蓋樂女士即將要呈現大家的宇宙圖像，大致上即是以哈伯最早使用的技術為藍圖。

蓋樂等笑聲稍歇，便直接切入主題。她主要著眼在宇宙的大結構上。那究竟是什麼樣子？如何形成的？如何演化的？傳統的答案都是根據二十世紀中葉發展完成的理論而來的，幾乎已成了牢不可破的教義，成為天文學家堅不可摧的信仰。也就是說星系會集結成星系群，甚至星系團，而集結的方式是隨機分布在整個太空之間，沒有明顯規則可循。

蓋樂把一張圖投影在螢幕上，這張圖在外行人的眼中看起來就像銀河浮現在極端黑暗卻晴朗的夜空中：一條密緻的點帶橫過眼前的視野。但這可不是我們所在的銀河系，因為你看到的每一個點（其實是一個個＋號），不是單一顆恆星而已，而是一整個星系，橫跨螢幕兩端的黑點總數約有一萬九千個。除了一條 S 形的空白帶之外，兩旁的星系看起來分布得相當均勻。正符合教義中均勻性的要求。什麼泡泡的影子都沒看到，理由很簡單：螢幕上的星系分布圖是二維空間的繪圖，即使有泡泡的存在，也不容易一眼看出（請參

18,945 個星系，$1.0 \leq m \leq 15.5$

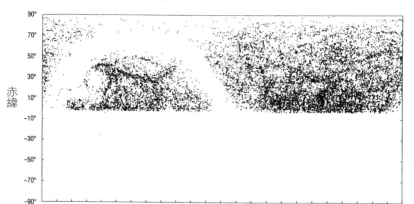

圖 7.1 18,945 個星系之二維空間分布圖。

閱圖 7.1）。

　　蓋樂與胡夸、德拉帕朗所採行的星系描繪法，與傳統方式截然不同，乃是另闢蹊徑。捨棄了二維空間的畫法，也就是以往只能得知星系投影在天球上的位置。他們加上了第三個變量：星系與觀察者的距離（深度）。加了第三個維度以後，整個局勢完全改觀。當把三維空間做圖的結果投影出來時，宇宙的蜂巢結構立刻顯現出來，眾人也才恍然大悟。

　　蓋樂放了另外一張圖表在螢幕上，她說新的觀察結果是用亞利桑納霍普金山（Mount Hopkins）天文台的六十英吋反射式望遠鏡測得的。新的圖形呈楔形，像塊大比薩餅，事實上，它是三維空間的星系位置圖，畫出「宇宙的剖片」：上下延展赤緯六度，左右涵

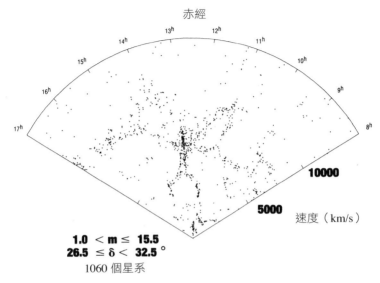

圖 7.2　三維空間星系分布圖——「宇宙的剖片」。

蓋了三分之一的天空，前後則穿越四億五千萬光年的宇宙。

　　圖上顯示的星系大約有一千一百個（請參閱圖 7.2），其分布一點也不均勻。相反的，從圖上可看出太空中有好多大型的坑洞或泡泡，又好像有許多空無一物的空洞（void）區域散布在宇宙中。

　　「當我們看到這幅景象，」蓋樂說道：「事實明顯擺在眼前，我們接收到的是來自宇宙的訊息。問題是，它說明了什麼？」

　　投影機嗡嗡作響，觀眾屏氣凝神的注視著那太空中的空洞，沉思了好一陣子。

　　「這些空洞還為數不少，」蓋樂說道：「奇怪，為什麼以前都不曾見過？」

　　她給了兩個答案。第一，以往的觀測都不夠深入宇宙深處；第

二，量測的星系不夠多，以致泡泡狀配置無法完全凸顯出來。令人驚駭的是，其實在早期的數據中就已暗示了泡泡構造，她又拿出另外一張投影片，將其重疊在前一張有泡泡的圖片上。這張新圖上的星系特地塗上綠色，是戴維斯等人較早期的觀測作品。綠色的點沒有三維空間繪圖那張那麼密；不過，毫無疑問的，綠點勾勒出來的輪廓正是宇宙泡泡的魅影。早已身在此山中，卻無人得識廬山真面目。

聽眾顯然已經開始上癮了，圖片只是個小甜頭，好戲還在後頭呢！天文物理中心有部分經費得自國會的支援，為了某次的史密森中心經費審查之故，蓋樂和她的同僚製作了一部栩栩如生的影片，生動的畫面把他們的發現彰顯得淋漓盡致，連議員諸公都印象深刻、心服口服，她現在放映的就是那部影片。影片只有短短的一分鐘，雖沒有音效，但圖形變化已道盡了一切。

放映機嗒嗒作響，片前列出的頭銜單位橫滾而過——「史密森天文物理觀測站」，接下來是本片的主題「宇宙泡泡」，場中有幾位不由得歡呼起來，一時口哨聲大作。

我們剛剛看過的像披薩切片的圖形，如今重回螢幕，並且塗上了顏色，星系現在以紫色小點粉墨登場，看起來好像浮在霓虹的輝光中。

楔形的天空片段現在有了深度，因為這是用電腦來展示數據的效果，以立體造型出現。然後整塊蛋糕（或比薩餅）開始以某一軸線為樞鈕開始轉動，三維空間的視覺效果盡入眼簾。就好像我們站在世界的邊緣向裡看，整個宇宙在我們面前運轉。這是一次超現實之旅，只是那些像瑞士乳酪上的空洞，像黑夜中的血盆大口，吼叫著彷彿要威脅吞噬大地。「宇宙不但比我們想像的還詭異，」霍

登在一篇文章中寫道：「而且比我們所能夠想像到的還要詭異好幾倍。」

的確，那塊宇宙切片完成了一次空前的大革命，聽眾也為之目瞪口呆。

燈光再度亮起來。

連匹柏士都折服了。「蓋樂女士的傑出研究，」他說道：「讓我們當中最頑固的多疑份子都心服口服了，星系分布確實具有泡泡狀的特性。」

電影散場，又結束了另外一個探索科學的工作天。

第8章

薪火相傳

　　天文學家窺視的宇宙中，大部分都空無一物，這也就是他們能看得那麼遠的原因：沒有什麼東西在中間阻隔視線，因此他們的眼睛才得以貼在望遠鏡上面，穿越時空的盡頭。往近處看，其實景觀也大同小異，物質本身雖然看起來緊密結實，說穿了也沒有多少成分在當中，就好像阿拉斯加晴朗的時候，能見度或許可遠達三百公里。你可以看穿三百公里厚的空氣，越過數以百億計的氮、氧、水蒸氣及其餘稀薄分子，但是你極目所見……根本全然空無一物。當然，空氣比固體物質要稀鬆得多，但是你仍然可以看透固體物質，就像我們能看穿玻璃、冰塊或鑽石一樣。原因何在？為什麼你可以直接看穿這些沒有生命的東西，好像它們根本不存在似的？答案是，物質本體大部分的組成就是……虛空。

　　眾所周知，物質是由分子組成，而分子則是由原子組成，原子就像個小型的太陽系，緻密的原子核外圍環繞著沿軌道運行的電子

雲。電子與原子內核的距離非常非常遠，約為原子核本身直徑的十萬倍。因為體積與直徑的立方成正比，因此原子核的體積，也就是它實際占有的空間大小，只占整個原子的十億分之一。這個說法其實是換一個角度闡明原子本就空空如也的事實。

既然原子空空如也，其他物質本體如桌、椅等構築我們生活空間的各種實物，自然也就空空如也。如果有可能將物體裡虛無的部分挪開，好像把水自海綿中擠出來，然後將其原子摩肩接踵的排列在一起，像一穗玉米那樣，那麼世界上習見的巨觀物體將會縮成它們最小的極限。許多東西終必消失而無跡可尋，棒球縮小成看不見的一顆斑點，人變得比果蠅還小，龐大如大象也只剩下些微的原子殘渣。

組成普通物理實體的原子或粒子，通常都延展得極為稀薄，以致物體本身的密度似乎與一團煙霧無異。可是如果這樣看來，卻又太莫測高深了。為什麼充斥於世界的東西，感覺上都顯得那麼剛硬，如岩石一般？你可以隨意走過一團煙霧，不會遇到任何阻力，但是當你坐在地板上，地板卻好像有反作用力將你推回來，把你支撐住。當你的下半身朝廚房裡的椅子上一坐的時候，你並沒有像船兒一樣乘風破浪，航過座椅、地板，直抵地球的核心……可是一想到物質原是空空如也的事實，就覺得很納悶，很奇妙，為什麼你不會一直掉下去？

這還不是最奇怪的，如果物體的本質如前所述是那樣的空空如也，那豈不是連小小一粒足球的重量都用不著就可以使地板塌陷？地板本身的重量豈不是就足以壓垮自己，整個陷進去？為什麼這個世界不會就……收攏起來，甚至如花般凋殘殞逝？

適用於大群分子，也就是日常生活常見物體賴以構成的道理，

同樣適用於微小的單一原子。那我們可能要好奇的問：是什麼力量使電子與質子保持距離？質子和電子所帶的電一正一負，而異性相吸，那……為什麼原子本身不會就縮在一起？為什麼它們不會颼一聲，消失得無影無蹤？事實上，就是受這個問題的困擾，物理學家才於 1920 年代末期發明了量子力學。原子的穩定性問題，使得波耳提出軌道量子化的構想，而薛丁格則發展出波動方程式。根據量子力學，單一原子不會塌陷的原因在於：電子具有最低能階的軌道，它們不可能落得比這能階更低。一旦原子處在最低能階的基態，那它就不可能再低，而自然而然就穩定了。

物質穩定

很不幸的，長達半世紀以來，居然幾乎沒有人注意到，上述說法雖然解決了原子本身為何不塌陷的問題，可是大群原子集結在一起時的行為，並未得到圓滿解答。單一原子四周的電子可以留在最低軌道繞行原子核的事實，並不能保證任意給定一群原子，讓其集結在一塊兒時，仍然禁得起時間的考驗，四平八穩，相安無事。畢竟，廣漠得令人發睏的空虛地帶俯拾皆是，隨時等待其他原子來尋求庇護；再則，原子與原子間彼此的吸引力──凡得瓦力，就像萬有引力的作用一樣，把眾原子緊緊向內拉，愈靠愈近，力量也愈來愈強，因而產生愈來愈緊密的原子堆積結構，直到轟一聲，所有的東西都內爆，而形成一個像太空中一樣的黑洞。

上述問題乃是脫胎自兩位數學物理專家費雪（Michael Fisher）和惠依（David Ruelle）之手筆。他們二人的論文〈多粒子系統的穩定性〉，發表於 1966 年《數學物理期刊》（*Journal of Mathematical*

Physics），他們在這篇論文中首度提及，經過多方推敲、思考後，他們覺得無法解釋日常生活的必需品及物件，為什麼不會煙消雲散，這太違反科學了。了無生息的物質就這麼懶洋洋的躺在那兒，用一種形而上的穩定方式，戲看光陰一分一秒的飛逝。這麼簡單而平淡的經驗，物理上竟然百思不得其解，奇哉！怪哉！

理論物理學家雷納（Andrew Lenard）尚在普大電漿物理實驗室工作的時候，就開始研究這個問題。他認為事出必有因，物質的穩定現象應該有可以讓物理學家接受的合理證明，來指出為什麼物理實體不會如雲霧般消散。他心裡想，應該可以用簡單的靜電場定律，顯示分子組群內的各種不同電子引力，終將互相抵消，合力等於零，物體因而得以延年益壽，不致收攏折疊成一小塊像紙雕的房屋一樣。他日思夜想，辛苦工作，努力計算，卻似乎原地踏步，停滯不前。在 1965 至 1966 學年度，雷納利用教授休假年，暫時離開電漿物理實驗室，到高等研究院客座一年。在那兒有充裕且揮霍不盡的時間，供他好好思考物質穩定的道理。

到了高研院以後，雷納慢慢了解到可能得把量子力學考慮進來才能得到真相，他又記起來此地的明星粒子物理學家戴森，曾經寫過有關量子力學和粒子能量方面的文章。「所以，有一天我去找戴森，向他要一份論文的影本，」雷納回憶說：「戴森問我為什麼需要那篇文章，我把原委細說從頭，是有關物質穩定性的問題。他馬上睜大眼睛，表現出高度興趣，並問我是否介意讓他加入集思廣益的行列。當然，我回答說一點也不介意。」

雷納算是找對人了。高研院的粒子物理學家比比皆是，但全屬學院派，也就是說他們不會走出象牙塔去把理論與實際結合起來。他們對什麼稀奇古怪、不可思議的基本粒子都如數家珍，他們可以

講一籮筐緲子的超細微分裂給你聽，直到你喊救命為止，可是要他
們說出這些抽象理論與日常生活所接觸物體間的關係，這……這就
不在他們經驗的世界裡了，至少他們所受的也不是這方面的訓練。
但是戴森與眾不同，他以每日生活的世界為家，而不單是把自己關
在 π 介子、K 介子的宇宙裡。他可以浸淫在設計核反應爐或建造太
空船的事上，也可以思考量子力學的艱澀理論，同樣樂此不疲。他
似乎對任何東西，或大或小，都能夠侃侃而談。

　　這些特質對雷納有莫大的幫助，雷納找他討論之後不過幾個星
期，戴森就想出來為什麼物質不會煙消雲散的原因了。

但願能多些瘋子

　　戴森無疑是高等研究院現存成員中最富盛名的一位，特別是那
段時日，粒子物理的研究逐漸蕭條，教授中也沒有諾貝爾獎得主在
列，在科學版圖上，地位岌岌可危。然而戴森獨撐全場，儼然愛因
斯坦再世。與其說他以高研院為榮，倒不如說高研院因他而貴來得
恰當。現在的高研院，至少在廣大群眾的心目中，是戴森上班的地
方，「噢，你曾經在高研院待過啊？」人們會說：「那麼，你一定認
識戴森，對不對？」

　　戴森一直是個備受爭議的人物。甚至，或許還有點惡名昭彰。
他不像其餘的院內同袍那樣盡忠職守，從一而終。相反的，他的專
長上自天文、下至地理，什麼都插上一腳，彷彿世界上有太多新鮮
有趣的事等著他去做，所以凡事都不值得他投注全部心力似的。戴
森不只是粒子物理學家，雖然是他在 1940 年代，統一了當時殘存
的量子電動力學三大理論；他也不只是天文物理學家，雖然他寫過

關於中子星、脈衝星、恆星動力學等天文物理的論文；他更不只是理論數學家，雖然他在劍橋大學獲得的學位正是數學。他專精上述領域，而旁及其他學門，都頗有造詣。

　　戴森的想像力大概比高研院有史以來的任何成員都豐富，無人能出其右；靈感、計畫、謀略，好像如活泉般從他的腦子裡不斷湧出，不光是基本粒子、恆星、星系，幾乎是無所不包。想想他曾有過的點子，比方說，在彗星上種樹，讓它們繞著太陽系轉；橡皮鏡子製成的反射式望遠鏡（可以改變形狀以補償大氣造成的像差）；或者他提議的重組烏龜DNA，讓牠長出如鑽石般堅硬的尖銳牙齒，然後把這群無堅不摧的烏龜大隊集體趕上美國的公路，讓牠們吃掉路上亂丟的錫罐、玻璃瓶以及保麗龍盒。這些想法或許有點瘋狂，可是當你啼笑皆非的時候，卻由不得你不承認……這個人真是點子多多！

　　戴森頗有秉賦，不但如此，也極富幽默感，他自己知道某些想法是有點異想天開，只是對戴森而言，瘋狂不是罪惡，而是美德。「你去過劍橋大學嗎？」戴森有一次這樣問道：「那兒充滿了瘋狂的人、怪物、獨行俠，專做一些極端艱巨而劃時代的事情。瘋狂有什麼不對？大自然本身就是瘋狂的典型。但願高研院能多些瘋子。」

　　戴森於1948年歐本海默擔任院長的時候，造訪了當時一點也不瘋狂的高等研究院，之後在1950年又舊地重遊。又過了幾年，歐本海默請他擔任全職教授。歐本海默心想，他延攬的可是粒子物理學家，一位他形容為「在理論物理界深具潛力、前途一片光明的年輕人。」但是，戴森成為教授後不過數年，就請假遠遊，他的夢想在呼喚，瘋狂的聲音在西部向他招手，還有來自遠方星球的催促。於是，戴森兼程趕往聖地牙哥協助製造太空船，當然不是普通

的太空船，乃是一艘以核彈做動力的太空船。

戴森的太空遨遊夢可回溯到在英國的孩提時代，他常想像自己親自造訪別的星球，真正的身歷其境。然而核彈太空船的構想，卻不是出自他的手筆，而是由波蘭裔數學家烏拉姆草創。烏拉姆在1930年代曾經在高研院待過一學期，之後陸陸續續更換過好幾個工作，大戰期間輾轉到了羅沙拉摩斯，並且忠心耿耿的服務迄今。他和馮諾伊曼、泰勒共同發明了氫彈。

1970 土星見

約在1955年，烏拉姆和他的朋友艾弗瑞（C. J. Everett）寫了一篇用連續的熱核彈爆炸做為太空船推進動力的論文。太空船可以藉由不斷引爆核彈，並駕馭著爆炸產生的震波飛快前進，就像沖天炮前頭頂著一個鐵罐，射向天際。後來這個靈感獲得空軍的重視，原子能委員會甚至為此構想一本正經的申請專利。

私人企業也加入戰場，通用動力公司（General Dynamics）原在加州拉荷雅設立了「通用原子實驗室」，負責開發核能的生意，但是1957年旅伴號（Sputnik）太空船從太空傳回嗶嗶的信號，人們在茶餘飯後已經開始談論登陸月球的事了，通用動力公司見機不可失，認為是搶占核能動力太空船市場的大好機會。剛好羅沙拉摩斯的物理學家邰勒（Ted Taylor），帶著攜帶型熱核元件的設計資料投奔通用動力公司，於是通用動力正式考慮用他的小核彈來推動太空船，送上太陽系的軌道去運行。邰勒為這個計畫命名為獵戶座（Orion）。

邰勒和戴森是在康乃爾大學時的舊識，因為二人都曾經受業於

貝特的門下，他打電話到高研院問戴森，如果被當成炸彈一樣射入太空軌道會有什麼感覺。「聽起來挺過癮的，」戴森稍後說道：「他嚇不著我，一般人立即的反應可能怕會被炸成碎片，我倒不會有這種困擾，這件事以技術層面而言還頗為可行，似乎我們大家都期待已久了。」

我們期待什麼已久了？

先別急著追根究柢，反正戴森夢想做這類的嘗試已經不止一天了，於是他毅然向高研院請了一年長假，舉家搬到加州。這是1958 年的陳年往事。獵戶座計畫當時的口號是「1970 到土星」。

而且不只是口號喊喊就算了，他們都很嚴肅的負起份內的工作責任。有一段時間，戴森還滿懷信心的認為他的夢想有朝一日終必實現，他常常跑到郆勒家後院架設的望遠鏡那裡，極目遠眺浩瀚星空，想像自己滑翔過土星光環，漂亮的登陸土衛二；衛星上有豐沛的水分，足以讓他開闢一塊水耕蔬菜園。

他遂行遨遊太空夢所乘坐的太空船，下端像巨形的高蹻，安置在推進板上面，核爆就在板下進行。氫彈爆發時，推進板就會往上彈，朝太空船猛力撞擊，太空船底部則裝置了撞擊力量吸收機，並將撞擊力轉化為動力，把太空船向上推。很快的，它就會航過月球、火星，直奔小行星帶。

至少理論上是這樣的。對任何頭腦冷靜的人而言，這個計畫不折不扣就如同鄉巴佬對太空旅遊的天真臆想，只比凡爾納（Jules Vernes）的科幻小說稍微複雜一點罷了。凡爾納小說中是用馬戲團的大砲，將人射上月球；而出人意外的是——鄉巴佬的臆想，居然實際可行。

試飛炸彈火箭

　　事實證明它的確可行，至少小型試驗機已試飛成功。當然，經常性的失敗是必經的過程，就算美國航太總署主持的官方太空計畫，也一樣不能倖免。獵戶座計畫的試驗場是在洛馬岬（Point Loma），就在聖地牙哥西方，俯瞰太平洋的一處危崖峭壁。郜勒、戴森偕工作人員會在星期六的早晨集體出發到試驗場。觀看獵戶座試驗模型升空，然後炸成碎片。

　　第一次試射時，連升空都沒看到。那一次用的是一公尺寬的推進板，炸彈（就是普通的化學炸藥，還不是用核彈）爆炸了，但是那架比例縮小的模型卻仍紋風不動。只聽到每隔一段時間，就來咔！嘭！咔！嘭！的聲音，可是那個鬼東西卻一直穩若泰山，像是一尊石雕。「我想得暫停這些試驗。」戴森當時判斷說：「除非我們可以加速到 1G 以上。」

　　很顯然的，火箭的重量要減輕，至少讓它先動一動，移一移才行，於是他們動手把試射機剝得一絲不掛，只留下必要的骨架，然後重新試驗一次。星期六早晨，他們捲土重來，再試試這架推進馬力加強、體重適當減輕的新模型機——他們稱之為「熱棍」（Hot Rod）。

　　這次熱棍比較合作一點——至少動了，它從發射台彈向高空，愈來愈小，消失成一個點，然後——咔嘭！只見天際冒出一團濃煙，機身的殘骸如雪花般落向地面，粉身碎骨。悲劇一而再、再而三的重演。

　　有一次，郜勒邀請數學家庫朗（Richard Courant）到崖邊觀看火箭試射。庫朗是當代很了不起的科學家，來自德國，曾在哥廷根

與希爾伯特共事，也是震波工程的專家。只見炸彈爆發、火花四濺，熱棍從發射台扶搖直上，沒入雲端……然後——咔嘭！在這位專家面前炸得粉碎，就像沖天炮一樣。

「這不是普通的瘋狂，」庫朗用一口德國腔英語說：「這是超級瘋狂。」

不過，終於皇天不負苦心人，獵戶座模型機飛上去了，衝上數百公尺之高，可是這時戴森已離開加州回到高研院。有一天他在普林斯頓收到一封信，是幾個留在那兒和獵戶座計畫奮鬥的朋友寄來的。「真希望你仍然在這兒，和我們共享上週六在洛馬岬舉行的盛大慶功宴。」信上說：「熱棍飛啊飛啊飛！我們不知道它還要飛多遠。邰勒站上半山腰觀看，他說大概百來公尺跑不掉。爆炸燃料用了六截，轟隆聲震耳欲聾，不過設計空前準確……降落傘在最高點時適時張開，模型在風中緩緩下降，最後毫髮無損的降落在碉堡正前方。」

這是最成功的一次，同時也是核彈太空船計畫最後一次的試射。美國政府決定用化學燃料取代核燃料，來當太空火箭計畫之動力能源。後來，1963 年簽署的禁止核彈試爆條約通過後，大氣層內外及太空中的核爆均視為違法，獵戶座計畫便告無疾而終了。然而，熱棍倒還劫後餘生，目前保存在華府國家航空太空博物館裡供人憑弔。機身用繩索捆綁懸吊起來，機首遙指華盛頓紀念碑，一副壯志未酬的神態。

再來談到這些鋁板殘骸。戴森以前常在試射後漫步在洛馬岬，撿拾太空船爆破後的碎片。他仍然保存了一些放在高研院辦公桌的抽屜裡，用一個透明的塑膠袋裝著。這些碎片常常使他想起幾乎可以讓他一圓太空夢的美好時光。

共解奧祕

　　當雷納為了物質穩定的問題來向戴森請教時，戴森立刻認真考慮道：「重點在於當為數眾多的原子匯集在一起時，它們的行為可能變得極端複雜，甚至極端詭異。例如說：它們可能成為液體或固體，或是各種不穩定的化學成分，可以變成炸藥什麼的，這一切都是單純的原子行為表現，只是很普通的原子。所以問題是看到物質展現出來的萬種風情與特性，你怎能確定單一一個時就不會塌陷？問題應該先這麼想。」

　　答案並非顯而易見，不只對雷納或對戴森如此，對任何人都是一樣。雷納的辦公室和楊振寧恰好毗鄰，都是在高研院的 D 大樓。這位楊振寧不是別人，正是幾年前和李政道因證明弱交互作用下的宇稱不守恆，而一起獲得諾貝爾物理獎的楊振寧。偶爾楊和雷納二人在走道上碰頭時，會互相打個招呼，說聲哈囉，但是身為後生晚輩的雷納並未趁此機會走進楊振寧的辦公室，向大師請益。

　　這很奇怪，因為高研院設立的主因之一，是要讓年輕後進得以親炙於大師門下，學些難得的功夫，可是有時他們卻不知道好好把握這項資源。戴森本人就是個活生生的例子，他從來沒有去找過愛因斯坦或哥德爾。「我和哥德爾常見面，算是相當熟，」戴森說：「可是，我從來不曾坐下來和他深談，我總是太過害羞。愛因斯坦也是一樣，我從來不曾進他的辦公室說『嗨！愛因斯坦，我想和您談一談。』為什麼要浪費人家的時間呢？對不對？他們顯然都有更重要的事情做，何必和我多費唇舌？」

　　相較之下，雷納幸運多了。有一天，楊振寧紆尊降貴的來敲他的門，並入內聊天。楊振寧想了解雷納在研究些什麼，於是雷納據

實以告，自己是在研究物質穩定性的問題，楊振寧覺得好奇，說：「真有意思！」他說：「這個問題若不是很簡單就是非常困難。」

於是，楊振寧走回自己的辦公室——就在隔壁，然後雷納就開始聽到牆邊傳來托托托的聲音，他心想一定是楊振寧在黑板上寫東西，這個聲音持續了好一會兒，托、托、托、托，粉筆撞黑板，雷納之後便沒再理會它。

突然，托托聲停止了，好像隔壁那位可憐的老先生心臟病突發倒地，一片死寂。

幾分鐘之後，楊氏探頭進他的辦公室，丟下一句：「很難，不簡單！」就又縮頭不見了。

這個問題也讓戴森絞盡腦汁，「我想，戴森花了大概有幾個星期之久，」雷納回想道：「然後，他回來找我說：『看！這個問題很不簡單，我們可以試試這個，試試那個，我們可以估計一下這個，估計一下那個。』他有各種點子，然後我著手解出了其中幾個。」

因為戴森和雷納的辦公室分別在校園的兩端，不過戴森的樓上有一間討論室，於是兩人便相約每週在那兒討論個幾小時，不停的腦力激盪，試圖找出些線索。

「討論室裡掛著一塊大黑板，」雷納說：「通常旁邊都沒有閒雜人等，所以戴森就使用整面黑板向我解說。然後再輪到我，反問他幾個要點。他有些說法不盡正確，不全然嚴密，但是他會再帶著新的靈感及一大堆點子，然後再大戰三百回合。我們就這麼見招拆招，討論個幾小時，然後，也許我會暫時離開，讓頭腦靜下來思考一下。其實，我自己的進展很少，因為等我想出上一個問題，戴森就又提出許多新構想，令我應接不暇。」

「總而言之，」雷納接著說：「我們遭遇到許多技術上的難題，

而這樣的過程前後進行了好一陣子，兩個月總有吧！我想。最後，總算一切都撥雲見日了。」

由於戴森抽絲剝繭的發掘問題真相，因此雷納誠心的建議他發表結果，向大家解釋為什麼物質不會轟然煙消雲散，然而戴森堅持兩人共同掛名，因為是雷納首先提出問題來的，而且他功勞也不少。「在這方面他倒是挺大方的，」雷納說：「但是，都是戴森想出來的點子，這點絕對無庸置疑。」

因此，就像許多由老少科學家合寫的論文一樣，後進執筆，將前輩指點的研究行諸於文。那篇文章完成後，手稿總長四十餘頁，在 1967 年至 1968 年分兩部分發表在《數學物理期刊》上。

到底物質穩定性的奧祕何在呢？「答案可不是三言兩語就可以說得清楚的，」戴森說：「證明牽涉到一些聰明的數學技巧。但基本上，你會用到不相容原理。物質穩定的部分原因是電子總是遵守不相容原理。」

不相容原理乃是包立提出的學說，他主張兩個費米子不得占據相同的量子態。因為這個互斥原理，所以各原子之間才得以保持距離，不至於落到彼此的空心區域。戴森說：「這項結論，或許可以讓我們在意念上了解，為什麼上帝在創造物質世界之前，必須先發明不相容原理。」

儘管充斥了小聰明和數學奇巧，戴森及雷納的證明還是很快的聲名遠播。雷納說道：「現在看起來，可能不算是什麼高雅或合理的證明，儘管文中不乏神來之筆，不過內行人一看就知道，其中的拼湊銜接，其實不甚高明、自然。」

「現在看來，技術部分早就落伍了。」戴森說：「後起之秀如李布（Elliott Lieb）和佘凌（Walter Thirring）證明得更好更嚴密。

雖然想法大同小異，但是李布、佘凌大大改進了數學部分的技巧，所以我們寫了四十頁的長篇大論，他們只用了四頁就可以交代清楚。」

戴森和雷納合著的論文，並不是一般物理期刊常見的典型：因為它解釋的是物理界熟知、認同已久的物質穩定現象。大部分主流派的粒子物理學家都自顧不暇，忙著應付那些前所未聞，從迴旋加速器中如潮水般湧出來的基本粒子。戴、連二人的工作，算是道地的非主流派。

粒子嬰兒潮

1930 年代末期，偉大的老前輩像愛因斯坦、波耳等人思想的世界，都還只是由少數幾個基本成分組成——電子、質子、中子和光子，他們期待的是有朝一日能用這幾種粒子構築出完整一貫的理論，來解釋整個物理宇宙。另一方面，實驗物理學家愈深入探究物質的微細結構，所發現的新粒子就愈多。有一陣子，粒子的數目還算不多，還可以將其一一納入大腦的記憶裡。但是後來到了 1960 年代初期，粒子數量已龐大到期刊得出小卡片、小冊子才能一一點數清楚。今天，就連卡片冊都不夠用了。《近代物理評論》（Reviews of Modern Physics）要用一整期的篇幅，才能將已知粒子、共振及其他物態的資料完整無缺的列印出來。

理論界與實驗界似乎永無止盡的在競賽，企圖抓緊新粒子大爆發時代的脈動。只有很罕見的幾樁例子是理論領先實驗，先行預測應該有某粒子存在，且具備某某特性，隨後實驗派的果真在機器上發現這種粒子的蹤跡。大多數的粒子都是在無意中觀察到的。紗

子當初發現時，拉比的反應就是如此，他說：「究竟是誰讓它這樣的？」要趕上粒子誕生的潮流，簡直是與大自然的賽跑，又像一隊傳遞聖火的人，而高研院的理論家正是薪火傳承的主角。

幾乎全球各地知名的粒子理論學者都曾到過高等研究院：愛因斯坦、波耳兩位巨擘不用說，此外還有馮勞厄（Max von Laue）和拉比。稍後又有一批青年才俊的投入：葛爾曼、湯川秀樹、朝永振一郎、阿格・波耳（Aage Bohr）、沙拉姆（Abdus Salam）、楊振寧、李政道，全都是諾貝爾的桂冠得主。另有一群人，是促成量子物理革命的功臣：烏倫貝克、米爾思（Robert Mills）、戴森、派斯、惠勒、威爾切克（Frank Wilczek）、丘氏（Geoffrey Chew）、蘇米諾、奈曼（Yuval Ne'eman）、凡尼錫安諾（Gabriele Veneziano）、南部陽一郎、雷杰（Tullio Regge）、羅森布魯斯等人。還有兩位高研院最卓爾不群而性格怪異的粒子學家——狄拉克和包立。

怪人狄拉克

狄拉克非常內向、沉默寡言，簡直像是修道院的修士。「家父訂下一條家規，規定我和他講話時只准用法文，」狄拉克有一次追述道：「他以為那樣就會讓我法文學得快一點。因為我發現自己用法文時常常辭不達意，因此乾脆保持緘默以免不小心說出英語來，所以當時我變得非常沉默寡言。」

習慣成自然，他似乎從此就很少開金口了。曾經有兩位柏克萊的物理學家和狄拉克坐了整整一個鐘頭，向他解說他們的工作概況。滿心希望這位名人會直率的提出一些評論，結果他們的希望完全落空，狄拉克一點反應都沒有，整個屋子裡安靜得令人侷促不

安，兩位訪客只好找個台階下，問說：「請問附近有郵局嗎？」然後就如釋重負的出去買郵票。另外有一次，狄克拉被問到《罪與罰》這本小說的讀後感，「還好，」狄拉克回答道，一派大師的簡潔口吻，「但是其中有一章，作者犯了個錯誤，他描寫到太陽同一天升起兩次。」

處理完世俗雜務之後，狄拉克總是喜歡隱遁到一堆方程式的天地裡。「我的工作絕大部分都是在玩方程式遊戲，」他曾說道：「我認為物理界真正有此雅興的人並不多見，可能是我的怪癖，我就喜歡數學關係式的優美，不見得每一條都有什麼物理意義，當然偶爾還是會有。」

其中一條因緣際會的具有深奧的物理意義，推導出來的結果遠超乎他所求所想，現在人稱「狄拉克方程式」，這條方程式開啟了粒子新世界的大門，稱為「反物質」。該方程式可高度正確的描述電子的行為，同時又預測到一種帶正電的全新類型電子。

一開始，狄拉克以為他的方程式描述的是質子的某種迂迴狀態，因為質子的電荷恰好與電子的電性相反，誠如他事後說的：「當時……每個人都篤信電子、質子是自然界中唯一的兩種基本粒子。」但是，他的方程式代表的正電荷粒子並不是質子，因為質子的質量約為電子的兩千倍。如果狄拉克的方程式有任何意義，那就表示在自然界中「有實驗室尚未發現的新型粒子。它與電子質量相同，電性相反。」狄拉克稱之為「反電子」。

就在他大膽預測後的一年半，「反電子」的芳蹤出現在加州理工學院安德森（Carl D. Anderson）的雲霧實驗室裡頭。安德森稱它們為「正電子」，即今天通稱的「正子」。狄拉克方程式不僅適用於電子，也適用於質子，所以同樣表示有反質子的存在。事隔二十

年，也獲得實驗室的證實。事實上，狄拉克方程式為反物質開拓了一片新天地，物理學家也因此忙得不可開交，競相迎頭趕上等在他們前面的新奇現象。「我認為反物質的發現，」海森堡稍後說道：「可說是二十世紀物理學的一次大躍進。」

狄拉克於 1930 年代初進高研院，以後每隔十年回來一次，直到 1970 年代。這使他成為高研院的常客及資深研究員。雖然他在別的地方和在普林斯頓一樣都獨來獨往，然而他對高研院的那一大片樹林卻情有獨鍾，常在近黃昏時手握一把斧頭，口中則喃喃自語說是要一路做路標，步行到特倫頓。儘管沉默寡言，獨來獨往，狄拉克卻算得上是個徹頭徹尾、氣質天生的高研院人。

況且，基於對理論的偏愛遠勝實驗，又具備「數學之美的鑑賞力」，他可說是柏拉圖天空的典型代表。「你可以強烈的感受到，」他在晚年時說過：「當實驗結果與你的想法不合時，你或許會猜想實驗結果可能不對，做實驗的人遲早會修正、澄清。當然啦！你不能太過固執，但在必要時的擇善固執，仍不可或缺。」

不馴包立

以個性而言，院裡的人員當中從沒有一位像包立那麼直率而幾近鹵莽的。包立體型壯碩，有時顯得神經質，而其過盛的精力則表現在他異於常人的肢體語言和略帶攻擊性的言談。他習慣把腳左右擺動，頭則左右晃動，顯示肌肉過於緊繃。他特別善於使用不合常理的言辭當場給人難堪。比方有一次他形容一位剛嶄露頭角的物理學家是「年紀輕輕就已經如此沒沒無聞」。假使他不喜歡某人的想法或理論，他可能會批評這些論點「連錯誤都談不上」，即使要說

上一、兩句好話，當然這是絕無僅有的事，他也會細細斟酌，好好醞釀一陣子，待話一出口反倒像是給人一記耳光。例如在一次愛因斯坦主講的研討會上，包立當時還是研究生，從座位上站起來大放厥詞說：「你知道嗎？其實愛因斯坦教授剛剛講的還不算太愚蠢。」

他也是物理學界最自大的，這樣講或許還不夠，應該說是整個科學史上最狂妄的人。有一次包立向派斯抱怨說他覺得要找到新的物理問題來研究實在很困難，他搖頭晃腦的說：「也許是因為我懂得太多的緣故。」

他曾經在物理研討會上，因為覺得講者交代得不夠清楚或不夠正確，不符合他的格調，就當場打斷別人。類似的事就曾發生在歐本海默身上，那是在密西根安娜堡（Ann Arbor）舉行的學術研討會上，歐本海默正講得口沫橫飛，並寫滿了整個黑板的方程式。包立突然跳上台去，抓了個板擦把黑板擦得一乾二淨，還說歐本海默是一派胡言、狗屁不通。此後，包立又故態復萌了兩次，最後要不是克拉瑪（Hendrik Kramers）上去把他揪下來，吩咐他坐下並閉嘴，否則此事真會沒完沒了。妙的是，他當時倒是謹遵吩咐，乖乖的安靜坐下。

那已是 1930 年代的往事了。二十年後，包立在高研院依然故我。這一次歐本海默是在聽眾席上，講者則是楊振寧，題目是關於規範不變性（gauge invariance）。楊才剛開口講不到兩句，包立就插嘴問道：「這種粒子的質量是多少？」楊回答說那是複雜的問題，而他也沒有明確的答案。包立嘆道：「這個藉口太牽強了吧？」向來彬彬有禮、保守拘謹的楊振寧，在沒有心理準備之下受到這突如其來的驚嚇，只好坐下來讓自己鎮靜一下。

第二天，包立還留了一張紙條在楊的信箱內說：「真遺憾！你

搞得我在會後無法和你交談。」

　　人們之所以容忍他這般胡鬧，當然也是因為包立確實有過人之處。他提出「不相容原理」這個當代物理學的巨獻時，年僅二十四歲，而且和狄拉克一樣，包立也貢獻了一些新角色到基本粒子的行列，亦即當時人稱的「包立粒子」。該粒子是他在分析 β 衰變時冒出來的。所謂 β 衰變乃是原子核放出一個電子時，相伴而生的一種輻射現象，當時這個現象仍然相當神祕。首先，原子核內並不含電子，怎麼會有電子釋放出來？再者，在 β 衰變過程中，物理學家無法完全說明釋放出來的總能量值。核衰變的產物——當時稱為「β 射線」，觀察到它攜帶的能量比原子本身釋放出來的能量少，那其餘的能量跑哪兒去了呢？

　　能量逸失的問題實在太令人困惑，甚至有人，像波耳就是其中一個，都準備棄守神聖的能量不滅定律了，他聲稱，在 β 衰變這個特例中，能量或許真的不守恆。然而包立卻另有想法，他考慮的是其餘能量可能跑到某個新粒子那兒去了，只是實驗室裡還沒看到而已。這個粒子必定是沒有質量，不帶電荷，幾乎等於不存在一樣。現在這個想法好像變成處理未知現象的時髦方式——當你遇到不可解的困難，就創造一個新粒子。有一段時間，我們偉大的包立先生也因為自己覺得不好意思而不敢發表其建議。可是後來，他終於鼓足了勇氣。

　　最後的結果證明包立是對的，他主張的「隱形」粒子就是微中子（neutrino），這種粒子由費米命名，意即微小的中子。β 衰變的真相是中子分裂為其他三種成分，一個質子，一個電子，外加一個微小不帶電的微中子。因為微中子是電中性，體積又小，因此雖然包立在 1930 年就提出這種說法，實驗室卻一直到 1956 年才正式觀

察到。其間漫漫的四分之一世紀，人們一直廣泛的討論這個歐本海默所謂的「神出鬼沒的微中子」。

包立在第二次世界大戰期間，一直留在高等研究院研究梅色子（mesotron）——亦即現在大家所熟悉的介子（和反物質、微中子一樣，介子也是物理學家期待已久的東西。它最早是在 1935 年由湯川秀樹提出，卻過了十年多才在實驗室觀察到）。包立這位由理論起家，又在理論界揚名的人，一直很困惑自己該不該像其他院內同仁一樣參與戰事，因為除他之外，只有愛因斯坦沒有直接參與戰事相關的工作。他將這層憂慮向當時在羅沙拉摩斯的歐本海默告解，歐本海默告訴他稍安勿躁，因為這樣「大戰結束之後，國內至少還有幾個人懂得梅色子是什麼。」

1945 年 10 月，包立因不相容原理獲頒諾貝爾獎，在高研院的慶賀晚宴上，提名他競選物理獎的愛因斯坦致詞盛讚他。破天荒第一次，包立表示了謙卑之意。

新人輩出

如今，高等研究院已今非昔比，不復再有包立、狄拉克、愛因斯坦、歐本海默或波耳等重量級人物。老前輩逐漸凋零，諾貝爾獎得主也走了。在外人的眼中，高研院盛極一時的粒子物理計畫已成為明日黃花。「在粒子物理的領域，」哈佛大學的諾貝爾獎得主格拉肖（Sheldon Glashow）就說：「高研院的確是沒落了，他們上一次發出粒子物理學家的終身職聘書是在二十年前，聘請的是艾得拉（Stephen Adler）和達生（Roger Dashen）。一個研究機構二十年來沒有再增加新人手，顯然是快要奄奄一息了。」

　　那格拉肖本人想不想去高研院呢？「噢！我連想都沒想過。」
他說：「就我的了解，擁有哈佛大學和麻省理工學院的劍橋地區才
是物理界的首善之區。」

　　格拉肖還不是唯一對高研院不屑一顧的人，拒絕高研院聘約
的大有人在：「很難想像高研院碰過的釘子竟然這麼多，」戴森說
道。大物理學家似乎對高研院視而不見，沒把高研院放在眼裡，這
可能和院裡缺乏其他旗鼓相當的人才有關。「這樣說比較快——那
裡根本沒有足以吸引我與其共事一年的人。」康乃爾大學的費雪一
語道破。

　　但是，儘管高研院粒子物理計畫不再冠蓋雲集，她對年輕一代
的培訓仍然不遺餘力。「高研院最大的貢獻是，」格拉肖說：「引進
了大批青年才俊到普林斯頓地區，這群新秀和普大的人才相結合，
成為一股穩固而持續的力量，不斷為物理界注入新血。」

超級楊—密爾斯理論

　　和他們天文物理的弟兄一樣，高研院的基本粒子物理學家與其
普大的同行，每週亦有一次午餐會。聚會的消息，常見於公布欄上。

　　就在今天，下午十二點半，十來位粒子物理學家圍坐在會議桌
旁共進午餐。講者莫里斯（Tim Morris）自然在場，此外還包括穆
勒（Mark Mueller）、梅諾桂（Corinne Manogue）——本學期新來的
唯一一位女性粒子物理學家，以及其他幾位。他們談的不是物理，
而是政治，是關於幾天前美國派軍機轟炸利比亞的事。

　　「炸彈比雞肉便宜，」有人冒出這麼一句話，不知道說的人言下
之意是什麼，反正大家還是都笑了，沒有人站在雷根總統那一邊。

陸續有人三三兩兩帶著午餐走進會議室，到十二點五十分，其餘的人馬差不多都到齊了。高研院三位粒子物理教授到了兩位：戴森和艾得拉，至於達生則出差去了。

普大那邊也來了幾位研究生和教授。現場的討論逐漸言歸正傳，開始聽到有人談到 SU (3) 的數據壓縮法。一如往常，話題總是離不開電腦，離不開 Cyber 205、Cray XMP 等電腦時間的爭取以及分配問題。

畢奇樓在最後關頭，下午一點整走進討論室——就是那位在悠哉的馮諾伊曼時代，負責高研院首部電子計算機計畫的首席工程師。他穿著一雙紅色籃球鞋、藍色附帽子的皮大衣，看起來有點不倫不類。畢奇樓選了前排靠中央的位子坐下，將一本大大的律師用黃色記錄簿攤開在桌面上，一副要把講者的每一字、每一句都記下來的架勢。祝他好運。

梅諾桂從座位上站起來，走到會議室的前方，身體靠在一張餐桌邊緣。她口中吐了幾個字，可是室內的音量已高到頂點。人們的談笑聲和杯盤叉匙撞擊聲，淹沒了她的聲音，因此沒有人注意到她，不過她還是克盡職責的介紹莫里斯。只是她的介紹簡單明瞭，只講他的大名和演講題目。「我們今天的講者是，」梅諾桂宣布：「莫里斯，他講的題目是瞬子（instanton）與超級楊—密爾斯 β 函數。」

不知怎的，大家彷彿都聽清楚了。或許是看到有人站在台前，自然受到制約還是怎樣，反正大家紛紛閉嘴，開始挪動身子，改變坐姿以便清楚的看到黑板。

謎底很快就揭曉了，在天文物理學的午餐會報上，講者極少會用到黑板，理由很簡單，因為他們一般都是在講「天上的東西」而

不是在討論問題。粒子物理，則恰呈強烈對比，除了方程式之外實在是沒什麼好講的。好像事情本身——粒子，就不折不扣，等於一個方程式，所以這些研討會講來講去就是一件事，而且只有一件：方程式。莫里斯，就是講者啦！似乎有備而來的樣子。他手中拿著一疊好像好像二十來張紙，每張上面好像都滿布著密密麻麻的……方程式。

莫里斯是短小精悍型的英國人，濃眉黑髮，身著黃色毛衣和褐色卡其褲。莫理斯先寫下一道短短的方程式，只有十來個符號左右，這就像是下水之前的暖身運動，又像走進打擊區前先做揮棒練習。他把方程式寫在黑板上，從頭到尾講一遍，解釋每個符號的意思，每個環結的定義：「……當然，這就是費米子的零模（zero mode）……」等等。全場聽眾鴉雀無聲，屏息凝聽，有幾位振筆疾書寫筆記，但大多數人都只是寬坐心領神會就是。

莫里斯寫下更多的方程式，邊解釋邊往前推進：「這裡通除以 g，將其正規化，便可看出無限大的修正就從此開始……」沒有看到任何人揚一下眉毛，似乎講的都是基本的物理知識。

他又寫了許多新的方程式，同時開始談論起「超對稱理論」（supersymmetric theory）、瞬子、超場（superfield）……突然有人打斷他來提問，問的人是一位普大的老師，坐在很後面，他帶著輕蔑的語調，以隱含「這太過分了」的口吻說：「你沒有考慮到勒讓德轉換（Legendre transform），怎麼可能得出什麼有趣的解呢？」

但是莫里斯早已胸有成竹，並保持著絕對良好的風度。「除非我遺漏了什麼，」莫里斯說：「否則，我倒不覺得有什麼困難。」他不慍不火的娓娓述說如何在不用勒讓德轉換的情形下，仍然可以獲得有趣的解答。發問的人看起來並不太滿意，但是勉強可以接受。

研討會持續了整整一個鐘頭。方程式一條一條出現在黑板上，又一條一條擦掉，然後又有新的式子登場。大體上，莫里斯只是按著筆記照本宣科，不過每隔一會兒，暫停一下，後退一步，再把前面所講的東西做個總結。偶爾畫幅插圖，或看起來像插圖的實物圖像，有一幅看起來像荷包蛋，又像無意中潑開的一灘水。

下午兩點過後，莫里斯寫完三十五道方程式的最後一條，然後戛然而止，轉身面對眾人，眉毛揚起一、兩寸高，表示全部都講完了，於是大家給予熱烈的掌聲。沒有任何聽眾中途離席，甚至走開去拿個甜點吃的人都沒有。他們的眼睛一刻也沒有離開過那些方程式。現在方程式寫完了，而顯然也沒有問題了，眾人一哄而散。

定論難覓

第二天，我在 D 大樓階梯處遇到戴森。他問我：「昨天那個小研討會聽得如何？」

我告訴他：「我聽得是丈二金剛，一頭霧水。」

「那你懂的和我差不多，」戴森說。

「對啊！我後來還跑去和莫里斯討論了一會兒。」

「噢！」戴森說：「那你比我高明一點。」

莫里斯年紀很輕，只有二十六歲，劍橋大學畢業，研究所則是在南安普敦大學，那兒待了三年就直接來到高等研究院。他是拿哈克尼斯獎學金（Harkness fellowship）到美國的，1947 年戴森來美國拿的也是這個獎學金。「獎學金是某位百萬富翁捐的，他希望讓人來見識美國的偉大壯麗，」莫里斯說道。

「那你覺得如何？」

「很好，我喜歡！」

莫里斯的博士論文做的是超級楊－密爾斯理論，現在他已經是這個主題的世界級專家了。在寫論文的過程中，他對某蘇聯物理學家研究的瞬子發生興趣。莫里斯解釋說，瞬子表示的是一種發生於兩力場間的穿隧程序（tunneling process）。他說道：「瞬子名稱的由來，是因為穿隧效應發生的過程只在一瞬間。」

起初莫里斯和他的論文指導教授羅思（Douglas Ross）以為可以找到些證據，證明蘇聯人的理論是正確的，但出乎意料之外，他們獲得了完全相反的結果。「我在研討會上所講的要點是：我們想盡辦法證明他們是正確的，最後卻是證明出他們是錯的。」

理論的對與錯

我問他這種事情常發生嗎？朝著一個方向努力，最後發現結果正好相反？

「搞理論的，」莫里斯說道：「耗費大量的心血，就是為要證明別人的說法錯誤，某個理論不正確，或者進一步闡釋既有的理論，不管該理論和自然有沒有任何相干。好比我今天講的理論，一點都不像在述說大自然的奧祕，因為它實在太簡單了。而大部分理論物理學家探究的，其實他們自己早就心裡有數，根本和大自然風馬牛不相及。例如說，許多人花費大量心血在二維空間的理論，但是我們並非活在二維空間裡面，而是四維空間。說了半天，重點到底在哪裡呢？」

好問題，「重點在哪裡？」

「其實講難聽一點，」莫里斯說：「人們只探討二維空間的理

論，是因為二維空間處理起來比四維空間簡單得多。而且，如果有一群人在世界的一端開始研究二維空間的理論，那麼世界彼端的人會等著看說：『啊哈！他們疏忽了某一點，他們應該把某某條件也加進來，』或者『他們那邊做錯了』之類的。一旦有人起個頭，就可以沒完沒了的發表上百篇論文，說一些與大自然奧祕毫無關連的東西。」

「人們豈不應該多著重在正確理論的研究，而不是處心積慮只想證明別人的錯誤嗎？」

「問題是我們並未擁有所謂正確的理論，」莫里斯說：「只要你不知道大自然的真理何在，那麼最好做各種可能的嘗試，因為或許其中有一個就會變成正確的。也許二維場論就是個絕佳的例子，我這麼說或許是在中傷那些研究二維理論的人，因為就我的理解，他們從事此項研究的唯一理由就是它比較容易。但是從這個基點出發卻引申出弦論（string theory），而弦正是來自二維空間的表面。於是，一時之間柳暗花明，二維場論也就找到了戰場，並且還滿合情合理的。」

粒子物理發展的軌跡就是如此，莫里斯說道，因為這個領域太過複雜。

「你很難寫下某領域的理論又有把握它百分之百正確。理論的作用就是在簡化實際。在牛頓的時代，處理的是一個、二個，頂多三個粒子，實際上參與交互作用的卻有數以億計的粒子，誰能計算出這類問題的精確結果呢？」

「如果事情真的如此繁複，又怎麼能確信你的理論最終是否正確呢？」

「因為總是會有一大群人在一旁虎視眈眈的等著看你出錯，然

後毫不留情的把你射下來啊！」

找尋明燈

　　如果你是高研院的粒子物理學家，那麼等著把你射下來的人永遠不虞匱乏。然而，其實有不少人發現這種現象令人又愛又恨。「如果我想換工作，高研院的資歷會很有分量，」一位年輕研究員跟我說：「而鄰近普大也好處多多，因為那意味著你是和一些真正了不起的人為伍。但另一方面，那又很討厭，因為壓力太大，生活就變得很不自在。不過我想普大可能比這兒更可怕，高研院本身滿散的。」

　　「我不懂你說的壓力從何而來？」

　　「壓力的來源是暗中較勁，你必須至少和普林斯頓地區的人平分秋色，否則他們會把你撕得粉碎。」

　　「可是，難道你不想多聽聽別人客觀的批評嗎？」

　　「沒錯，可是客觀批評和在研討會上被攻擊得體無完膚可大不相同。事實如此，他們屈尊前來，總是會找機會讓你見識一下他們的厲害。莫里斯今天在會場上算是吉星高照，沒有人砲轟他，不過我覺得他好日子不會太長。普林斯頓地區的好人一般較少把物理學家攻擊得體無完膚。」

　　我問他高研院是不是被她的鄰居比下去而相形失色了呢？

　　「此時此刻，是的！」他說：「我覺得高研院真是今非昔比，這很不應該。不應該是普林斯頓大學大出鋒頭而我們只變成跑龍套，像現在這樣。很可惜這兒的永久成員……算了，每個人總有才思枯竭的時候，所以也不能過分苛責他們，不過這兒的永久成員似乎真

的有點江郎才盡了。而且我也不知道高研院本身在幹什麼，他們的政策似乎有點走火入魔了。我猜他們是一心想等待上駟之選，結果標準過高反而一位也沒請到，這兒缺乏英明的領導，太可惜了。」

高研院的最後一盞明燈在歐本海默過世後就跟著熄滅了，歐本海默不但具強烈的生命力，而且有極大的魅力，人們總是會受到魅力的吸引，即使在浮誇虛矯的學術界也不例外。高研院富有魅力的人已經都走了，以前本來比比皆是。歐本海默剛下台那一陣子，葛爾曼將繼任院長的傳聞甚囂塵上。葛爾曼算是有魅力的：諾貝爾獎得主、聰明絕頂，聲譽如日中天。歐本海默自己屬意的繼任人選楊振寧，則婉拒了他的好意，而當 1965 年歐本海默宣布他將於次年退休時，高研院決定要重新評估繼任院長的人選。高研院存在已有三十五年歷史了，過去十八年都是由物理學家在主持，或許不該再由物理學家接手了。

因此，高研院的理事會從同仁中選召了一批人，組成高研院未來委員會。經過六個月的密集作業。委員會覺得訂定新方向的時機已然成熟……教職員生平最害怕見到的事終於發生了。他們痛恨改變不是沒有原因的。當諸事完美順遂時，柏拉圖天空——學者的天堂樂園理當如此，那麼任何改革都只會招致不良後果。可是理事會卻一致接受委員會的建議，同意高研院應該勇於投入當代社會問題的研究，而毅然聘請凱森（見第 82 頁）擔任院長，因為他們很確定凱森足以擔當重任，迎接挑戰。

叛變風波

1920 年出生於費城的凱森，獲得哈佛的博士學位後就獻身公

職。他為甘迺迪主政時的國家安全顧問班迪（McGeorge Bundy）工作，和美國駐外大使哈里門（Averell Harriman）遠征印度，再轉赴莫斯科，推動限制核武試爆條約的實行。但是就高研院的評審眼光而言，這些還算不錯的資歷，卻沒有一樣能改變凱森不適任院長的事實。僅舉一端，他是學經濟的，而經濟學算不上是一種「科學」，除非慈悲為懷，勉強將科學這個字的涵義極力膨脹。不管怎麼說，這門學問過分根植於俗世的現實，很難贏得高研院全心的支持（歐本海默擔任院長的前幾年，就把傅列克斯納扶植成立的政治經濟學院，與人文研究學院合併成歷史研究學院）。此外，就是凱森寫的幾本書：《美利堅合眾國與聯合製鞋機器公司：反托辣斯法案的經濟分析實例》、《美國商業信條》、《反托辣斯政策》、《美國的電力需求》。院裡的評審團看到這些書名都傻眼了。誠如韋爾說的：「我想他的論文寫的是一家製鞋工廠。」

　　儘管如此，凱森還是於 1966 年登上第四任院長的寶座。一開始，他與教職員的相處還算融洽。由於物理人才逐漸流失，所以凱森延聘了四位新進人員，分別是粒子物理學家艾得拉與達生，搞電漿物理的羅森布魯斯，以及天文物理學家貝寇。凱森又進一步施行他社會科學學院的計畫。當他聘請哈佛畢業，出過五本專書的人類學家吉爾茲（Clifford Geertz）時，教職員也沒表示任何非難之意。

　　但是，兩年後發生了一件事，使得屋頂差不多垮在凱森的頭上。他提名倍拉（Robert N. Bellah）擔任終身職教授。倍拉是社會學家，就高研院評審員（特別是數學家的標準而言），社會學就像黑板上的一片指甲那樣微不足道。數學家生活的世界是在永恆的真理與脆弱的完美當中……這和搞社會學的人可是大異其趣。「許多人得開始閱讀倍拉先生寫的那些沒有價值的東西，」數學學院的韋

爾坦承道：「我以前也看過一些條件不合的人所寫的東西，可是從來沒有像這次一樣覺得是在浪費我的時間。」不僅數學家對倍拉不以為然，像陳尼斯本身是古典哲學家，法眼一看就說：「事實明白擺在眼前，倍拉根本就不具備高研院要求的那種知識份子學術氣息。」

倍拉曾寫過一本厚重的書研究日本德川幕府時的社會現象，寫過十來篇論文，還有一些較為私人的，非學術的文章，收錄成一本冊子，名為《超越信仰》（*Beyond Belief*）。這本書的書名精確的表明了高研院評審對其內容的觀感。對他們而言，倍拉論事過於感情用事的方式，簡直令他們不寒而慄，因此，為討論提名人選而召開的教授會議上，高研院以十三票對八票，三票棄權的比數，否決倍拉的任命案。但是，凱森居然一意孤行，揚言非聘倍拉不可，這時教授都已到了忍無可忍的地步了；結果他們不但否決了倍拉的任命，甚至也想一併罷免掉凱森。

這件事導致了教職員第三次的叛變。

在高研院歷次教授革命的事件當中，這次算是最大的一次。並且算是一樁大醜聞，因此在《紐約時報》上成為轟動一時的熱門新聞。

「我們不相信凱森的判斷力、公平性，也不相信他說的話。」蒙哥馬利的評語如下：「他根本就是個政客，既無興趣又無能欣賞高等研究，一心只想抓權，又沒有清高的道德或淵博的知識來明智使用權力。」

另外卻同時也有人懷疑蒙哥馬利是不是鬼迷心竅，以前反對歐本海默，現在反對凱森。「我總是覺得蒙哥馬利這個人挺不錯的，」一位研究員說：「可是，他在高研院卻活像個神話中的食人魔，不

知怎的，就是專愛挑院長咬。」

數學家包瑞的評論，引用如下：「凱森當院長的有效期限已經到了，他愈早面對現實愈好，已經有十七人對院長的領導失去信心，在這種情況下，高研院還能正常運作，那才叫天下奇聞呢！我們對凱森博士的信心已喪失殆盡，多說無益，因為他可以將我們的協調擱在一旁，不予理會。」

為什麼都是數學教授在挑起爭端呢？有一位同仁說：「你知道人家怎麼說數學家嗎？人家說由於人手眾多之故，通常一天的工作量，他們可以傾全力在上午的幾小時之內做完，下午的半天就可以用來和別人過不去。」

不過，凱森決定放手一搏，撐多久算多久。「我打算繼續待下來，至少待到和我通常能做的一樣久為止，」1973 年他曾如此說。最後，他也順利辦到了，因為教職員之中仍然不乏他的支持者，除了他聘來的吉爾茲之外，像戴森就自始至終肯定凱森是高研院有史以來最好的院長。「他站在任何人面前也不會被比下去，」戴森說：「他會到處問人家難以作答的問題，像是『這個地方真的達到原本設立的宗旨嗎？』之類的，他的話真的是暮鼓晨鐘。」

兩年後，凱森揮揮衣袖，辭去院長一職，離高研院遠去。他在致教職員信中說：「十年的學術行政與企業管理已經夠長了，我希望往後一、二十年能過得稱心愉快一點。」

這其間還有個插曲，凱森的死對頭數學家韋爾，恰好要在凱森下台那一天退休，「當我退休之日愈來愈接近時，」韋爾說：「我很想請求理事允許讓我的工作能延長一天，二十四小時就夠了，這樣我就可以享受一天沒有凱森的美好時光。」最後，韋爾並沒有如願以償。同時，倍拉結束了一年客座研究員的生涯後，也回到加州大

學去了，而因他一人引起的風風雨雨也就此平息。

凱森的建樹

撇開凱森在倍拉事件上的誤判不談，其實每一位後來的高研人都應該感謝凱森，因為是他將這個地方帶入二十世紀，我指的是硬體建設上，而不是軟體建設方面。傅列克斯納主張建築物和外在環境是其次，人才應該居首位。「頭腦第一，不是磚頭和水泥。」是傅氏名言，而他的言出必行正反映在老莊園那一棟僅具實用功能的建築物上。道地的柏拉圖主義者傅氏似乎從未想過，單單是精緻合宜的外在環境，就能大大提升研究院「工人」的精神生活。而凱森，倒不是那麼寒酸而食古不化的柏拉圖信徒。

「知識世界的終極目標是唯美的，」凱森曾寫道：「諸如原創、深度、品味等名詞，現在已成了描繪知識工作的用語。因此，高研院追求美麗與實用並重也是合宜的。理想的活動空間，也應該稍加美化外觀。」

因此，凱森在擔任院長期間，募集了八百萬美元的資金，籌建一座新的餐廳以及辦公大樓給高研院的同仁使用。舊的食堂太過擁擠，為了能空出座位讓後來的人坐，大家只好吃飽了馬上走。這樣的條件間接限制了用餐時自由交換知識心得的功能。相形之下，新建築物給人平靜、寬敞、和諧的感覺。因此當凱森寫出下面的詞句時，他倒不是往自己臉上貼金，在給理事會的報告書上，他說：「所有的人都因著新大樓帶來的秩序與外觀美感而受惠。不是每個人都清楚意識到其滿足感的來源，但幾乎所有的人都感受到那種滿足的喜悅。」

　　這些正面的貢獻，凱森的對頭都視而未見，他們只是一味撻伐他那些得獎建築花費之高，每平方公尺的單價居全國之冠。但是欲加之罪，何患無詞？

　　凱森離開十年後，在他手中奠基的建築物已成為校園內的珍寶，社會科學學院雖小卻很有朝氣，倒是高研院的粒子物理每況愈下，年輕的研究員雖殫精竭慮想挽回失去的榮耀，卻是力有未逮。在狄拉克、包立或歐本海默之下，顯然還懸缺無數空間有待填補，等待急起直追。

第**9**章

狂狷不馴

　　好科學家通常都不太謙卑。你或許個性內向、害羞，也許木訥、馴良、不善交際，像哥德爾那樣。但是在學問上，對自己的本行卻不能太退縮、太怯懦。你得剛強而自負、甚至帶點狂妄才行。因為你得先相信，把自己的想法發揮出來應用到經驗上，就能發現真理──至少是一小部分真理，是關於大自然本身及其運行法則的真理。

　　高研院的科學家透過他們的心靈、他們的方程式、他們的數據，檢視過宇宙大大小小的結構。大至星系團，小至無法想像的 10^{-291} 公分。院裡的研究員甚至寫過電腦程式來模擬整個宇宙，這不是傲慢、狂妄是什麼？

　　的確也是如此，當你駐足沉思片刻，你也許要懷疑這一切行為的可能性，造物的奧祕真的可得知嗎？科學家畢竟也只是普通的人類，他們怎能看到大得無法理解、小得沒有道理的東西，然後將之

歸納成為所謂的知識呢？想想一小撮特選的人類，能夠藉由抽象思考、設法脫離有限尺度，超越六尺長的軀殼，參贊至高的大小極端，甚至膽敢斷言一二，這似乎可算是神蹟一件了，甚至有些科學家也有同感。

高研院的資深天文物理學家貝寇，有一次在瓦沙學院（Vassar College）演講有關太陽微中子的問題。在問答時間，有人問到振盪宇宙論（Oscillating Universe Theory）目前發展的概況。根據該理論，宇宙有朝一日終必崩潰成一團火球，就像創世之初所賴以形成的火球一般，然後又再發生一次「大霹靂」，類似收縮、膨脹的過程周而復始的持續下去。問題是，天文學家仍然接受這種說法嗎？

何謂真理？

貝寇提到貼在他汽車保險槓上的標語——「大霹靂是個爆炸性的迷思」（The Big Bang Is an Exploding Myth），接著說了一段令聽眾大感震驚的話。身為天文物理學家，他卻毫不諱言的承認：「我個人覺得，渺小的人類說他們能決定整個宇宙的時序結構，它的演化、發展以致於最終的命運，從混沌初開的第一個 10^{-9} 秒開始，到最後的 10^{10} 年為止，實在是有點僭越，有點放肆。況且根據的只不過是三、四個尚未確知的事實，或是專家尚且爭議不休的基礎。我覺得，簡直是自我膨脹，夜郎自大。」

你瞧瞧，天文物理學家說人家僭越放肆？他自己是這方面的行家，視光年、百萬秒差為家常便飯的人，手下的學生經常只用小小的一個 + 號，甚至只用一個點，就代表一整個星系，現在他竟然批評以現有知識宣稱宇宙奧祕有點……惡形惡狀，您作何感想？

　　但貝寇進一步解釋說，想想古希臘的宇宙學，他們曾經相信宇宙是烏龜背上的巨球。或許一百年後的科學家，回顧二十世紀的宇宙學模型，也照樣要搖頭三嘆，覺得可笑又愚拙。「所以我對那些模型不會太認真。」貝寇說：「倒也不是說，我就不在該理論基礎上發表論文，而是說我對它的看法傾向於和看待牛頓神學的態度一樣，認為這純屬有趣的腦力激盪，不需要完全認真看待。」

　　貝寇一語道破了當代科學懸宕已久的謎，有關科學真理的問題。到底這些科學思想、推理、計算，最終會將我們帶向何方？我們拚命的觀察、量化、做電腦模型等等努力，又有什麼回報？科學真的像我們從小就被灌輸的，是赤裸裸的展現出自然的事實嗎？科學能告訴我們「真理」嗎？或者沒那麼崇高而虛榮，只是在「暫定的假設」、「適當的詮釋」、「探索的指南」那類的階段？這些問題的影響重大。高等研究院每年的預算高達千萬美元以上，單就美國而言，公、私機構贊助的科學研究經費也高達十億美元以上。這些資本額買回來的是什麼？我們是否至少得知部分「真理」做為報酬，或者我們花大把鈔票所學到的，衡諸最終真理，只比牛頓神學或龜背宇宙論稍有進步而已？

　　「許多科學家從未真正擔心過這些問題，」貝寇說：「因為這些問題既不會影響他們的研究，更不會影響他們的稟性。」

　　若是你拿這些問題去請教高研院的科學家，打破砂鍋問到底，問他們的推理是否使他們向真理更接近一步，或者只是一個迷思。當然，有些人會堅持他們研究的最終目標是要探求真理，簡單明瞭。像物理學家渥富仁就說：「我要知道真理，不是唱高調，也不是執迷不悟。」

科學家看真理

　　然而，通常你會聽到兩段式的反應，順序是這樣：「你問我主張銀河系是扁球形（oblate）而非扁長形（prolate），事實真的如此嗎？嗯，我想是吧……當然，但是你得了解，這只是目前能接受的說法，至於『最終的真理』……我不太懂你真正的意思是什麼。」

　　因此，高研院的粒子物理學家艾得拉說：「我想我們是學到了部分知識，而非最後的答案。也就是說，你得到的理論只適用於某個範圍，這又得看你所說的知識之定義而定。到底你說的是絕對知識，亦即最終的答案，或者只是最終答案的近似圖像而已。至少我們有一些規則可茲遵循，讓我們算出在非常複雜的試驗過程中獲致的結果。」

　　超弦理論發明人之一的維敦（Edward Witten）說：「不論我們有沒有獲致真理，無論如何，我們還是學到了不少永垂不朽的東西。認為舊理論遭到徹底推翻的觀點，其實是種誤導。我們學新的東西，我們發展出更有力的定律，能夠統一諸般定理、原則，並且可以更精確的描述更多更多的現象。這並不代表舊東西就全盤錯誤，只能說是不夠周合、完整罷了。」

　　那麼維敦本人是否就認為超弦理論是對的，正是自然的最終定案呢？

　　「是的，當我說該理論是對的，我的意思是……它有可能真的變成終極理論，是了解大自然的完備理論。可是當我說它是『對的』，只是說它肯定是向前邁進了一步。」

　　貝寇對這些文字遊戲有較為清楚的說明，「你對我們談論的方式與思考的方式間，必須稍加分辨。科學家在言談間用了不少簡

語，其中隱喻了大量的假設。我們若說對『真理』感興趣，很可能，事實上只是『有用的描述』或『較佳的近似』的簡稱。」

科學哲學的觀點

雖然科學家本身並不深究其工作是否碰觸到事情真相的核心，院裡卻另有些人，耗費了大半生心力專門探究此事。他們就是人文學者，特別是哲學家，說得更精確點，是科學哲學家。近幾年來，科學哲學方面的熱門主題是：科學提供給我們的是否為真實的知識？如或不然，它提供的是什麼？很自然的，看法可大致分為兩派。一派是到科學史裡面找答案，像貝寇就是。他們看到的是一個理論毀在另一個理論手裡，地球在龜背上的理論，被地球為宇宙中心的理論推翻，然後又被太陽為宇宙中心的理論取代，以此類推。結論是，科學提供的並非真理，而只是一連串的不同詮釋。有些詮釋或許就某特定目的而言，優於別種說法。晚近的天文物理學家一提到登陸月球，皆可講得頭頭是道，可是沒有一種理論可以不帶點模稜兩可，以簡潔完整的方式說得斬釘截鐵。

另一派所持的論點雖然也是從歷史事實而來，他們卻獲致截然不同的結論。他們看到的是原始理論被較為複雜的理論取代，而且他們認為有些理論也的確摸著了自然的終極真相。世界不是滾動在龜殼上的球，地球也不是銀河系的中心，但是太陽卻的確是位於太陽系的中心。換句話說，終極真相是在那兒靜待發掘，而發掘的工作無疑是科學的偉大使命。

然而，時至今日，後者的觀點已愈來愈不得人心了，至少已愈來愈得不到當代科學哲學界知名意見領袖的共鳴了。較為時髦而風

行的哲學態度似乎是像下面所述的：

真理？絕對？終極實體？噢，不不不，現在已經不是中古黑暗時期，甚至也不是十九世紀，現在是摩登時代，而我們對萬物的了解也更透澈了。我們不再輕易相信所謂的「真理」；我們已受啟蒙，已獲解放。我們的意願已提升到可以面對以下事實：人類唯一可以掌握的，只是各種不同的觀點，每一種觀點在特定的程度或方式上都可算是正確。即使有所謂「客觀實體」這回事存在，也無法從中跳脫出來而給予直接的驗證；原因是我們都戴著有色的眼鏡，也就是我們先前的經驗、我們的文化、語言和先入為主的世界觀等等，這些東西會在不知不覺中滲透到我們觀察世界的過程中，以致與事實有所出入。回溯到美好的昔日，人們常認為我們可以不預設立場、成見，心如白紙般純潔的觀察大自然。這是個不折不扣的幻想，我們愈早承認自己的確戴著有色眼鏡愈好。

無論如何，上述說法就是解放科學思想的一代宗師孔恩（Thomas S. Kuhn）所提出的觀點。孔恩於 1972 年秋首度來到高等研究院，也就是他在科學史上的駭世之作《科學革命的結構》出版十週年之後。這本書甫問世便造成極大的轟動，一時洛陽紙貴。僅舉一例說明：書中對當時廣為接受的科學演化觀嗤之以鼻，演化觀認為科學以漸進的方式，帶領我們逐步逼近最終而公正無私的真理；然而孔恩認為科學的進展壓根兒不是那回事。事情的真相是：科學家透過自己所戴的有色眼鏡觀察這個世界，加以苦思後找出可能的解答。有色眼鏡指的是他們認同的意見、假設與預期所成的集合，大體說來，就是有關科學家的專業訓練和素養，以及他們所在

的世界。孔恩稱這些共同信仰為「典範」（paradigm），並宣稱典範就類似馬眼罩，迫使科學家採取某種特定的觀點。

　　譬如說，假使某科學社群接受大自然是活生生的這種想法，認為宇宙中有一種「原質力」在推動，則那些科學家將傾向以目的論（teleology）來詮釋自然現象。他們會賦予事件的發生一些意義，並視其為某偉大計畫的一部分。然而另有一群人，抱持的是機械論的哲學（根據機械論，事件的發生宛如「打彈珠」，完全是因果關係），那些科學家對世界的看法勢將與前者迥然不同。至於說誰的看法比較正確？就不是我們會問的問題了，孔恩說：「至於科學家是不會這麼問的。」

　　科學家對科學的看法或許眾說紛紜、頗具爭議，但是對於人文學家則不啻是一大福音。像孔恩將科學人性化，把人擺回科學裡，他認為科學並非冷冰冰、硬邦邦的把某些客觀抽象想法疊床架屋般堆積起來而已，它本身就是人生的舞台，真人思考真實的一齣戲。而這些思想通常都會受到先入為主的觀念左右，像語言、文化等因素。不過，這樣也好。這樣正可以顯示出科學家也是人，和你我沒兩樣，他們不是一群金光閃閃的神明出巡來找尋真理。

　　所謂科學的高傲、僭越，其實就是這麼一回事。

　　不久之後，似乎人人都讀過《科學革命的結構》一書似的，孔恩也成為到 1969 年為止，全美最常被提及的名字。到處都看得到「典範」和「典範轉移」（paradigm shift）的字眼，好像風靡一時的運動、時髦的知識階層娛樂。而且有一段期間，能否巧妙的玩弄「典範轉移」和「宇宙革命」等觀念，成為衡量一個人科學思維啟蒙度以及知識格調的指標。

　　另一方面，孔恩雖然希望看到科學朝正確的方向進展（除去有

色眼鏡），卻發現自己的研究很難進行。他一方面在普大教授科學史與哲學，另一方面又想開始著手撰寫量子理論史，卻苦於沒有時間，而這也是學術人最常見的難題。到處有人請他演講、寫文章，又得應付來自各方的批評——為數還不少。分身乏術之下，孔恩能夠用來研究、寫作的時間就少之又少了。換句話說，他是那種亟需到高等研究院閉關一陣子的人。

1972 年春，孔恩和普大達成協議，爾後他每年只教一學期，其餘的時間就待在高研院。

孔恩選定西大樓的一間辦公室，這棟新辦公大樓正是凱森任內建的。於是孔恩就此置身於高研院的歷史學家和社會科學家當中，有些人因而感到不太自在，覺得有一位搞物理的入侵他們的地盤。其實他們不需如此反應過度。因為孔恩雖主修物理（他擁有哈佛的物理博士學位），但是他早就決定放棄鑽研理論物理，縱身投入科學史的懷抱了。

智者眼下的有色世界

「我和科學史的淵源開始於 1947 年，」孔恩說：「當時我接獲要求，暫停手邊的物理研究計畫，以便研究十七世紀時的力學起源。」

在追本溯源的過程中，孔恩讀到亞里斯多德的物理，他立即感受到尖銳的典範衝擊。亞里斯多德當然是古代很了不起的思想家，所以你很自然的會期望在他的著作學說中，找到許多偉大科學的發源。但是，事與願違，這個人對世界的觀察根本就錯誤百出，簡直一無是處，這真是出人意表。

　　亞里斯多德不是以其才智出眾而名垂千古的嗎？為什麼及今觀之卻錯得如此離譜呢？孔恩自問：他怎麼會說出那麼多荒謬絕倫的道理呢？

　　亞里斯多德發表的諸多荒謬言論中，有一則是說：地球上的所有物體都是由四個主要元素組成的——泥土、空氣、火和水，各成分自行尋找它們在整個自然架構中的定位。比方說，泥土找到的是最低點，水次之，空氣再高一點，火最高。如此一來，所有東西的運動方式就可以解釋為每種物體的自然趨勢，旨在找到一處自己安身立命的所在。亞里斯多德還相信球丟出去後，之所以會一直向前飛，是因為空氣在後面推。此外，還有一大堆學說，在現代物理學家眼中看來不是稀奇古怪，就是錯誤百出。

　　對孔恩而言，這齣荒謬喜劇卻令他非常困擾，像亞里斯多德這樣的天才、敏銳的觀察家、原創的思想家、理則學的發明人，實在很難相信他對這一切事物的想法會錯得如此離譜。但是話又說回來，無可否認的，亞里斯多德的主張確實有不少極為可笑。孔恩說：「我愈讀就愈迷惑。亞里斯多德當然也有犯錯的時候，只是他犯的錯，在那時看來會像今天一樣那麼明顯而突兀嗎？」

　　此時此刻，孔恩正在經歷真理的光照和啟發。

　　「在一個難忘的酷熱夏日，所有的疑團豁然開朗。我頓時恍然大悟，並且找到一些端倪，用另外一種角度來理解困擾我多時的問題。」

　　這條新途徑就是採用亞里斯多德自己的方式來看事情。先戴上他的有色眼鏡，然後再緩緩睜開雙眼，嘩！一片亞里斯多德的宇宙就在你面前展開，帶著可畏的榮耀。這時，一切現象便清清楚楚、自不待言。

對孔恩而言,透過亞里斯多德的有色眼鏡看到的是完全不同的景觀。「我並未因此而變成亞里斯多德式的物理學家,」他說道:「但是,就某種程度而言,我的想法必須學著和他們一樣,」我們不再認同亞里斯多德賴以工作的典範,因為位置、形狀和目的才是他重視的主要實體。一旦你接受了「自然位置」(natural place)的觀念,有什麼會比物質本體「尋找」各自在自然界中的定位這種觀念更合邏輯?亞里斯多德一度看起來極為稀奇古怪的機械論,現在按其獨特的方式,卻顯得頗為穩固,他的錯誤也就不再那麼荒謬了。「我仍然可看到他物理中窒礙難行的部分,」孔恩說道:「但已經不再那麼突兀,而且只有極少部分可以視為純粹的錯誤。」

典範形塑科學觀

從這兒著手,孔恩接著主張:所有科學家都是在典範的規範下工作,亦即他們與同時代科學同儕所共享的承諾與信條。典範界定了何者可以接受、何者不能接受為理論,也按此方式決定科學的形式與內容。這些典範是專斷者,因為它們可說完全控制了科學家觀察世界時,到底看到了什麼。它就像「完形心理學」的圖像測驗,當你欣賞形象與背景圖案(figure-and-ground picture),首先你覺得這是無法辨識的圖案,然後它看起來像花瓶,又有點像兩張互相凝視的臉。或者有一張圖好像畫的是向上的階梯,但是如果你換個角度看,它又變成向下的階梯,諸如此類。

典範當然是應用在更大的尺度,就像世界本身是一幅抽象畫,模稜兩可,沒有定形,任人解釋,端視你從什麼角度,用什麼方式來觀察。孔恩認為:影響你眼中所見的,不在於供你觀察的到底是

什麼，反倒在於你審視時所承載的知識工具與額外負擔。

「以氣泡室*的照片為例，」他說：「學生看到的是一些亂七八糟的虛線，對物理學家而言，卻是一條條熟悉的次原子事件紀錄。經過幾次視覺轉換演練之後，學生才能一窺科學的堂奧，看到科學家所看的，繼而能有和科學家同步的反應。」

有了這樣的科學觀，孔恩就很容易解釋科學革命之所以發生，乃是因為一個典範被另一個典範取代之故。機械論取代了目的論，量子力學的隨機過程又取代了機械論。大自然本身並沒有改變，改變的只是我們觀察自然的方法。由於人們總難免有門戶之見，執著於自己堅信的典範，科學革命也因此往往伴隨著一定程度的「智識流血」，政治革命何嘗不是如此？這兩種革命的共通問題不是理性的，而是感性的；解決之道也不在於三段論法和理性分析，而在於「非理性」因子，如結盟和多數決。「就如同政治革命，」孔恩說道：「對於典範之取捨，最高指導原則是就是得到相關社團或群體的同意。」

接著我們了解到，科學家選擇典範的原則，並不全然取決於道理二字，而根本是另有考慮。「典範取捨的問題，不是單靠邏輯和實驗就可以明快解決的，」孔恩說：「在這些事情上，證明也好、失誤也罷，都不是重點；因為由效忠一種典範，轉而效忠另一種典範，是無法以外力脅迫的皈依過程。」

對某些人而言，孔恩對於科學進展最具革命性的層面，更別說是最令人困擾的部分，是他似乎把知識、真理和外在實體之類

---

* 編注：氣泡室（bubble chamber）是用來偵測基本粒子活動的儀器，由美國物理學家葛拉瑟（Donald Glaser）發明，並因此獲得1960年諾貝爾物理獎。

的東西，完全摒除在門外。的確，在《科學革命的結構》一書中，真理這個問題一直到書末才略微提出來討論一下，好像是結語中驚鴻一瞥的點綴。「現在該是注意到真理的時候了，」孔恩寫道：「一直到了末幾頁，『真理』這個詞才進入主題，而且還只是引用培根（Francis Bacon）的一句話作結而已……無可避免的，這塊留白一定令許多讀者困擾不已。」

客觀真理存在嗎？

孔恩非但不想多做解釋，還更加深他們的疑慮。他說，在科學上，真理是可有可無的概念：「幻想有個完整、客觀、真實的自然描述存在，然後以科學發展將我們帶向這個終極目標的接近程度，來衡量科學成就的高低，這樣真的就有實質的幫助嗎？」孔恩可不這麼認為。典範本身並無所謂對錯，差別只在有沒有獲得某特定的科學社群接受而已。你當然可以解釋某個典範為什麼會被另一個典範取代，你可以找出各類複雜的證據，說明某典範與其支持者之間的微妙關係，但是唯一不能做的就是比較典範與實體（reality）。因為那意味著你必須看到實體的「真正面貌」，而這真正面貌無法透過任何典範來建立。然而，我們說了半天，最重要的重點就在於：你不可能看到實體的真正面貌，因為科學家和我們一般小老百姓一樣，注定只能戴上有色眼鏡才看得到它。

總結前述觀點，科學不會也不可能以任何客觀、無我的標準來掌握「真理」，由此可以引申出，如果進展是指更接近事物本質而言的話，科學上並無所謂的進展，「我們或許必須揚棄一種觀念，無論是表面的或隱涵的，」孔恩說，「認為改變典範，就可以

將科學家及其門徒帶往離真理愈來愈近的地方，這種想法頗值得商權。」

《科學革命的結構》一書出版後不久，孔恩參加了科學哲學學會在克里夫蘭舉行的會議，在那兒結識了科學哲學及歷史學家沙皮爾（Dudley Shapere）。和孔恩一樣，他也是哈佛大學的博士，不過沙皮爾專攻的是哲學而非物理。我們可能會認為他必定緊緊追隨孔恩的腳步，讓科學不再威脅到人文學家。但是，事實上，沙皮爾認為孔恩是個相對主義者，因為孔恩否定了科學的理性與客觀，反倒暗示科學只是主觀論的集合詞，是個大妄想，是一系列經過巧妙裝飾以便擺在檯面上的時尚。

這些隱喻，沙皮爾完全不敢苟同，他堅信有某種外在事實確然存在，並且科學是可以掌握的。而窮究客觀真理，即使不是科學存在的唯一理由，至少也占了舉足輕重的角色。不久之後，沙皮爾發表了評論，他形容孔恩的書：「持續不斷的攻擊『科學變革乃累積知識的線性過程』這個觀念。」

1970 年代末期，沙皮爾也應邀來到高研院，在此他完成了對科學的看法，認為科學家雖然在社群局限下工作，有其一定的共享假設與背景信仰，但還是可以發掘出真正的自然真理。他說：「若有障礙擋住了人類思想的可能性，我希望能把它移走。」

沙皮爾否認透過有色眼鏡看世界，就不能對大自然有真實的了解。如果我們知道自己戴著有色眼鏡，我們就能加以修正，而看到自然的真面貌。沙皮爾將孔恩所謂的典範定義為「背景信念」（background belief）。有篇書評檢視了孔恩《科學革命的結構》一書，發現裡面最關鍵的詞——「典範」，竟然有二十二種不同用法。而孔恩對此的反應是認為，書評作者應該再說得清楚一些。沙

皮爾主張：我們可以察覺到這些背景信念，不過如果你是科學家，將會義無反顧的修正足以妨礙真理的觀念。

宗教、政治、形而上的信念，都可能干擾科學家的思考。例如牛頓的宇宙觀就建立在基督教的原則上。這就是說，人們並沒有與生俱來的本能，知道如何遵循科學方法，你得學習——你得「學習如何學習」，誠如沙皮爾所說的。然而，我們得學習如何學習大自然，而其結果正造就了現代的科學。

同一件事的另外一面，出現在我們經驗中的「既定」事實，縱然我們可能帶著有色眼鏡，可是仍然有極豐富的內容，未受干擾的進入我們眼眸。物體的顏色或許被染成玫瑰色，可是形狀、大小、紋理以及其他許多性質仍然按著它本身的樣子通過，我們或許看不到自然的真正顏色，可是我們仍然可以看到許多原原本本的東西，絲毫未經扭曲。有色眼鏡或許為我們觀察真實世界時塗上色彩，但至少它沒有憑空捏造假象放在我們眼前。

走出專業象牙塔

外界有些人對高等研究院存著錯誤的看法，以為院裡每個人都常和別的同事交換意見。但是在院裡已待了十六個年頭的人類學家吉爾茲說：「高研院並不是知識份子俱樂部，我並不會和哥德爾談論不完備定理，他也不會和我說爪哇宗教。總之，這裡壓根兒不是外界所想的那麼一回事。」

大體說來，這兒的人都是單獨行動的。戴森說：「那是此地的生活特色，我們的派系分得很清楚，涇渭分明，也許不太好，但這是實在的情形，分工就是如此。如果我想和歷史學家或數學家坐下

來好好談談，以便增廣見聞，就某方面來說，我就是殆忽了職守。我的工作首要之務是先認識我的同行，所以我也照辦了。」

沙皮爾卻認為這太過分。「真正違反高研院創立精神的，」他說道：「莫過於各部門之間的缺乏聯繫，各學院之間老死不相往來。閉門造車是最大的弱點。甚至來此客座的人也鮮少從其他領域汲取到養分，這變成了束縛個人的鎖鍊。而且院裡有這麼多科學家，按照常理，應該有重視科學的扎實哲學基礎，但是看看他們研究的是什麼呢？考古學、美國歷史之類的，這些的確也是很重要，而且對他們自己有助益的學科，然而卻算不上能讓不同領域攜手合作、相得益彰。高研院理當要出現讓不同學門合作的知識體系，但卻完全付之闕如。」

於是沙皮爾劍及履及，開始走出自己的象牙塔，先去見識見識科學的進展。他與高研院內可能受孔恩影響最深巨的科學家貝寇攜手合作。儘管貝寇對這類合作於抽象理論上的可能性，抱持孔恩式的懷疑，不過他心中洶湧的熱切期待，卻促使他踏出未知的第一步，因為他渴望知道有關太陽微中子的真相。

根據理論，微中子是太陽裡面熱核融合反應的產物。太陽將較輕的元素融合成較重的元素，特別是將氫變成氦。氦的原子量約為氫的四倍，因此要合成一個氦原子大約需要四個氫原子核。然而，當氫原子核融合在一起時，會有很小一部分質量在過程中流失，有些會轉換成能量，根據 $E = mc^2$ 的方程式，這些質量以可見光的形式將能量釋放出來。其餘的則變成微中子，按照所謂的質子—質子反應程序（proton-proton sequence reaction），四個質子（氫原子核）融合成一個氦核、二個正子和兩個微中子。反應式如右頁所示：

$$4H \to He + 2e^+ + 2\nu$$

其中 H 表示氫原子核，He 是氦核，e^+ 為正子，ν 則為微中子。

按理說，這類反應已了解得很透澈，就和氫彈爆炸熱核反應的基本原理一樣。因此貝寇相信可以很精確的算出太陽微中子落到地球表面的速率。也可同時解開有關太陽燃燒，發出光和熱的奧祕。

追尋微中子

於是，貝寇便著手計算，並發明了一個他專用的新單位——太陽微中子單位（solar neutrino unit），記作 SNU 以方便計算。接下來的工作就只剩下如何設計實驗，來測量太陽微中子撞向地球的實際速率了。

這個部分才是考驗功力的時候。因為微中子是沒有質量的，這意味者它以光速前進；而且又是電中性，也就是說它們和普通物質幾乎不起任何反應。事實上，據說微中子能穿透厚達一百光年的鉛板，被吸收的機率是一半。假如微中子具有這種本領，地球上還有什麼偵測器能夠做得那麼厚，然後把微中子攔截下來呢？

微中子像下雨一般撞擊地球，數量龐大，夜以繼日，一秒鐘就有數十億計的微中子穿過你的視網膜，只是我們察覺不到。既然數量如此龐大，所以至少有一小部分微中子和地球上的物質起交互作用的可能性就非常高了，但需要特殊設備才能偵測到。這項挑戰，以實驗物理而言，不可謂不艱巨，不過貝寇的夥伴，任職於長島布魯克赫文國家實驗室的化學家戴維士（Ray Davis），卻認為可以設計出一套微中子偵測機。他們計劃在超過一公里深的地表下，放一

大槽的乾洗液（四氯乙烯）。

標準的四氯乙烯（C_2Cl_4）含有大量的氯 37（一種氯的同位素）。當它和微中子起反應以後，會轉換為氬 37。每一個氯 37 的原子核皆由十七個質子、二十個中子組成。如果其中有一個中子吸收了一個微中子，那個中子就會變成一個質子。這個反應一旦發生，原來的氯 37，會變成別種元素。因為其原子核現在多了一個質子（十八個質子），少了一個中子（十九個中子），換句話說，它會變成放射性氣體氬的同位素：氬 37 的原子。結論就是說，如果你發現任何氬 37 的氣泡，冒出原本裝著純四氯乙烯的大槽子液面時，你就知道，不是微中子射進來，就是迷路的宇宙射線誤打誤撞衝進水槽裡了。

為了完全將迷路的宇宙射線阻隔在外，整個儀器才必須深埋在地底下。在國家科學基金會和能源研發署的財力支援下，戴維士買齊了十萬加侖的乾洗液，然後灌入一個位於南達科塔州開洛格村地下約 1.3 公里的何姆斯岱礦場（Homestake Mine）裡面。

「假如你去到那裡，」貝寇說：「那兒有一個小旅館，是全世界唯一供應微中子馬丁尼酒的地方。世界上的微中子天文學家為數不多，頂多只有三、四個，可是那個酒吧卻獨攬了全球泰半的業務。當地離災難珍和希卡克*遭暗殺的地方不遠，不過我想他們被殺的原因和本實驗無關。」

言歸正傳，他們最後還是按照計畫進行實驗，唯一的困擾是，

＊譯注：災難珍（Calamity Jane）和希卡克（Wild Bill Hickok）二人皆為美國西部拓荒時代的傳奇人物。希卡克曾當過堪薩斯州兩個惡名昭彰的城鎮之警長而聲名大噪，後來被槍殺於死木鎮（Deadwood）某沙龍之中。兩人的故事因好事者的渲染而更顯得曲折離奇。

戴維士的儀器上根本沒有發現到微中子的蹤跡。

「結果愈來愈明朗之後，頭一年我陪戴維士去看那個金礦，」貝寇說道：「我們兩個人都覺得非常氣餒。我們都把生涯投入當賭注，雖然許多人不以為然，我們還是爭取到不少經費和科學家的贊助，誰知道什麼都沒測到，而我則覺得自己的理論已證明是錯的，唉……真是個令人洩氣的夏天。」

「我還記得當天我們爬到實驗室樓上，套上長桶靴以及一大堆裝備，準備下到礦坑裡瞧瞧究竟。我們在房裡和礦工邊聊邊整束行裝，下去一看，我們都覺得有點鬱悶又有點生氣。戴維士這一整年幾乎都在礦坑裡來來回回的跑，和礦工也都變得相當熟絡。他們問他事情進展如何，他則回答說不怎麼順利，尚未測到任何微中子，實驗似乎不是我說的那麼一回事，反正情勢對我們二人都不太有利。有一位在場的好心礦工，態度和藹的勸戴維士說：『別擔心，事情會有轉機的。今天夏天雲層特別厚，或許有影響，再耐心等等看。』」

氣餒的實驗結果

可是情況一直沒有改善，戴維士設計的微中子偵測器其實非常靈敏，實驗人員可以一個一個的點數氬 37 原子出現的個數。想想要從十萬加侖的液體中分析出個別的氬原子，簡直令人嘆為觀止。他們的程序是把氦氣灌入槽內，用巨形的槳與液體攪拌均勻，一有氬 37 出現，就立刻會被氦氣帶出，然後再用抽風機將氦氣抽離水槽、冷卻，通過木炭濾清器，使氦與氬分離。因為氬 37 有放射性，它的衰變可以由類似蓋革計數器的儀器測出。依此方式，實驗

者可以準確掌握有多少個氬 37 出現在液體槽中。

　　為了檢驗整個過程的準確度，戴維士及同事把已知數量的氬 37 原子加進水槽裡——正好五百個。二十二小時之後，他回收了 95%。

　　根據貝寇的計算，戴維士在一個月的量測週期時間內，應該可以析出十至二十個氬 37 原子，但是結果令貝寇大失所望。戴維士發現的數目，遠少於他的預測，而且測到的數目和雜散的宇宙射線隨機進入槽中的結果相差無幾。換句話說，要將此數目歸因於稍縱即逝的太陽微中子，十分牽強。「事實上，」貝寇說：「經過十多年的實驗，我們仍然沒有足夠的證據，可以歸結說我們測到了任何一個太陽微中子。」

　　對貝寇和戴維士而言，這個結果簡直不可思議，而且缺乏良好的解釋，倒不是說完全找不出原因。如果真正算起來，原因實在太多了。不過，他們大致可歸納為三大類：第一，和太陽製造微中子的方式有關；第二，微中子在旅行途中又衰變掉；第三，偵測過程有問題。但是上述理由總是因為某些因素，而難以令人接受。另外有些猜測，例如說太陽已停止發光等，又太誇張了〔這個想法其實還是有些理論根據，不是瞎掰：因為太陽的光、熱能是以陣波（spurt）方式迸出，我們現所處的時代是迸發速率較慢的時代，所以微中子下落率也就隨之改變，不若想像中的高〕。還有一種解釋推測太陽的能量不是來自質子－質子反應，而是由太陽內部未發現的黑洞發射出來的。不過，這種黑洞的說法並沒有獨立的證據存在。

莫衷一是

在高研院，貝寇與客座教授卡畢波（Nicola Cabibbo）和亞希耳（Amos Yahil），則提出了他們自己的說法，聲稱「微中子從未到達地球」。他們推測微中子在長途飛行中早已衰變，分解為其他粒子了。這種解釋唯一的問題，是沒有人知道微中子會衰變成什麼。於是，遵循粒子物理的優良傳統，貝寇及同僚發明了一種新的粒子來自圓其說，稱為低質量純量玻色子（low-mass scalar boson）。不幸的是，他們想不出什麼實驗來證明它的存在。

就這樣八仙過海，各顯神通。有些是天文物理學家反對；有些則是物理學家不敢苟同。

「幾乎我遇到的每一位物理學家，」貝寇道：「都認為問題出在天文部分。而幾乎每一位天文學家，都眾口一詞說問題出在物理部分。」

整個情勢的發展令貝寇苦惱不已，結果他最後只好將其類比為孔恩的典範轉移：「現在我們在天文學上的遭遇，很類似孔恩對書中科學革命的描述。原因是對恆星如何演化、衰老，它們如何獲得能量，尤其是太陽為何會發光這些事，我們已有了先入為主、廣為接受及使用的理論存在。眼前的事實是理論不能支持實驗結果，於是人們的反應，多多少少正表現出孔恩書上所說的行為模式。」

另一方面，沙皮爾認為太陽微中子實驗的失敗，僅僅意味著真理還深藏在那兒，未被解開，只是需要更多時間讓科學家去發掘。或許，這個問題可以用貝寇、戴維士等人現在重新設計，改以鍺、鎵為材料，造價高達兩千五百萬美元的偵測設備來解答。等到這個實驗設備完工運作時，我們也許就會了解在南達科塔黑山下超過一

公里深的礦坑內，為什麼一個太陽微中子都偵測不到了。

各據一方

　　人文學家可能會對科學在知識論（epistemology）和形而上的定位彼此爭論不休，但是科學家，即使像貝寇本人對獲致的結論存有哲學性的懷疑，仍然大膽進行自己的研究，不把那些疑慮當做一回事。而假如你自己非常不幸的就是個哲學家，你一定不喜歡聽到埋首研究的科學家對你以及你的本行品頭論足。

　　「我不想和哲學家辯論，」葛爾曼曾說：「我甚至就是根本不想落入與哲學家辯論的圈套，這是我在加州大學洛杉磯分校教書時，一位醫師學生開給我的藥方。」

　　「許多科學家天生就對哲學辯論反感，」貝寇解釋說：「我記得是萊布尼茲吧！他形容哲學的訓練是——踢起滿天灰塵，然後抱怨伸手不見五指，很多科學家對哲學都有此觀感。」

　　有何不可？哲學家總是喋喋不休的告訴科學家什麼不能做，什麼不能說，什麼無法知道等等。1844 年，哲學家孔德（Auguste Comte）說：「如果有一件事是人類永遠無法知道的，那就是遠方的恆星及行星的組成。」但是孔德死後不過三年，物理學家便發現物體的組成可以由其光譜得知，不論它距我們多遠。然而哲學家若得聽命於科學家，他們將發現二者不可相提並論。因為二者相較，科學家極少把時間花在責難哲學家上。

　　當然，也不是完全沒有，像費曼就曾說：「哲學家發表過一大堆高論，說科學絕對如何，科學必然如何。但是稍加思考就知道，這些幾乎都是天真無知，甚至根本大錯特錯的。打個比方，例如有

某位哲學家認為科學的基本就是：在瑞典斯德哥爾摩進行的實驗，若移到厄瓜多的基多（Quito）去做，必定會得到相同的結果。這種比方真是錯得離譜。科學未必如此，只是可能有這類經驗而已，並非絕對的。例如說，如果實驗是要實地觀測在斯德哥爾摩上空的寒帶極光，在南美的基多鐵定是看不到的。」

　　你追問：「但是，那是在戶外的實驗，如果你把自己關在斯德哥爾摩的一個箱子裡，再把窗簾拉下來，還會有什麼不同呢？」「當然囉，如果我們把一個單擺固定在一個萬用支架上，拉向一邊，再放開它，那麼單擺劃過的幾乎會是一個平面，只是差一點點。慢慢的，在斯德哥爾摩的單擺，擺盪面會逐漸改變，但在基多則否*，而百葉窗同樣是放下來的。這個事實並沒有毀滅了科學的一貫性。」

　　有人問過戴森一個問題，問他對費耶若班（Paul Feyerabend）和孔恩等人宣稱科學不能真正掌握真理一事有何看法。結果戴森沒有正面回答，卻說了一件發生在愛因斯坦百歲冥誕紀念會上的軼事。時間是 1979 年，地點在高等研究院。那時高研院組成了一個委員會統籌邀請講者事宜，對象分三大類：科學、科學史以及哲學，他們手上有參考名單，列明可能受邀的對象。

　　「有趣的是，當我們瀏覽這份名單時，」戴森說道：「我們取出科學家的名單，上面的人我們都認識，甚至私交甚篤，沒有問題。我們拿出科學史的名單，那些人的名字都聽過，雖然人沒有見過。最後我們拿出科學哲學家的名單，上面的人名，我們居然連聽都沒

---

* 編注：單擺的擺面會受地球自轉而改變（愈接近南、北極愈明顯），是傅科擺實驗的原理。

聽過。我覺得有趣。我的意思是，我們文化的某個角落竟然有這麼多人在研究科學哲學，而我們竟然毫無接觸。所以你說到費耶若班，對不起，他的東西我一個字都沒念過，對他一無所知。至於孔恩，碰巧我認識，但是同樣沒讀過幾篇他的文章。我們所說的科學和這些科學哲學家所做的——不管是什麼，實在是沒什麼交集。」

　　「反正，只有非常非常少數的科學家，其想法和科學哲學家想的一致無二。」戴森繼續說道：「大部分時間我們處理的都是實務，當然尤以天文物理為然。我這麼說或許是出於無知，因為我個人並不讀他們寫的東西，但是我聽過不少有哲學傾向的人的談論。首先，包括孔恩在內，他們都認為量子物理基本上就是全部的科學。不知道為什麼，他們都認為量子物理是科學的表徵，實際上，量子物理可能是極端特殊的，大部分的科學都不是那樣，天文物理肯定是與它大相逕庭的。」

謙卑？什麼是謙卑？

　　沙皮爾曾經討論「若有障礙擋住人類思想的可能性」，這些障礙是校園內的人文學界友人樹立的。但是高等研究院內的科學家，卻孜孜矻矻的不斷尋求事物的真理，幾乎對這些障礙視若無睹。

　　「很諷刺，」沙皮爾說：「過去二十年來，科學哲學的中心教條認為，對任何既存事實，總是有許多，甚至可說是無限多個理論可以解釋得頭頭是道，而且每個理論都有自圓其說的本領。現在，物理學家卻以為能找到一個可能足以說明一切，統馭萬有的超弦理論，而且相信的人愈來愈多。難怪科學家覺得哲學的說法根本無關痛癢。」

因此，高研院的科學家繼續讓他們的偉大思想馳聘在自然的兩個極端之間，無限龐大和無限細微，遙遠的過去和茫然的未來。即使是最具哲學家懷疑心志的貝寇，也一往直前的，日復一日努力工作，好像他有絕對的把握，從研究中一定可找出自然的真理：不光是動聽的故事或暫定的假說，或是另一個「詮釋」，而是「真理」。

為了回答微中子是否由太陽飛抵地球這個簡單的問題，貝寇願意積極又熱切的投入「僅僅」花費二千五百萬美元的實驗。

好科學家的確不太謙卑。

終極_____

第 10 章

生命遊戲 —— 渥富仁

渥富仁以二十三歲的「高齡」初進高研院時,被安置在天文物理館一樓角落的辦公室;但是,渥富仁並不真屬於那兒,因為他不是天文物理學家,他也不屬於粒子物理的一員,因為他不是搞粒子物理的。渥富仁獨樹一幟、自成格局,只是迄今尚未正名。

後來,高研院撥給他一大間的辦公室,讓他容納工作人員及其相關的電腦設備,可是他做的那類物理主題仍然無名無姓,雖然有好一陣子他們自稱動力系統組。沒有名稱的原因是他們做的領域尚未正式存在:因為從來沒有人做過,所以也不知該如何稱呼。

格狀自動機

大部分的科學家都把自己圍限於某個狹窄的主題,如球狀星團啦、太陽微中子啦,或者是果蠅的研究,但是渥富仁卻是胸懷

大志。他想要解釋的不是某特定現象的複雜性，而是複雜性本身。它可能出現在銀河系的結構上，也可能出現在紊亂的流體，或者DNA分子的核苷酸序列上。渥富仁不但要剖析複雜性，而且更有甚者，他採取的方式不是主流派的物理工具，像微分方程式之類，而是本身就已相當先進的科學工具，亦即抽象的圖案產生機制——格狀自動機。

　　格狀自動機不是什麼實物，只是一種抽象的想法、智慧的結晶，但卻是渥富仁及其手下愛將眼中最大的法寶。因為這些想像出來的機制在電腦上模擬時，竟然可以複製出自然界實際發生的物理系統運作。好厲害！這就好像有人寫了一部純屬虛構的小說，結果卻發現小說中的情節竟與實際發生的故事如出一轍。

　　比方有一次，渥富仁製造了一個海扇貝殼的圖案，他用的只是簡單的格狀自動機制——短短幾行貌不驚人的電腦程式，然後鑽石形的圖案就立刻出現在螢幕上。這使他想起以前在海洋生物目錄上見過的一種軟體動物的殼，於是立刻回去翻閱那本目錄，結果赫然發現程式的圖案和書上的一模一樣。他把目錄上的圖片移到電腦螢幕旁一比對，毫無疑問的，他的格狀自動機制模擬，亦即打進電腦的那幾行小小的自我循環公式，已製造出貝殼上面圖案的著色版。真是難以置信，可是證據又明明白白的呈現在他眼前（請參閱次頁圖10.1）。

　　後來，他又發現格狀自動機不但可以產生貝殼上的圖案，而且還可以模擬雪花的結構、晶體的成長、河流的蜿蜒，以及十來種其他東西，簡直不可思議。只不過敲進幾行電腦程式，出來的卻是真實的世界，跟變魔術一樣。渥富仁心想：格狀自動機制也許可以解開大自然架構的奧祕。

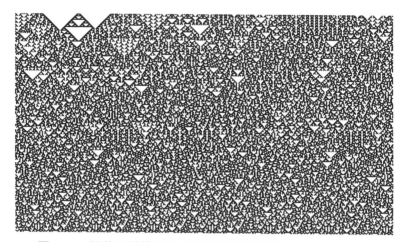

圖 10.1　格狀自動機產生出類似織錦芋螺貝殼紋路的圖案。

他很好奇，大自然本身會不會就是個巨大的格狀自動機？推而廣之，整個宇宙會不會就是超大型的……自然電腦？

「生命」的遊戲

渥富仁於 1959 年生於倫敦，母親是牛津大學的哲學教授，父親一方面做進口生意，一方面寫小說，渥富仁卻對那些東西都不感興趣。不過，很快的他就知道自己另有其他方面的才能，並且對自己的定位，也別有一番超乎尋常的見解。他到伊頓中學念書，打板球……至少他的人是在板球場上。「我專挑球場上最輕鬆的位置打，這樣比賽時我還可以抽空讀本書。」渥富仁用他的標準英國腔說道：「我是不得已的，如果可以自由選擇，我才不打板球。」十七歲時，進牛津大學——至少他的人會出現在校園裡。「很幸運

的，我可以不用修什麼課程之類的東西，因為我想知道的，書上都寫得一清二楚。就我看來，上課大概是最浪費時間的事，直接找書來看比在課堂上學得快多了。」

這倒也不是空口說大話。因為渥富仁十五歲的時候，也就是進牛津的前兩年，就發表過第一篇科學論文，內容是有關於粒子物理的問題。不過，他從來沒有喜歡過那篇文章。「一點都不有趣，」渥富仁說：「那篇文章其實很爛，我甚至沒留下影本。」

不過，第二篇論文他倒是保留了下來，那是「很久以後」才發表的，據他的說法是：「十六歲那年寫的。」渥富仁保留了一份影本，以備別人問到的時候可以拿出來秀一下，題目是〈粒子衰變中的中性弱交互作用〉，發表於 1976 年的《核物理》（*Nuclear Physics*）。

1978 年，渥富仁應加州理工學院的教授葛爾曼之邀來到美國。一年後就獲得理論物理的博士學位，就在他二十歲生日過後幾天，「我差一點就可以成為未滿二十歲的青少年博士。」口氣還頗為遺憾。不久後，渥富仁又榮獲麥克阿瑟基金會的「天才獎」，成為該獎金歷年來最年輕的得主。這種獎金不是申請得來的，你安坐家中，有一天莫名其妙來了通電話，告訴你已經贏得一筆免稅的獎金，可以連續領五年，獎金的用途悉聽尊便。渥富仁前後總共領到十二萬五千美元，全數充作他的研究經費。

當時渥富仁的興趣橫跨粒子物理和宇宙學兩大領域，尤其鍾情於早期宇宙的演化，並決定研究銀河系的起源。為了進行一些計算，他認為如果有一種電腦語言，可以處理抽象的代數表示式，而不只是處理數學，一定非常有幫助。在他那個時代，還沒有任何電腦語言可以勝任這項任務，於是他決定自己設計一套。在加州理

工學院的同事——寇爾（Chris Cole）、蕭廷（Tim Shaw）等人的協助下，渥富仁創造了一套能夠做代數運算的語言。「比方說，它不但能告訴你 2 + 3 等於 5，這個程式還能告訴你（x + 1）^{2} 展開，等於 $x^2 + 2x + 1$。換句話說，它不但可以處理數字，還能處理符號。」渥富仁將這種語言命名為「符號操作程式」（Symbolic Manipulation Program，簡稱 SMP）。

試用的結果發現，這種可以處理符號的電腦語言，除了理論物理之外，尚有許多廣泛用途，舉凡工程及各類應用科學都可勝任愉快。後來渥富仁認為此語言在商業上的用途無可限量，於是將 SMP 的銷售權逕行賣給洛杉磯的軟體公司。但是，此舉卻令加州理工學院相當不快。聲稱學校對該語言擁有所有權，因為它是用學校的設備及人力發展出來的。最後校方與渥富仁對簿公堂，但是渥富仁中途鳴金收兵，辭掉教職，加入高等研究院，因為高研院素來就是以不過問旗下人員的一舉一動著稱，這深深打動了渥富仁的心。

就在和加州理工學院打官司的過程中，渥富仁首度對格狀自動機理論發生興趣。他發現，為了要從大霹靂的火球當中尋找出星系結構的線索，就必須配備某種圖樣產生機制才行。結果，踏破鐵鞋無覓處，得來全不費工夫，格狀自動機正是圖樣產生的個中翹楚。

「如果仔細想想早期宇宙的熱力學。」渥富仁說：「你將遭遇到奇怪的問題。宇宙起始的時候應該是個均勻分布的熱氣團，但是到後來，我們看見的卻是分布呈不規則，形似補丁的各類星系。問題是，兩者之間有何牽連？標準的統計力學認為這是不可能的，所以我很好奇有沒有哪一種系統，起初的時候完全隨機分布、完全均勻，最後則變成片狀分布，好像綴滿補丁一般，而實則蘊藏複雜的結構在其中。」

亂中如何生序

　　追本溯源，這個問題將可回溯到哲學的誕生，亦即至少到柏拉圖時代。所要問的就是如何由無秩序當中找出秩序，由簡入繁；如何由大霹靂初期的混沌未開，變成細微到像鸚鵡螺的紋理，或者人類的眼睛及內耳那樣微妙精密的器官，甚至像攜帶生命遺傳特質的 DNA 那樣複雜得無法理解的基礎結構？同樣的問題也正是科學家與創世論者爭論的焦點：不可能無中生有，從亂得不能再亂的混沌狀態中，如何能得出奇妙而複雜的秩序美呢？創世論者主張：為了合理解釋世界上實際呈現的萬物，只能說全能的上帝創造了這一切。

　　身為科學家的渥富仁卻執著於在不訴諸神蹟的前提下，努力找出有序世界的道理。如果上帝並未賦予自然一種秩序，又如果那個秩序並非昔在、今在、永在，那麼宇宙就應該有某種自我組織的能力，它必定從某時起創造了自己的秩序，但是又是怎麼做到的呢？背後的機制又是如何呢？

　　渥富仁與前述研究同時進行的是另一項完全不相干的問題，亦即如何使機器具有思考能力。「另一方面，我又對人工智慧發生興趣。」渥富仁說：「如果想要某件機組真正具有人工智慧來為人類工作，那麼光是一台擁有單一中央處理器的電腦還不夠，必須是一部能夠處理許多平行輸入資訊的電腦才行。總而言之，我是雙管齊下，一方面試著製作一套自我組織系統的簡易模型，另一方面則試著了解平行電腦的簡易模型。」

　　這兩個問題有共通點，那就是它們都需要一種由簡馭繁的方法：複雜的星系結構由原始的平整均勻演化而來，複雜的計算能力

由基本的元件分工完成。於是，渥富仁矢志釐清如何由簡單性產生複雜性的系統化方法。

他對數學上的遞迴性（recursiveness）具有粗淺的概念，那是用較精簡的版本來定義某樣東西的過程——也就是說，複雜的結構可以由簡單的初始條件，經過一組或多組法則的重複、遞迴運算來產生最終的面貌，就像一種稱為「生命」的遊戲內容一樣。

「生命」遊戲是劍橋大學的數學家康威（John Conway）於 1970 年發明的，這個遊戲是在一個大型格狀空間上玩的，是把二維的平面分隔成許多「小格間」（或可稱為「細胞」）*，就像方格紙或圍棋盤那樣。每一個細胞都有八個鄰居，四個在旁邊，四個位居角落（如下圖）。細胞可以是活（on）、或者是死（off），活細胞就填入一個特殊記號，死細胞就用空白來表示。

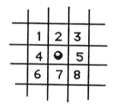

本遊戲的大原則是：細胞的生死由其鄰居來決定，獨居的細胞將因寂寞而死，周遭過於擁擠的細胞則會因數量過多而死亡；如果

---

* 編注：cell原意即為小房間。虎克用顯微鏡發現植物的細胞構造後，才用cell一詞稱這種像分隔成小房間的生物構造。本文用細胞一詞描述小格子在生命遊戲中的轉變，以便理解。

這兩個極端都不存在，則活細胞就安然活著，情況適當時還可以生出下一代，就如真實的生命一般。

總而言之，可以歸納成兩項原則：

一、活細胞如果有二個或三個鄰居（中庸之道）則可以活到下一世代，否則就會死於獨居或過擠。

二、死細胞可以「復活」——如果恰好有三個活細胞鄰居。

這就是全部的規則。

比方說，開始時只有兩個活細胞相依為命，如：

這是短命型，因為這兩個小可憐將因為太過寂寞而相繼一命嗚呼，等到下一世代，兩個細胞都死了，只留下空蕩蕩一片。

但是，如果一開始就用四個活細胞，排成方形矩陣，如：

則每一份子都會對生活感到非常愜意，並且繼續活到下一世代，原因是他們周遭都剛好各有三個活細胞，是屬於中庸之道型。

再者，如果一個死細胞福澤綿延，恰好有三個活細胞在身旁：

則會誕生一個新細胞來替補空缺，變成：

看了這些毫不起眼的規則，有人可能會覺得實在太無聊，這能玩出什麼了不得了的花樣？如果你也這麼想，那就錯了。有些起始圖案就好像基因一樣，它們不但結實纍纍，而且成倍的增加，超乎所有的想像。例如下面這個 T 形的圖案，我們姑且稱之為「T 四連方」，就是很好的例子：

到了下一世代（見下圖 10.2 步驟 1），又有三個新生兒誕生。

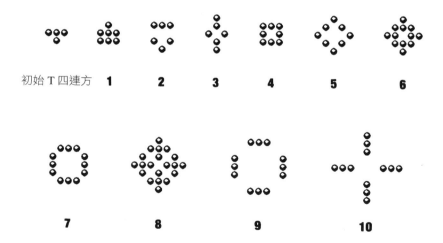

圖 10.2

　　而從圖 10.2 的步驟 2 則可見形狀破裂，好像細胞分裂的過程，然後出生、死亡……逐漸生出如左頁圖 10.2 中的有秩序圖案。

　　如果把 T 四連方依順時鐘方向轉九十度，再於右上角加一個活細胞，變成「R 五連方」：

　　R 五連方的多產，簡直不可思議，過了六十代（步），就已爆增為一個小宇宙了（請參閱圖 10.3）。

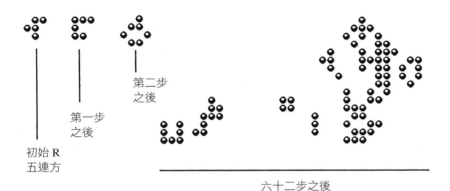

圖 10.3

　　「生命」演變的圖樣——「生命之形」是格狀自動機的基本例子。由於它們存在於棋盤方格內，所以說它們是格狀。它們是自動機，因為它們「自動自發的」進展，只是透過兩條相同的法則反覆運用而已。在生命遊戲中，只要給定活細胞的初始風貌，接下來，

整個生命之形的未來就永遠確定，好像鑄成石像一樣。這是最高段的決定方式：種瓜得瓜，種豆得豆。只要你的起始圖案一樣，結局的圖案也必然一樣。任你玩這個遊戲多少遍，走三步，或走三百萬步，該出現的圖案總是會按時忠實出現。

　　事實上，格狀自動機之所以扣人心弦，就在於從表面上看來，它們似乎完全自動，卻又無可逆料；但是它們的實際行為卻又明明是在嚴格的律例管制之下，怎麼變都不脫那幾個簡單的鐵律。

　　「生命遊戲」原本是在棋盤方格上玩的，後來搬到電腦上，再經過一些電腦迷重新修改程式，在自己的電腦上跑，並觀察其千變萬化的結果，他們看得都傻眼了，經過葛登能（Martin Gardner）在《科學美國人》雜誌的〈數學遊戲〉專欄裡深度報導後，電腦玩家頓時為生命遊戲痴狂。「1970 年那篇針對康威生命遊戲寫的專欄，獲得全世界電腦玩家空前熱烈的回應，」葛登能後來說：「他們瘋狂探索生命之形的變幻莫測，保守估計，當時因私下耗在電腦上所花的時間造成的損失金額，高達百萬美元之譜。」有一段時間，這些癡迷於生命遊戲的玩家，甚至出版了專門討論這個遊戲的刊物，稱為《生命線》（Lifeline）。

　　麻省理工學院人工智慧實驗室裡的一群電腦狂，例如高士柏（Bill Gosper）、傅雷德金（Edward Fredkin）等人，深深為之著迷，甚至懷疑他們眼前所看的，或許不只是電腦遊戲，而是攸關真實生命奧祕的電子電路版本。螢幕上的圖案變化顯得如此逼真，就像花開、花謝、產卵、孵化、合併，好像它們真是數位汪洋中的生命片段。遊戲的發明人康威對「生命」是很認真的，他認為生命之形極有可能存在於生命世界某個地方。「毫無疑問，真的，」他說道：「如果把『生命』的規模擴張得夠大，它一定能產生活生生的特質

與外觀。我是說真正有生命，會演化、會繁衍、攻城掠地、擴張版圖的東西。只要板子夠大，我深信這種事情很可能發生。」

傅雷德金說得更神奇，他認為畢竟我們也不能明確證明地球上的生物，不是某種形而上超級電腦狂，玩弄遊戲所觀看的生命之形而已。

初見格狀自動機

渥富仁還在加州的時候，尚未接觸到格狀自動機理論，不過他對生命遊戲倒有耳聞。他認識高士柏，而高士柏又常告訴他各種有關這遊戲的故事，所以他對生命遊戲並不陌生。雖然渥富仁頭腦冷靜，不易受煽動，更不會輕信康威和傅雷德金等人的信口雌黃，什麼活生生、真正的生命之形云云，可是他也覺得這個遊戲很好玩。畢竟這些怪異的生命形體，有點像他自己正要建立的電腦模型，他要用它來了解星系形成的問題。對他而言，生命遊戲最大的致命傷是只有一組原則。他需要的是研究複雜結構的方法，而這牽涉到許多不同的法則；他需要的是系統化、數學化的研究法，而不光是獨領風騷、席捲整個電腦天堂——麻省理工學院的熱門電玩而已。

「有意思的是，當我獨自構思了這些模型達一個月左右，」渥富仁說：「碰巧有一次和麻省理工學院計算機科學實驗室的人共進晚餐，我和大家談到這些東西的結構，說我覺得有興趣……有一個人說：『對對對！那些東西在電腦科學界已經有過初步的研究，稱為格狀自動機，』我就說我也略有耳聞，但是毫無概念，後來我就親自去查閱那些討論格狀自動機的論文與書籍。」

不過，那些論文和書籍的幫助並不大，「老實說，我有點失

望。只要查閱電腦上有關格狀自動機的紀錄，就會發現，在 1981
年前大約就有上百篇論文發表，於是我興沖沖影印了一大堆回來
看，卻發現都是些無聊的東西。講得難聽點，根本無聊透頂！這是
科學界可悲的事實，反正只要有人提出一個原創的主意，馬上就會
一窩蜂的出現五十幾篇討論這個主意的無聊應用，充其量只是加進
完全無關痛癢的細節。」

渥富仁生平最討厭無聊的東西。由於他總是在世界各地旅行，
參加一個又一個的科學研討會，於是有一天心血來潮想到了一個
聰明的點子——學飛行。他趁還在高研院時，南下莫舍郡（Mercer
County）的郡立機場，鑽進比奇飛機公司的單引擎小教練機——秋
刀魚號（Skipper），開始教育自己實用的空氣動力學，他的教練則
坐在右座乾瞪眼。刺激的經歷就這麼持續了一陣子……直到有一
天，渥富仁做一次單人飛行，後來天氣突然變壞，使他被困在偏僻
的機場，進退不得無聊死了。渥富仁的飛行夢就此壽終正寢。

後來，渥富仁循線找到格狀自動機的發明人馮諾伊曼，馮氏的
著作細說了格狀自動機如何在格狀空間中大量繁殖的巧妙安排。

「馮諾伊曼提出了原創的構想，真是頗有建樹。」渥富仁說：
「他的主意滿有意思的，至於細節，亦即建構的過程卻無聊透了。
整本書都是些奇形怪狀的設計圖，施行細節則淨是一些我生平所見
最古怪的數學證明。我不知道究竟可以從那些繁複的細節當中學到
什麼科學新知？我不否認他的證明技巧很高明，又很有意思，令
人印象深刻，他要證明的重點是自我複製的可能性，結果還算很成
功，只是方法太過詭異、複雜，使得其啟蒙作用大打折扣。」

蚊島研討會

浸淫在格狀自動機的世界不過短短幾個月的時間，渥富仁便前往加勒比海的私人小島，參加科學研討會。在那棕櫚婆娑搖曳，海風輕拂臉龐的小島上，渥富仁首次看到格狀自動機。這次可一點兒也不無聊，而是興味盎然，「那可是一見鍾情。」物理學家杜弗利（Tom Toffoli）形容渥富仁在展覽會上，面對格狀自動機螢幕時的表情時說。

這次的研討會是由傅雷德金策劃的。雖然他連大學都沒有畢業，卻在麻省理工學院教書。傅雷德金因一手建立專做電腦圖像及數位故障排除的公司——資訊國際公司（Information International Incorporated）而發了一筆大財。到了拋售公司時，所賺的錢已足夠買下一個加勒比海的小島了。傅雷德金買的那座蕞爾小島，長約 1.2 公里，寬約 0.8 公里，名字取得很妙，叫做「莫斯基多」（Moskito），與蚊子（mosquito）同音。這個島小雖小，卻有個叫卓客小泊（Drake's Anchorage）的渡假村，小木屋、會議室一應俱全，還有整個英屬維京群島最好的餐廳。這樣的美地，誠如麻省理工學院電腦科學家馬格路斯（Norman Margolus）說的：「如果要邀人來此開會，買下來倒是挺方便的。」

1982 年 1 月在蚊島上召開的那次會議，是脫胎自前一年在麻省理工學院舉辦的物理與計算機科學研討會，由麻省理工學院的資訊機械組召集，成員包括傅雷德金、馬格路斯、杜弗利和衛尼亞克（Gerard Vichniac），其中不但有電腦科學家，還有物理學家和數學家。他們都慢慢了解到電腦不只是吞吐數字的怪獸，甚至還能夠以莫測高深、不可捉摸的奇特方式來模擬世界的運轉過程。

　　來到蚊島開會的總共有十幾個人，分別來自麻省理工學院、
IBM、阿岡國家實驗室（Argonne National Laboratory），當然還有來
自加州理工學院的渥富仁。他坐在電腦前面，盯著格狀自動機小浪
轉大浪般劃過螢幕，心中漸漸明白它們的真本事與可行性。這些東
西能夠織造整套精緻的紋理，能夠創造出自己的宇宙。有些時候，
起始圖案亂七八糟、毫無章法，可是卻能產生一種樸拙、重複的秩
序（請參閱下圖 10.4）。

　　又有些情況，以中規中矩的圖案起頭，卻有系統的褪化為一片
漆黑，幾乎一切都被吞噬殆盡（請參閱右頁圖 10.5）。

　　最引人入勝的還在於未實際執行程式前，根本無從預知最後的
結果如何。欲知詳情，你必須先讓格狀自動機動起來。這一步說起
來很神祕，甚至有些毛骨悚然。先指定好初始狀況及其發展規則，
然後只要丟進電腦裡讓它跑，經過幾秒鐘之後，急急如律令，變！

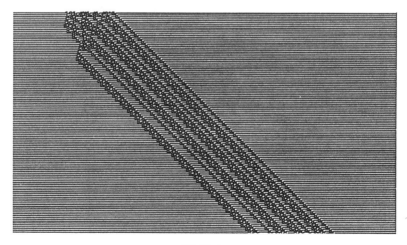

圖 10.4

個人專屬的宇宙就立刻顯現在眼前。

同時出席蚊島研討會的，還有來自 IBM 公司的班奈特（Charles Bennet），他的看法又為格狀自動機制的基礎原則點亮一盞燈。渥富仁和他深入討論了機器計算與格狀自動機的相關問題。所謂與君一夕話，勝讀十年書，經此一談，渥富仁的視野頓時變得更高更遠。他發現格狀自動機不但能複製某些大自然的物理結構，而且同時照亮了機器（甚至人類）處理資訊的方法。剎那間，格狀自動機成了開啟物質與心靈的萬能鑰匙。

從此，渥富仁改頭換面。杜弗利說：「在渥富仁的傳記上，格狀自動機在他科學成就的比重上，從 0 突然跳到 100%。他覺得格狀自動機是全能的，就從那天起，渥富仁成了格狀自動機的聖徒保羅。」

「那是 1982 年 1 月的事了，」渥富仁說：「大約在 1982 年的 2 月到 6 月間，我開始認真研究格狀自動機。也就是我剛要離開加州理工學院的那幾個月，我最主要的活動就是和律師面談，以便和加

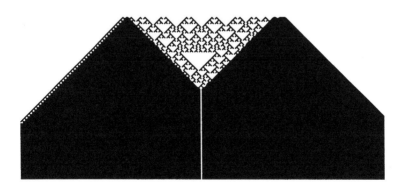

圖 10.5

州理工的官司可以大事化小、小事化無；另外一件就是研究格狀自
動機。現在回想起來，為了獲得個人最大的快樂，我應該多花些時
間在官司上，然後把研究的時間拉長些，同時做得輕鬆點。然而當
時我幾乎全部時間都投入在科學研究上。」

模組算數

　　幾個月後，就在 1982 年 12 月，渥富仁駕著他的紅色福斯汽車
抵達普林斯頓，把高研院 E 大樓 107 號房改裝成格狀自動機工廠。
他常常在中午過後踱進辦公室，寫寫自動機程式、敲進電腦，然後
懶洋洋的躺在椅子上，欣賞他的童話宇宙。渥富仁的辦公室內有三
台終端機，其中兩部其實是個人電腦，另外一部則接到地下室的
VAX。有時候，三部會同時開著，他就篩選一個又一個的圖案，搜
尋其自動機制，並試著理出頭緒，再根據圖形的長、寬及複雜性等
分類。渥富仁看了上百、上千、甚至上萬個格狀自動機圖案，常常
熬夜到半夜兩、三點，整個房間只有電腦螢幕放出的微弱藍光。

　　就像生命遊戲一樣，每個格狀自動機的結構與規則都很簡單，
只有兩大功能：格子的初始形狀，以及根據舊格子產生新格子的法
則。渥富仁使用「位格」（site）來代替「細胞」（cell）；用「時階」
（time step）來代替「步」（move），除此之外，和生命遊戲的原則
幾乎沒有兩樣。

　　「你先選定一列位格，」渥富仁說：「每一個位格可填入 0 或
1，那個東西就會按個別的時階去演化。每過一個時階，就會有一
列新的位格，而特定位格之值則視其前一個值以及上一列的各鄰居
之值而定。」

　　就這樣，先從某一列的各位格之初值開始，然後問問次一列各位格之值為何（請參閱下圖 10.6）。

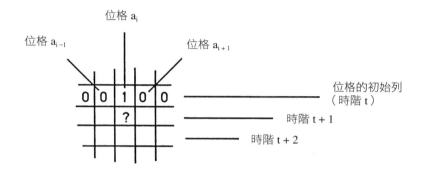

圖 10.6

　　每個位格的值，皆是由前一列各位格之值，按照某特定規則而定的。渥富仁把這些規則用數學公式來表示，不過說穿了，大部分都很簡單。例如，有一則很簡單的格狀自動機是由下面這道公式而來的：

$$a_i^{(t+1)} = [a_{i-1}^{(t)} + a_{i+1}^{(t)}] \bmod 2$$

其中：

a_i 表示初始位格；

a_{i-1} 表示 a_i 左邊一格的值；

a_{i+1} 表示 a_i 右邊一格的值；

t 是時間；

而 mod 2 表示兩位格之值的總和除以 2 後的餘數。

　　「簡單的說，」渥富仁解釋道：「每個位格之值，等於前一時階最近的兩個位格值之總和，求 2 模數。換句話說，某特定位格，在時間 t + 1 時的值，等於時間 t 與它最近的左、右兩鄰居，亦即 a_{i-1} 與 a_{i+1} 二者之和除以 2 的餘數。」

　　Mod 2 表示兩數之和以 2 為底的模組算術（modular arithmetic）。我們日常生活中早已用慣了模組算術，只是沒有察覺到，或沒有深入研究而已。拿鐘錶上的「時針」來說吧，它就是加法 mod 12：早上九點上班，工作八小時後所得的結果，（9 + 8）之和，時針指的並不是 17，而是 5。模組算術中，只容許比基底小或與基底一樣大的結果出現。因此，加法 mod 2 的結果，可由下面的對照表決定：

$$0 + 0 = 0$$
$$1 + 0 = 1$$
$$1 + 1 = 0$$

　　如果位格 a_{i-1} 與 a_{i+1} 的值不同，則新位格之值等於 1，如果兩位格之值相同，則新位格之值就等於 0。以此觀之，圖 10.6 中的新位格之值等於 0（請參閱下圖 10.7）。

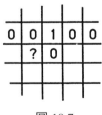

圖 10.7

　　若要繼續算出下一個新位格的值，只要應用相同的法則，取前一列左、右鄰居之值，計算其 mod 2 之值。因為（0 + 1）mod 2 = 1，所以新位格之值就是 1。如果把同一法則重複使用在許許多多新位格上，圖案就開始成形（請參閱下圖 10.8）。

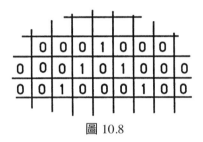

圖 10.8

　　自動機依此方式持續成長，經過更多個時階後，最後會出現獨特的複雜結構；而經過二十三個時階後，其外觀就如下圖 10.9。

圖 10.9　格狀自動機圖案，從單一位格依照 $a_i^{(t+1)} = [a_{i-1}^{(t)} + a_{i+1}^{(t)}] \bmod 2$ 衍生。

圖 10.10

　　經過一百個時階後，又推進為上圖 10.10 的形狀。「本圖所展示的是，」渥富仁說：「只要以一個非 0 的位格開始，那個東西就會自動長成這樣的圖案。雖然規則非常簡單，產生的圖案卻相當複雜。」

　　圖中的結構，學數學的人一眼就可看出是由二項式係數展開的巴斯卡三角形，學生物的則可能認為是一張染過色的蛇皮。渥富仁認為：「其實，在物理與生物學的系統上，這種例子屢見不鮮，例如晶體成長、胚胎的細胞分裂、腦細胞的組織……等等，成長的方式就是這樣，重要的是，格狀自動機的數學架構，和真實世界複雜物理系統的數學架構完全一樣。」

　　格狀自動機之類的東西，也許正是掌管遺傳重任的 DNA 所賴以工作的原理。

　　「DNA 是創造諸生物的簡明程式，」渥富仁說：「人類 DNA 分子上所帶有的位元數，約等於今天我們所能買到的大型電腦硬碟記

憶容量，想想竟然可以從大約一本書的資訊量，建造出像人這樣複雜的結構，實在是令人震驚。所以，很明顯的，大自然必定有一套非常聰明的程式在負責這些事情，而就某方面來說，格狀自動機的發展就有點這種意思。例如當你看到那些貝殼圖案時，不免要問：『這麼複雜的圖案，如何編碼到 DNA 裡頭呢？』但是，如果我猜得不錯，如果那些圖形是由格狀自動機的簡單法則產生的，那麼就很容易理解了，因為 DNA 要編寫這種簡單法則的程式碼，顯然是易如反掌。」

滑翔機槍

1984 年秋，渥富仁搬進福德大樓三樓的新辦公室。高研院特地騰出一間大房間給他，以及他所引進的生力軍，包括派卡德和蕭（Robert Shaw）這兩位來自加州大學聖塔克魯茲分校的理論物理學家，他們二人對於複雜的系統理論與動力系統工程這兩個物理界當紅的領域，都懷有極濃厚的興趣。

他們的「巢穴」是一座藝術氣息濃厚的城堡，最大的特徵是斜屋頂上那排長長的天窗，透進來的光線擴散開來，顯得非常柔和。這種亮光對電腦工作最適合，因為不會造成螢幕反光。這座城堡裡裝滿了電腦：有一部 IBM AT，一部 Nova，一部 Ridge 32，外加三、四部昇陽的工作站。渥富仁的格狀自動機研究，完全仰賴這些電腦，但是他不是很喜歡寫程式，因為寫程式很無聊。

「我花在程式上的時間實在不計其數，」他說：「但是，我並不特別喜歡它，這個週末我才編寫了上千行的程式……其中絕大部分，只是為了讓雷射印表機能夠把螢幕上的美麗圖案給印出來，想

想看！花了那麼多時間，只是為了能讓機器印出正確的圖形，呼！真受不了！」電腦可模擬格狀自動機的動作，然而最詭異的可能性，在於或許我們正反其道而行：格狀自動機本身就是電腦。

「有些自動機制相當奇怪而複雜，」渥富仁說：「而我心中不禁升起了奇異的念頭，或許可以用它來做成一部通用的電腦。給它合適的初始狀態與數據，搞不好可以寫一個程式，讓自動機模仿一般數位電腦的功能。換句話說，如果找到正確的初始值給自動機，它可能就能搖身一變，成為計算機器。」

渥富仁的靈感，得自康威和高士柏的「生命」遊戲。康威發明了生命遊戲，並觀察生命之形的演進之後，就常常在想，究竟有沒有一種有限配置的「生命細胞」能夠永無止境的成長，像吹氣球一樣，最後脹滿了整個生命宇宙。他不能確定有沒有，於是懸賞五十美元，給凡是能夠找到生生不息生命結構的人。葛登能把這則啟事刊登在 1970 年 10 月號《科學美國人》雜誌的〈數學遊戲〉專欄上。結果還不到一個月，獎金就由高士柏奪得了，他發明的程式叫做「滑翔機槍」（glider gun）。

滑翔機槍是一種「生命」細胞配置，如射出子彈一般，有規則的射出新細胞，就像是活生生的創造工程，因為新細胞（亦即「滑翔機」）自然的發射出來，向外飛奔，好像機關槍射出子彈一樣。滑翔機槍在穩定工作次序時，可以把原本微小的細胞初型，轉為五彩繽紛的生命宇宙，見次頁圖 10.11 所示。

因為生命遊戲完全取決於一套前置法則，所以射出的滑翔機軌跡是可以預測的。如果沒有遇到其他生命之形，就會一直繼續下去；如果與另一架滑翔機相撞，那麼，就視碰撞角度而定，結果可能同歸於盡；也可能撞出別種已知結構，甚至包括新的滑翔機種。

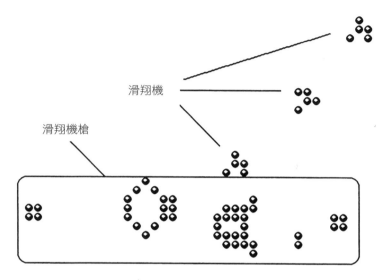

圖 10.11　高士柏的滑翔機槍正射出一架滑翔機。

這種可預測性加上生命之形的個別特徵，讓康威大膽的認為生命圖案的演進，可以具有多用途電腦的功能。

　　基本上，數位電腦就是把所有資訊簡化為二進位狀態，如開與關、0 與 1，再上些簡單的功能，如 AND、OR、NOT 的裝置而已。康威明白滑翔機槍若能和滑翔機巧妙結合，可以成就任何電腦能做的工作。滑翔機和機群間的空白，可視為一串二進位的數字 1 和 0。

　　滑翔機的碰撞相當於邏輯閘（logic gate），入射機群為輸入，撞擊後的碎片為輸出。假如五架飛機和四架飛機相撞，產生二十架飛機，則該碰撞就相當於乘法的作用。若十架飛機與兩架碰撞後得到五架飛機，則此碰撞就相當於除法的功能。原則上，只要適當的

結合滑翔機、滑翔機槍和其他生命之形三者，則天下幾乎無不可成之事。至於記憶體部分，可以由不同生命之形，分布於細胞空間的各角落湊合、補綴來充當。康威甚至一本正經的用數學去證明生命遊戲在邏輯上，足以囊括多用途數位電腦的全部功能，真是用心良苦。

雖然康威證明了「生命」遊戲在理論上可以成為萬用電腦，可是他並沒有實地把生命之形的陣列組合起來，讓它像電腦一樣運作。和生命之形相較，格狀自動機的結構及功能自然更強，也更多樣化，所以渥富仁深信用它來執行多用途計算機應該更沒問題。於是花了些時間，認真的蒐集資料，找出一種有計算功能的格狀自動機，結果卻沒有成功。

既然康威曾經透過《科學美國人》雜誌，向全世界下戰書，渥富仁便依樣畫葫蘆。《科學美國人》1985 年 5 月號的〈電腦娛樂〉專欄上，專欄作家杜尼（A. K. Dewdney）寫道：「渥富仁認為格狀自動機深具計算潛力，並擁有大型線性陣列，可以在兩狀態之間切換，好像 0 與 1 的數位信號，又可以巧妙拼湊出當今三維電腦所能做的任何運算。渥氏刻正積極蒐集一維格狀自動機，並且歡迎舊雨新知一起共襄盛舉。」

當初高士柏只花一個月的時間就解決了康威的問題，可是渥富仁的問題卻迄今無人能解，雖然來自各方面的格狀自動結構的建議，如雪片般飛進他福德大樓的辦公室，總沒有一個是可行的。顯然要找到具有計算能力的格狀自動機，遠比只能無限繁殖的生命之形要複雜得多，也更無法捉摸。

然而，渥富仁卻深信自動機理論必將成為新一代電腦發展的主流，特別是牽涉到平行處理的機器。傳統的數位電腦架構皆肇基

於「串列式」的原則上，也就是說一切運算都是按照次序，一個接著一個處理。由於電子流經電腦晶片的速度幾近光速，所以長久以來，串列式的架構在各種應用場合都夠快了，問題是這種架構，大體說來，和真實世界卻是大異其趣。因為大自然的運作並非串列式，乃是平行式的，真實世界中，事情的發生總是風雲際會，大自然更新主體的方式也是逐漸同時改善，而不是一個做完換下一個的。

大自然平行運作

例如太陽系的各大行星，彼此之間都有重力場互相牽引，而且是同時互相施力，牽一髮而動全身。並不是說水星的重力場影響金星，金星再影響地球。相反的，各行星之間息息相關，同時互相影響。如果用傳統的串列式電腦來模擬這種行星動力學，勢必凡事按部就班，先算第一個行星對第二個行星的作用，再算第二個對第三個的影響，以此類推。相對的，平行處理式電腦的模擬，就更接近現實世界的情形，倘若每個行星都用一部獨立的處理機來代表，則所有的處理機就可同時執行，並且可以立即「感受到」其餘各行星加諸己身的重力影響。

平行處理式電腦不僅可以更快速的找出解答，而且本身的運用原理及結構，都近似所欲模仿的外在系統。打個比方，如果一部電腦裡的處理器數目和生物體內的細胞一樣多，那麼在模仿生物行為時，每片處理器可代表單一的生物細胞，而電腦本身就某層面而言，就可「算是」完整的生物，且該電腦的資訊處理便因之更能反映生物體的結構、形式以及生物的演進，其高保真度（fidelity）絕

對是一般串列式電腦望塵莫及的。

　　對渥富仁而言，格狀自動機最引人入勝的地方，是各種跡象顯示，它不但是物理現象最佳的抽象模型，更是平行處理式電腦發展中的最佳參考。這就好比說格狀自動機正是大自然本身，以及造物主心思的最佳寫照。大自然與電腦，都是處理資訊的機制，大自然的程序是根據一組初始條件，完成一組終極條件；電腦則是輸入與輸出的關係。大自然遵循物理定律，電腦則遵循程式中的指令來操作。格狀自動機則是集二種程序之大成，它的初始位置相當於大自然的初始條件，以及輸入電腦的初始數據。再則，自動機的演化，就相當於電腦的運作和大自然本身的演進一般。最後，格狀自動機的發展法則又與自然律或電腦程式有異曲同工之妙。

　　換句話說，大自然本身可能就是一台大型電腦，而其機制則類似於格狀自動機內含的程式。格狀自動機，可以說是宇宙的軟體。

格狀自動機明信片

　　渥富仁最主要的活動是從事抽象科學的研究。「如果我志在賺錢，」他坐在高研院的辦公室內說：「就不會在這兒做研究了，我對研究比賺錢更有興趣。」

　　不過，賺錢也可算是渥富仁的嗜好。「有些人以出售自己製作的家具為嗜好，我則是以出售電腦科學的實際應用為嗜好。」

　　首先，他設計了格狀自動機明信片，一套六張，色彩鮮明，各有不同的圖案，每張卡片背後都有一段簡介，寫著：「每個格子的顏色，都是由上一列相鄰格子的顏色，經過簡單的數學公式運算後決定的。」卡片底部就是產生該圖案的數學法則。「規則 522809355

= 2032314344410$_5$」，然後是一個版權所有的記號「©1984 Stephen Wolfram」。卡片正面畫的是格狀自動機圖案，其色彩對應的就是該位格的值。卡片的大小正好覆蓋了整個自動機宇宙，包括格狀雪花在內。

　　渥富仁的同事派卡德，設計了格狀雪花圖案，據他說是設計了一種六角形規則（卡片上註明「六角形規則，42 = 101010$_2$」），其結果是在黑色的背景上，布滿藍、紅、紫的斑點，有種超現實的感覺。當渥富仁為 1984 年 9 月號的《科學美國人》撰寫題為〈電腦軟體應用於科學與數學〉的文章時，那張五彩繽紛的雪花圖竟然獨占一整頁的篇幅。同月的《全知》（Omni）雜誌上，刊登了一篇文章，將渥富仁捧為「新愛因斯坦」。一個月後，亦即同年的 10 月，《自然》期刊用了七張彩色格狀自動機圖形做為封面，裡頭則是一篇渥氏撰寫的〈格狀自動機——探討複雜性的模型〉。儼然渥富仁時代已隆重登場。

　　渥氏還精心製作了一些傳單，上面簡述他的卡片內容；此外，他還想出售以格狀自動機為主題的大型海報，因此每到一個研討會或大型會議的會場上，他就在那邊發傳單。這些舉動，看在高研院保守人士的眼中，頗不以為然，他們可不想把清高的柏拉圖天空變成電腦圖形卡片郵購中心。渥氏卻不這麼想。他並不是想賣卡片牟利，因為卡片的售價與其製作成本差不多，出售卡片只不過是為了好玩罷了。

　　但是，卡片只是個開始，他還有許多點子，譬如把格狀自動機圖案做成壁紙、壁畫等等，重點不是在販售圖利，而是將格狀自動機介紹給全世界。

　　渥氏說：「有一件事是我一直想嘗試的，那就是把格狀自動

機應用於電腦藝術上。其實，我手上還有一個小計畫即將付諸實現……麻省理工學院有一組人馬，正在製造電腦控制的噴畫機，它可繪製 14 × 48 英尺的圖畫，只需約十二小時。機器是在劍橋的一處倉庫，接下來這幾個月，我們將製作幾幅巨大的電腦藝術壁畫。然後，還有些更有趣的，例如創造巨大的格狀自動機展示牆，看看要做在哪一棟建築的牆壁上。只是很不幸，這個主題技術上可行，預算卻不允許。」

到了 1986 年春，有關格狀自動機的消息已走出科學圈，進入藝術的殿堂。渥富仁說：「大約一個月前，我收到一封信，邀請我到紐約市參加藝術展，主題是以格狀自動機為基礎的藝術，地點是格林威治村的凱許新屋美術館（Cash-Newhouse Gallery）。這項展覽滿有意思的，我以為會很無聊，沒想到其實展示的圖畫都非常好。」

無論高等研究院賦予其成員多大的自由，不爭的事實是，一旦對科學的商品動了凡心，高研院可能就不是久待之地。渥富仁曾醞釀要做一部龐大的平行處理式電腦，因此一度在麻州劍橋的思想機器（Thinking Machines）公司工作，參與研製一部叫做「連結機」（The Connection Machine）的電腦。那是電腦科學家奚力思（Danny Hillis）的智慧結晶，連結機最終的計畫是要將一百萬個處理器連結起來，使其比任何現存電腦更近似真正生物腦的結構。所以，有一段時間渥富仁發表的學術論文上會署名兩個單位——高等研究院，以及思想機器公司，有時候後者還排在首位。當然，這種做法也無可厚非。只是渥氏心裡有數，從某方面來看，他若想獲得更大的自主權，或許應該離開高研院，最好是有個人專屬的研究所。

1985 年 9 月，渥富仁起草了一份長達兩頁，名為〈複雜性研

究所方案〉的文件，文件中描述的是擁有十來位資深科學家和十幾位博士後研究員，外加技術及行政支援人手，大家齊心奉獻心力於複雜性理論的基礎研究。他的長遠目標是將任何具有實用價值的科學想法商品化。

渥氏寫道：「複雜性研究所的成立宗旨是從事基礎研究，至大至高的重要性可能是發展出複雜性的通則，但是在獲致此通則的過程中，有必要隨時與實際解決現存問題的工具保持聯繫，通常將應用帶到與實用技術發生交集的地步才有價值。本研究所可以視需要而介入技術的發展，必要時可與外界的實驗室或公司合作；也許新科技成熟之後，還可以導致高科技公司的成立。」

渥富仁構想中的新研究所，應該要附屬於知名的大學，以便與其他科學領域的教授保持密切的聯繫，並確保高素質的學生來源不虞匱乏。它可以用基金會支持，由有心人士認捐，或由大學、私人機構、政府單位或二者以上聯合贊助成立。所內正規的活動就是蓬勃的一流科學研究，以及日新月異的新技術開發，可以回饋給贊助者或提供為員工福利。渥氏早已利用格狀自動機能產生隨機圖樣的特性，默默研究難以破解的密碼系統，其他發展就讓大家拭目以待了。

比女朋友更複雜

截至 1986 年春為止，渥富仁已經和二十所以上有意提供校地容納新研究所的大學接過頭，唯一的問題是到底要選在哪裡？渥氏當時說：「條件最好的幾所，我是指資金方面，都是在中西部，可是誰要去那裡？人們願意到舊金山或劍橋去，因為那兒的居住環境

比較好，可是中西部……？」

1986 年秋，渥富仁辭去高等研究院的職務，搬到伊利諾的香檳城。他現在有自己的研究所 —— 複雜系統研究中心（Center for Complex Systems Research），位於伊利諾大學的校園內。他將普林斯頓動力系統組的全體成員，包括派卡德、蕭、帖梭羅（Gerald Tesauro）等人都請過去。他們都安頓在伊利諾校園內一棟低矮的現代紅磚建築內，與十五部 SUN 工作站及雷射印表機為伍，置身於各式小型複雜系統的王國中。他們也將機器接到全世界最大、最快的 Cray X-MP 超級電腦網路上，連接到隔壁的國家超級電腦應用中心。整體而言，渥富仁的雄心算是實現了大部分。

「這裡的風景是比不上高研院，」他承認：「門前不過是稀稀疏疏的幾棵樹，不是一大片森林。」

當然也不是每個人都認為格狀自動機是未來的主流，「圖樣很漂亮！」高研院的數學家蒙哥馬利，語帶輕蔑的說。

「渥富仁有個夢想，認為他終將揭開複雜性的神祕面紗，」戴森說：「他認為現實世界的複雜性會映照在格狀自動機上，這種想法是一大豪賭。」

風險是出在格狀自動機產生的圖案，與自然產生的圖樣間的關連，是偶發性的而非必然如此，甚至可能完全是機緣巧合。但是渥富仁已看過太多雷同之處，以及抽象機制與自然本身之間的深厚淵源，使他無法相信這一切只是瞎貓碰到死耗子。他愈深入研究，就愈發現兩者既深且遠的關連，而渥富仁的生活也變成除工作外還是工作了。

我最後一次在高等研究院見到渥富仁是在 1986 年春天一個晴朗的日子，我們站在福德大樓前的台階，遠眺前方一望無盡的柔軟

草地，這是歐本海默的小女兒東妮以前經常騎馬經過的地方。太陽已西斜，沒入林梢。橘紅色的光灑遍了天空上的晚霞，而渥富仁依然滿口工作經，告訴我格狀自動機的研究計畫、複雜理論的前景，以及他如何一個月裡平均有十三天，南北奔波參加各種科學研討會等等。一如往常，我總是洗耳恭聽，一言不發，聽這位科學家滔滔不絕的訴說從頭，驚嘆這個工作狂的超凡耐力。

我一直很納悶，所以終於開口問他說：「經年累月的旅行、工作、從事科學研究……唔！你有時間從事社交活動嗎？我是說像交女朋友之類的？」

「噢！當然，」渥富仁說：「如果你對複雜系統有興趣，天底下再也找不到比女朋友更複雜的事了。」

第11章

「理型」的真相 —— 超弦

　　有好一段日子大家都在談論這個傳聞。據說宇宙的新理論「萬有理論」，可能真的已經誕生了。維敦（見第 283 頁）將在高等研究院發表演說，可想而知，他將在這場演說中勾勒出這套大自然獨一無二的宇宙理論。

宇宙的新理論

　　傳聞終歸是傳聞；但是，即使他所要發表的並非什麼萬有理論，維敦的演講仍非比尋常。因為在唯才是問的研究院，在這個完全以智力、研究品質論高下的地方，整體而言維敦都相當傑出。科學界很少以「愛因斯坦第二」這類稱呼來形容傑出的科學家，那是雜誌、報紙才用的噱頭，不過大家都毫無疑問的同意，維敦是——說得保守點，聰明絕頂的人。

1984年11月12日星期一，人們爭先恐後擠進演講廳，等著證明傳聞是否屬實。再過不久，維敦就要發表一年一度的馬斯頓·摩爾斯（Marston Morse）紀念演說，這個演說命名自已故的高等研究院數學家。演講地點在新圖書館的禮堂，就在以前哥德爾辦公室的後方。那是一間非常新穎的講堂，裝有前後兩片式的電動黑板，只要按鈕一按，就可以上下滑動，讓演講者有更多的書寫空間。那天聽眾席上坐著許多位數學家，因為這場演講是高研院數學學院主辦的。不過，全普林斯頓的粒子物理學家，似乎也不約而同來此報到，另外還有一些天文學家也在場。反正，整個會場座無虛席，科學界的菁英濟濟一堂，大約有兩百人左右。他們都想睜亮眼睛好好看看，演講者是否真的要招待他們宇宙終極理論的饗宴，因為光看題目——〈指標理論與超弦〉，實在看不出個所以然來。

雖然大名鼎鼎的維敦已用不著多做介紹，然而米爾諾還是上台擔任引言人，然後維敦接手，立刻切入主題。因為時間有限，內容緊湊，有些東西他又不想走馬看花的一筆帶過，所以說話的速度很快，加上他獨特的高頻音調，聲音也不大，聽眾必須集中精神才不會有遺珠之憾。方程式一條條的寫在黑板上，他一刻不停的講解，方程式一條條隨口而出，彷彿一曲如歌的行板自動流瀉出來，好像那些符號及專有名詞早已蓄勢待發，一旦啟動，想停也停不下來。

維敦緊湊的講了一個小時後，戛然而止，然後好像在講歇後語一般，說——這就是宇宙的新理論。

聽眾一片死寂，好像受到過度驚嚇，一個個變成了石膏像般。

接著米爾諾問大家有沒有什麼問題……

沒有人吭聲，好像這些在座的偉大頭腦剛被大浪淹沒，現在驚魂甫定。他們剛剛看見的是自然的新面貌、宇宙的鑰匙、創造的奧

祕，當中一切的技術細節正在他們眼前開展。可是人們的心思意念好像都被掏空，成為迷濛的一片空白，維敦的演說中偶有些熟悉名詞如：「張量」、「左手費米子」、「楊─密爾斯規範群」……等等，就像浮光掠影般劃過。其餘的部分對他們而言都太新、太怪異，簡直就像在聽納瓦荷族（Navajo）印第安語一樣。

　　「介紹超弦理論應該至少要講個五十場才比較適當，一次就想交代清楚是不可能的，」維敦會後表示：「所以，很自然的，我只能挑少數幾個重點講。」

婦孺皆解？

　　約莫過了一年以後，1985 年 10 月 10 日星期四，維敦再度於高等研究院發表演講，這次是一系列的講座，雖然不到五十場，總之也是「好幾場」。誠如布告欄及海報上寫的：「普林斯頓大學的維敦教授，將要針對非物理學家，發表幾場淺顯易懂的弦入門簡介。」單從海報上形容的詞句，你可能會認為任何人都能夠聽得懂這一系列的講座：為「非物理學家」介紹「淺顯易懂」的弦，這麼說來應該是婦孺皆解的囉？

　　演講的地點和一年前是同樣的講堂，此刻維敦正在講台上走來走去，等待聽眾陸續入席。維敦長得又高又瘦，一頭黑人式的捲髮散亂在清瘦的長臉旁，鼻梁上還掛著黑色玳瑁框的眼鏡，當時他三十四歲。

　　過了一會兒，整個講堂就擠進了一百多人：粒子物理學家艾得拉、達生、戴森各自率領旗下的博士後研究員進來；此外，還有天文物理學的貝寇、許耐德等；當然像蒙哥馬利、朗蘭茲、龐畢瑞

（Enrico Bombieri）等數學家，自然是不會與這場盛會失之交臂。值得一提的是維敦的父親路易士·維敦（Louis Witten）也坐在聽眾席上。

老維敦不只是來展示為父的驕傲而已，他本人是理論物理學家，專攻重力理論，並且是麻州格洛斯特重力研究基金會（Gravity Research Foundation of Gloucester）的永久會員、理事暨副主委。該基金會成立於 1940 年代初期，當時格洛斯特仍然相當荒涼、草木叢生。創辦人巴布森（Roger Babson）因炒作股票致富，捐資鼓勵科學家投入研究如何控制重力場的方法，巴布森一心認為應該可以創造某種重力屏蔽或反重力機器之類的設備，以便有效的導引重力到更具建設性的用途，而不只是使得物體下落，或者將其留置在地表的簡單作用而已。

1949 年，該基金會首度贊助論文競賽，懸賞一千美元給傑出的作者，題目是「駕馭重力的合理方法」。五年後的 1954 年，高研院的兩位青年研究員狄撒（Stanley Deser）和阿諾維特（Richard Arnowitt）提出一篇名為〈新高能核粒子與重力能量〉的文章，贏得該會首獎一千美元獎金。時任高研院院長的歐本海默對此頗不以為然。歐本認為君子愛財，取之有道，而他們這種行為與物理學家身分並不相稱。不過，至少他並未要求二人把獎金退回。

後來，該基金會卻吸引了屬於較為傳統的重力研究，甚至連備受推崇的世界級物理學家都來參賽，像英國的天文物理學家霍金（Stephen Hawking）就是其中之一，並且贏得了 1971 年的論文首獎。言歸正傳，老維敦在本學期來到高等研究院研習超弦理論。因為既然超弦理論號稱是萬有理論，自然也包括重力理論在內。此時此刻他的兒子是第二度向高研院的同仁解釋該理論，而且這次擺明

了是針對「非物理學家」發表演說，不管聽眾當中是否真有這等人士。

　　預定的演講時刻——上午九時三十分剛過，維敦再次以其微細的嗓音開講，聽起來好像是站在隧道或者粒子加速器的主環中說話似的。他不曾稍歇多做補充，只是在台上來來回回的走動，把方程式一股腦兒的從記憶中轉載到黑板上，也偶爾會自問自答一番，例如：「為什麼十維空間的世界看起來像四維空間呢？」然後就緊接著提供一個可能的答案，好比說：「剛開始的大自然遠比我們今天觀察到的要大上好幾倍，然後陸續裁減掉一些東西。」然而，這類注解充其量只是做為一大堆方程式的點綴而已，目的是為了點出超弦理論的正題。

　　維敦在黑板上寫了一道又一道的方程式，很快的，所有的空間都用完了。那些式子用到了許多專門的符號，像「旋量」、「正對掌性」、「狄拉克運算子」，以及 α'（alpha prime）等等。他按了一下電子開關，將前一面黑板升上去，在另一面黑板上寫下更多的方程式，到時間結束時，總共已寫下了不下四十五道方程式了。真相終於大白，所謂「針對非物理學家發表的弦論簡介」真正的意思是「高等理論數學家才有可能理解的演講。」

　　時間終了，維敦放下粉筆，結束這場演講，皮笑肉不笑的對觀眾致意，眾人則報以熱烈的掌聲，老維敦使勁的鼓掌，充滿欣慰之情，驕傲的望著他那位「超弦兒子」。

　　這次演講沒有安排引言人，不過出人意表的是，聽眾當中有不少人舉手發問，很顯然的，這次他們是有備而來，不僅先前讀過一些維敦的文章，並且對「超弦」究竟是何方神聖稍微有了一點了解，所以在赴會之前已經認識到超弦是不折不扣的……宇宙的新基

石，超弦或許將會成為物理空前絕後的理論。

維敦說：「我們其實還處在科學革命相當初期的階段，只與量子力學的發明差可比擬，這是個龐大冗長的過程，卻終將從非常基本的層面開始。想要改變目前眾所周知的理論物理全貌，少說也要幾十年，或許我們當中沒有人能如此長壽，得以親見其開花結果；然而，對物理學家而言，超弦卻是全部的生命。」

理論物理的新寵兒

超弦，理論物理上的新名詞，是某種物理量（先別問是什麼東西），是扭成一維的玩意，它正逐漸取代基本粒子理論中的舊觀念。基本粒子如電子和夸克等等，以往視為是不占空間、沒有大小的點。但現在它們已不再是沒有大小或單位了，至少它們現在具有一維度量，即長度。它們不再是點，因為現在有了形狀：可能是「開弦」（open string），像一段直直的鞋帶；或者是「閉弦」（closed string），像是套馬索尾端的圈圈。不論其形狀為何，這些弦都具有一種特性，亦即當它們振動時，會呈現出粒子的行為；不同的振動參數如頻率、振幅和方向等不同組合，就會構成不同的基本粒子風貌。

所以，這個新理論主張萬物最細微、最深層的結構，並非由不具大小的點組成，而是由一定數量的弦，或豎立或振動，而呈現出粒子的外觀。然而，如果我們能阻止他們的振動，就會赫然發現事情的真相，他們根本就不是什麼「粒子」，而是——弦。

如果說超弦理論改寫了有關基本粒子的觀念，那麼它已改變了七十五年來我們對原子結構的許多想法。然而超弦理論似乎應許要

有更高的成就，因為它可能帶我們進入過去半世紀以來，一直被物理界奉為圭臬的大一統理論，亦即「萬有理論」的殿堂。

過去五十年來，物理學家已普遍接受了兩大理論，這兩大理論幾乎可以鉅細靡遺的含括所有的基本物理定律，他們就是量子力學和廣義相對論。

量子力學涵蓋微觀物理定律，相對論則含括巨觀物理法則。問題是，雖然兩大理論可攜手解釋所有的自然現象，可是它們本身卻是互斥的，意思就是說它們無法合併，這就很神祕難解了。自然應該是完全和諧一致的整體，至少物理學家一直認為如此。如今兩個描述宇宙最成功的理論，卻不能互相配合而水乳交融，莫非自然界暗藏著不為人知的小玩笑？

不過，超弦理論似乎可以使這一切豁然開朗。超弦理論的基本數學架構，提供了足以統一巨觀與微觀世界的理論藍圖。而且，若此理論的潛力能充分發揮，那麼整合自然理論的奇蹟將是近在咫尺。這就像是免費的禮物，不花任何代價，那夢寐以求的統一理論，將單單靠著數學架構的一致性而美夢成真。「弦就好比是應該出現在二十一世紀物理學的一鴻半爪，偶然掉落在二十世紀一般。」維敦這樣說道。整件事情看起來，似乎真的就是這麼奇妙。

小到看不到

超弦理論最奇特的地方是它既是純物理，也是純數學。不過可以確定的是，從來沒有人見過弦；而幾乎可以同樣確定的是，將來也不會有人觀察得到，因為弦實在小得不能再小了。

基本粒子「看得見」，指的是它們的軌跡可以顯示在粒子加

速器上，像在伊利諾州巴達維亞（Batavia）費米實驗室內的那種龐大機器，以及像丁肇中在瑞士參加的歐洲粒子物理研究中心（CERN）那種。藉由加速器，讓高能粒子互相碰撞，科學家可以看見直徑只有 10^{-13} 公分的物質；任何小於此一大小的，以目前的技術都無法觀察到。不久的將來，如果稱為「超導超級對撞機」（superconducting supercollider）的粒子加速器製造成功，將可以分辨出更小的物質。但是超弦甚至遠遠比這更小，它們存在的空間大約只有 10^{-33} 公分之譜。科學家若想看見它們，那麼加速器的直徑必須有好幾光年那麼長。換句話說，弦的特性還不只是看不見而已，似乎原則上是永遠躲藏在自然最微細的縫隙之中，那些滿腦子實驗構想之物理學家的窺探之眼，是永遠不可能企及的。就好像大自然在舞動雙手：「不要用看的，用想的！去他的加速器，信任方程式！」

滿腦子實驗構想的物理學家，當然老大不願聽到此一訊息。

「從黑暗時期以來，這還是頭一回。」哈佛大學物理學家金斯巴（Paul Ginsparg）與格拉肖說：「我們的追尋之旅可能暫時告一段落了，信仰再度取代了科學的地位。」

CERN 的科學家狄魯呼拉（Alvaro De Rujula）說道：「如果那些『極端的超弦論者』是對的，這門學問的許多樂趣——像提出可由實驗印證的預測，然後對實驗結果打賭下注等，將成為明日黃花。」

但是，實驗派的失，正是理論派的得。超弦真可說是上帝賜給高等研究院粒子物理學家的最佳獻禮，再也不需要和加速器糾纏不清，枯坐在椅子上等待助理打電話報告結果，現在只要搞對所有的方程式，了解牽涉其中的結構，讓各個環節相扣、正常運作即可。

超弦正是柏拉圖式的物理：抽象、縹渺、永遠看不見、形而上的東西；難怪高研院的粒子物理學家對超弦理論寄以厚望，好像可以將他們帶到上帝那裡，直接握到祂的右手。

自然界最強大的力

維敦把超弦理論的發展歷史劃分為三個階段，他稱之為「不可思議的原始」、「非常原始」和「可能仍然原始」三階段。不可思議的原始時期始於 1968 年，當時一位義大利物理學家試圖了解「強交互作用」，這是自然界最強大的力。強交互作用就是將帶同性電荷的粒子束縛在一起的力，否則同性相斥的天性必會使兩粒子分開遠離。例如原子核中的質子都帶正電，如果說同性相斥，那些質子應該早就爆炸，向四面八方飛濺；可是，各質子卻好像被核的膠水黏在一起，靠著一種強大的力量維繫在一塊。

雖然在 1960 年代還不很清楚強作用力是如何運作的，但是科學家卻明白強作用力操控著一大類的基本粒子，通稱為「強子」（hadron），已知的強子總共有上百種。強子有一種特性，就是其角動量對質量的平方做圖，會得到一條相當直的線。這些曲線稱為「雷杰軌跡」，以紀念其發明人，高等研究院的物理學家雷杰。

1968 年，當時還在以色列魏茲曼科學院（Weizmann Institute of Science）的義大利物理學家凡尼錫安諾（後來到高研院客座）發表了一篇文章，用數學式子來表示雷杰軌跡。凡尼錫安諾研究出一組方程式，可以用來產生雷杰曲線，這項發現本身就很有意思，而更引人入勝的是後續的研究；一年後，另外一群以芝加哥大學南部陽一郎為首的理論物理學家注意到：凡尼錫安諾的方程式和基本粒

子的新觀念不謀而合，可以取代傳統無大小的點概念。根據這個新觀念，粒子可視為具有某特定的空間延伸量，也就是可視為一段線段，或一段「弦」。

根據凡尼錫安諾—南部模型（Veneziano-Nambu model），這些弦由兩個反向力保持微妙的平衡：一是張力，使弦的兩端拉近；另一為使弦兩端分離的加速力。弦就好像飛機的螺旋槳，隨時在轉動，所謂的離心力使得弦的兩端向外拉，而弦本身內收的張力，恰好與之平衡；此一內收的拉力非常強勁，每條弦上約達十三公噸左右；換另一種說法，就是只靠一條小小的弦，就可以將相當於六部凱迪拉克轎車的重量吊起來……果真如此，那真是空前偉大的成就，因為弦本身的厚度幾乎是零。

這種將次原子粒子描繪成像弦一般的構想，對理論物理而言是極端新奇的。以前，粒子理論家一直將基本粒子視為沒有大小、不占空間的點，是有許多技術上的（更別提還有歷史的、哲學的及美學上的）考量因素，因此這突如其來的新觀念，說粒子乃伸展於空間中的說法，對他們而言，至少是完全出乎意料之外的。儘管如此，弦模型確實有幾個長處。第一、它合理解釋了雷杰曲線；第二、弦的假說為「夸克局限」（quark confinement）現象提供了可以接受的模型，圓滿解釋了為什麼科學家從來不曾在加速器上看到夸克，而只看到夸克組合而成的較大粒子。

構成原子的三種粒子是電子、質子及中子，其中只有電子可以算是真正的「基本」粒子，亦即不是由更基本的單位所組成。另外兩種粒子都是由更基本的物質，即夸克所組成。例如，一個質子據推測是由三個夸克組成。但是夸克模型卻蘊藏一個大問題，那就是從來不曾在實驗室中觀測到單一的夸克。科學家雖然絞盡了腦汁，

做過各種嘗試，卻仍然無法在他們的加速器中分離出自由夸克，因此理論家就猜測：個別的夸克必定是永遠的「拘禁」在較大的粒子當中。

如何拘禁呢？這就是夸克局限的問題了。理論家曾提出各種不同模型以為因應，例如「口袋」模型就是，它的說法是夸克裝在某種容器之中，永遠無法逃脫。

弦模型則是有別於口袋模型的另一種想法。從弦的觀點看，夸克是附著在弦的兩端，我們從來沒看過單獨的夸克，原因即是兩個夸克分別繫在弦的兩端，因此只能成對出現，或者如果有三端的弦（這是弦模型較為勉強的地方），也可以成三出現。試圖從弦的一端將一個夸克扯下來，只會把弦拉長，或者啪一聲斷成兩截（或三截），結果只是在新的弦端點處創造出額外的夸克，形成新的夸克對（或三個夸克）而已。

不管在解釋夸克拘限或雷杰軌跡現象上，弦模型都獨具匠心，因而立刻吸引了各方的矚目，至少是持續了好一陣子。「當時研究弦理論的科學家不下千人，尤其是在歐洲，」高研院的達生說道：「你回去翻翻文獻，就會發現有幾千篇的論文在探討弦理論，只是當時他們不叫弦，而是叫做凡尼錫安諾振幅、雙關共振理論（dual-resonance theory）之類的。然而，物理學家終於明白，那些研究沒有一篇符合事實。」

不符合事實是因為科學家發現在基態──亦即最低的能階，弦不只是無質量，事實上還應該是具有負質量才對。從哲學觀點考量，這代表什麼意義，就夠傷腦筋了；但是就物理意義而言，倒是還算清楚：具有負質量的超光速粒子（tachyon，或譯迅子），可以跑得比光速還快，完全符合廣義相對論的說法──只有帶負質量的

粒子能夠以超光速旅行，但是附帶的結果卻非常不受觀迎，例如時光的倒流、嚴重違反因果律等等。

此外，還有多維數的問題。因為後來的發展變成弦論必須有二十六維才行，而不是普通的四維（三維空間，再加上時間維度）。即便是對慣於玩弄古怪假說的理論物理學家而言，窮其對想像空間的容忍度，也會對二十六維的宇宙感到難以捉摸。有人就說：「顯然太不具體，不符物理原則。」

而在另一方面，量子色動力學（quantum chromodynamics，簡稱 QCD）的問世也有如秋風掃落葉一般，完整而成功的解釋了強交互作用，完成了弦理論誕生時所要解答的問題；一夕之間，弦論突然失去了戰場，也失去了存在的目標，事實上弦論製造出來的問題，遠比其所解決的問題要多得多；所以基本上，大多數的物理學家都宣告弦論已經可以壽終正寢了。

弦論瑕不掩瑜

只有少數幾位不屈不撓的，像施瓦茨（John Schwarz）就是一例。施瓦茨幾乎是從弦論初現之時就已開始研究，他認為整個架構都是令人愉悅的優美，儘管有些缺點，但瑕不掩瑜，弦論終有一天可以成為可行的理論。

施瓦茨的背景，恰可使他成為弦論的擁護者。他在哈佛大學主修數學，然後轉行到理論物理，並於 1966 年獲得加州大學柏克萊分校的博士學位。在普林斯頓任教時，首度知悉凡尼錫諾振幅、雙關共振理論等領域，而且差不多從那時起，就對此一主題的研究從一而終。施瓦茨在許多同好的協助之下，加添了兩個重要元素到凡

尼錫安諾與南部那「不可思議原始」的弦模型裡。一個是超對稱的
觀念，另一個是「緊緻化」（compactification）的構想。

超對稱的概念指的是組成物質的基本粒子，例如夸克、電
子等，彼此之間的作用力，以深奧而系統化的方式呈現鏡像對稱
的性質。每個物質粒子（particle of matter）都對應到一個「超伴
子」（superpartner），也就是作用力粒子（particle of force），反之亦
然。原本由凡尼錫安諾和南部所發展出來的弦理論，只適用於所
謂的玻色子（boson），這是傳遞力的粒子。施瓦茨和雷蒙（Pierre
Ramond）、聶福（André Neveu）、沙克（Joël Scherk）等人，則把
「費米子」，也就是物質粒子帶上檯面，其結果就是原來只為了解強
作用力的理論，如今似乎包容了所有的已知粒子。

當然，問題不可能一下子全部消失；舉其犖犖大者，仍然有多
餘的存在。沒錯，施瓦茨及其同僚已經將維數減少了一半以上。他
們的弦模型「只有」九個維度，九維並非普通的三維，但是已經比
二十六維要好太多了。施瓦茨說道：「朝正確方向邁進一大步。」

接下來，要怎麼處理多餘的六個維度呢？

答案是把它們捲成一個小球，然後掃到地毯下面。1974 年，
施瓦茨和沙克發現那六個多餘的維度，可以用一種稱為「緊緻化」
的數學技巧消去，該技巧最初是在 1920 年由德國數學家卡魯扎
（Theodor Kaluza）和瑞典數學家克萊因（Oskar Klein）所發明的。
柯、克二人嘗試將電磁學與重力統一起來，首先採用的就是五維的
時空系統。克萊因主張，如果額外的第五維度和其他三個空間維度
相較之下夠小的話，那麼在巨觀的自然界中就不會顯露出來（至少
不會變成額外的維度，雖然仍有可能以其他形式彰顯）。

基本上，緊緻化的過程，為的就是將不需要的維度壓縮至無法

察覺的地步，然後將其擺脫掉。例如花園澆水用的軟管，是常見的三維物體，具有長、寬、高。但是，如果將水管的直徑不斷縮小到零，就像從極遠的高空向下望那樣。其中的兩維必定會「消失」，因為已經小得看不見了。當然，它們仍舊存在，完全而真實的存在，只是變小而已。

施瓦茨和沙克就是應用柯魯扎與克萊因的緊緻化技巧，來處理他們弦模型中多餘的六個維度。他們推想，如果多餘的維度壓縮成小小球體，小到無法在巨觀世界中察覺，那麼整個弦理論就會變得較為合理。

重力是唯一例外

唯一的例外是重力。重力是自然界最顯而易見的力，可以說每個人自出生那一刻起就很熟悉，但迄今無人能以現象去解析重力的問題。量子力學要解釋自然界的三大力，可說游刃有餘。例如說，電磁力可以含括於量子電動力學（quantum electrodynamics，簡稱QED）內，強作用力則交給量子色動力學來處理，而弱作用力本身就包含於電弱統一論（electroweak unification）裡頭；至於重力，卻是……食古不化的頑固份子，堅決抗拒任何量子力學式的解析，一副自命清高的樣子。

其中主要的原因是，重力場向來都是用愛因斯坦的廣義相對論來描述，定義為空間的彎曲，屬於巨觀現象；也就是大質量物體的存在，會扭曲周遭的時空結構。然而之所以有這麼懸殊的認知與理論差距，就是在於愛因斯坦的說法，明顯不適用於量子尺度的實際情形，而且是兩個極端，水火不相容。這便是「量化重

力」（quantizing gravity）的課題，也就是粒子物理學家口中經常提及，聽起來頗為繞口的「不可重整的無限」（nonrenormalizable infinities）。

前述無窮大問題的起源，正是因為把基本粒子視為無大小、不占空間的點所致。每個粒子皆各自攜帶一個力，當你愈接近該粒子，力就愈大。當你和零大小的粒子之距離為零時，就會引發力的大小變成無限大的危機臨界點。這就是所謂的「無限大問題」。

一般的解決之道稱為「重整化」，這是藉由一個無限大值減掉另一個無限大值，而得到有限值的修正方法。比方說，第二個無限大值，可視為當粒子的半徑壓縮到零時，所獲得的無限大質量。將無限大的質量減去無限大的力，最後所得的，即是應有的有限質量。

問題是，牽涉到量子重力之無限大值卻相當特殊，它是無法重整化的。重力問題中的無限值實在太大，又竄升得太快，減法的招數根本效果不彰。這個問題的關鍵，似乎仍舊是在於重力的基本粒子——重力子（graviton）被視為點狀所致。另一方面，弦論卻不再視粒子為點：它們有大小、有尺寸，也有形狀。如果說有什麼東西能避免「無法重整化無限值」的可怕後果，那麼「弦」無疑將是最佳的候選人。

有些弦論的版本預測，自然界裡有某種未知的、具有自旋2（spin-2）性質的粒子存在。曾有好一段時間，這個預測被認為又是另外一種弦論下「詭異、不具體、不符物理原則」的結果，因為從來沒有人看過這種粒子。但是，1974年，施瓦茨和沙克由理論推導出，此從未觀察到的自旋2粒子，可能就是重力的量子，也就是「重力子」，它的自旋量經物理學家推算為等於2。

施瓦茨和沙克了解到，如果超弦理論預言中的自旋 2 粒子真的是重力子的話，那麼弦論就幾近奇蹟式的迫使重力子成立，並使重力子成為弦論不可或缺、不可剝離的一部分，成為統管萬物的理論；這是其他所有量子理論不管如何削足適履，也無法強迫、無法籠統納入的，就算是玩弄數學的帽子戲法，量子理論也無法將重力子含括在內。由於弦是有一定大小的，因此便可巧妙避免無限值的問題。於是施瓦茨和沙克的新弦論就這樣畢其功於一役，同時解決了量化重力的問題和無限大的問題。

結合重力與無限大

超弦理論還在非常原始的起始階段時，維敦才剛踏入科學之門而已。他於 1951 年誕生在巴爾的摩，在市立柏克中學受教育，後來進入約翰霍普金斯大學主修歷史，不久又轉到麻州的布蘭戴斯大學（Brandeis University）轉攻物理。轉學後，他要補修許多科學方面的課程，所以他在布蘭戴斯的生活經驗並不很愉快。到普林斯頓念物理研究所時，隨理論物理學家葛羅斯（David Gross）做博士論文，並於 1976 年獲得博士學位。

獲得學位的前一年，維敦參加了在瑞士阿爾卑斯山靠近白朗峯舉行的暑期進修班，而結識了義大利的物理學家娜比（Chiara Nappi），這位女子就是日後的維敦夫人。他們倆先後在哈佛及高研院工作，最後在普大安定下來。

1981 年，當時維敦尚未開始研究超弦，但卻證明了對弦論有重大應用價值的結果。簡單的說，為了技術上的理由，十一維的時空似乎是個奇妙的組合。一方面是要獲得合乎實際的點域論（pointfield theory）之最小數目；另一方面，據維敦的研究，十一也是允許出現的最大值。然而十一維的統一場論有個主要問題，就是奇數維的理論，必定沒有「對掌性」（chirality）。

對掌性是物理學家表示旋轉方向的用語，大自然的現象常有左、右掌性之分（也有人用順時針和逆時針區別）。人類算是具有對掌性的特性，因為人的心臟在身體的左半邊。DNA 具有對掌性，因為它的雙螺旋纏繞方式，就像一座永遠向右的迴旋梯一般，從來不會向左彎。同樣的對掌性現象也存在於基本粒子。比方說，微中子是左旋的，亦即相對於前進方向而言，它的自旋方向是逆時針，或是向左的。為了要順應量子宇宙的對掌性，統一場論必須能夠分辨左、右旋粒子。維敦等人發現一個理論若要能分辨對掌性，理論就必須具備偶數維。

如此一來，豈非死路一條？維敦的研究展現了兩項看來根本互相牴觸的原則：對於點域論而言，它要求有奇數維，可是若要能辨別對掌性卻非得偶數維不可。換言之，要求統一場論同時具有對掌性又要建基於點域論，似乎不太可能。

對點粒子論者而言，這是個壞消息；但對弦論者而言，當然不是那麼一回事。弦又不是點狀的粒子，弦就是弦，是有大小的，維敦遭遇的兩難困境，根本是小事一樁。施瓦茨與沙克的弦論是十維的，具有對掌性；弦論奪標的聲勢，似乎又再一次水漲船高。一時之間，似乎萬事都競相效力，情勢一片大好。弦論巧妙的結合了重力，而不陷身於無限大的問題，涵蓋了諸般的力與各種粒子，並且圓滿建功而不受制於維敦所提出的奇、偶維數窘況。

事已至此，夫復何求？

上窮碧落找超弦

噢，當然囉！你可以要求免於「畸變」（anomaly）的自由。

可憐的超弦！很久以前，弗雷格所說，關於數學根基的雋語，在此似乎一語成讖，他說：「就像大樓剛完工，地基卻崩塌了。」

「畸變」——畸形、異常，這個字像魔咒一般，代表的就是各種畸形的物理現象，也是讓物理定律一敗塗地的出奇事件。如果下次哈雷彗星再來是三十年後，而不是以往規則的七十六年，那就是一種畸變；雙頭母牛、連體嬰，也是「畸變」。但是在粒子物理上，這個字倒沒那麼明顯的怪異，只是就抽象的理論觀點而言，可能更為嚴重。在粒子物理的範疇，畸變的理論指的是違反了某些守恆定律，例如電荷量守恆，能量、動量的守恆等等。因為這些定律的地位迭經考驗、歷久彌新，已經非常鞏固了，所以任何理論一旦違反了這些定律，基本上就會被視為異端而黯然失色，只好摸著鼻子退出舞台。

很長一段時間，弦論最大的問題之一，就是每一個已知的版本都栽在畸變的手上，無一倖免。好像天生就被下了毒咒，永不得超生。但是 1984 年夏天，施瓦茨和 1970 年末期才加入高研院投身超弦研究的格林（Michael Green）獲致一項結論，終於打破枷鎖，使弦論敗部復活，重新躋身物理舞台之上。他們二人所發展出來的超弦理論版本，是沒有畸變現象的。

從此，物理學家對超弦理論刮目相看。這是必然的，這個理論不只聯結了重力（數學上強迫如此），更何況純粹藉由本身一維、有限大小的結構，超弦就巧妙閃過所有其他令量子重力理論屈服的無限值難關。弦論現在又證明可免於畸變，這不啻是錦上添花，

宛如找到傳說中埋在美麗彩虹尾端的金礦，難怪物理學家要伸張雙臂，企圖一圓淘金夢了。

「我放下手邊一切工作，包括數本正在撰寫的書，並竭盡一己所能，鑽研一切有關超弦的學問。」諾貝爾獎得主溫伯格（Steven Weinberg）於 1985 年 1 月這麼說。

「我想就是它，錯不了！」另一位諾貝爾獎得主葛爾曼也說：「涵蓋萬有的理論：重力、強作用力、弱作用力，與電磁交互作用，外加其他大大小小的附帶理論的匯總——完整的，大自然的統一理論。」

「超弦理論是個徹頭徹尾的奇蹟。」維敦說。

介紹弦論來龍去脈的文章，大為熱門。除了出現在一般的科學期刊如《自然》和《科學》之外，也出現在《時代》雜誌、《紐約時報》上面。研究超弦理論的科學論文多如過江之鯽，每月平均有一百篇以上，主要的幾位作者如普林斯頓的葛羅斯，每個星期就收到十五篇論文預印本。美國物理學會的刊物《今日物理》（*Physics Today*），於 1985 年 7 月號刊載了一篇新聞稿，標題是：〈畸變的消除，令超弦一飛沖天〉。其中寫道：「過去幾個月，你很難發現有哪一篇粒子理論的文章開頭不是這樣寫的：『最近由格林和施瓦茨二人發現，十維的統一論可免於畸變的事實，已引起各方極大的關切。』」然後繼續報導整個理論物理界摩拳擦掌，躍躍欲試的情形，大家並準備卯足全力，對超弦做一次地毯式的搜尋。

當時整個科學界洋溢的氣氛，一定是令人如痴如醉，甚至幾乎要樂昏了頭，所以一些有心對超弦理論保持理性看法的人，便不得不批評其同儕有點過度了。例如格拉肖和金斯巴兩位，就曾在《今日物理》上面寫了一篇略帶嘲諷的短文——題目很逗趣，叫〈上窮

碧落找超弦？〉，文中提醒大家要稍微降溫。「近年來，在數十位頂尖優秀學者領軍之下的密集研究，並未從超弦理論中做出可茲證實的預測。」他們又說：「本理論所賴以生存的是奇妙的巧合、神蹟式的對消，以及幾個看來毫無關聯（也可能還沒有發現）的數學諸領域之間的關係，難道這些性質就足夠令我們不假思索的接受超弦的真實性嗎？」

後來，格拉肖每到一處研討會，就會引用他的那首維敦打油詩：

勸君納我一忠告，切莫過早棄甲遁，
Please heed our advice that you too are not smitten;
天書尚未寫到頭，最後一筆非維敦。
The book is not finished, the last word is not Witten.

哈佛大學的喬吉（Howard Georgi），則形容弦論為「消遣性的數學神學」。

但是，真正研究超弦的人卻對這些評論充耳不聞。雖然長江後浪推前浪，但超弦的地位已經屹立不搖，這是毋庸置疑的事實。

到了維敦主講「為非物理學家簡介弦理論」的系列演說之時，高等研究院已然成為培養年輕超弦人的溫床了。那些遲遲未動手研究的人，像艾得拉、戴森等人，都為自己的缺席解釋了一番。

「我有點獨來獨往的傾向，偏好做些較冷門的東西。」艾得拉說：「反正就是……因為我就是喜歡那樣。」

「我的思維已經不像年輕人那麼敏捷了，」戴森說：「所以和他們爭高下顯然不是明智之舉，因此我寧可做些沒那麼時髦的東西，

比方像生命的起源這一類問題。」

年輕的博士後研究員，相對而言，都是忠貞的超弦倡導者。不過也和許多其他研究粒子物理領域的人一樣，他們覺得進展緩慢、推進困難。「這是個非常艱澀的領域，」米勒說：「都是些非常、非常複雜的理論，而且得花上好長一段時間才會熟練。」

欠缺實證

有些超弦人甚至開始擔心他們的理論與實驗室的結果缺乏關聯。高研院的巴哲（John Bagger）雖然幸運的有維敦當他的博士論文指導教授，卻也說：「物理學開始突飛猛進，是從伽利略說『睜開雙眼、做實驗，別再空談哲學，開始用你的感官，看看大自然要告訴你什麼，不要只在那兒憑空想像。』那時起奠立基礎的。那也正是物理之為物理的時候，是物理之所以空前成功的原因。光思考而不做實驗是很危險的；所以弦若不能藉高能實驗來決定有無，將是個危險的警訊。」

話雖如此，重要的是如何扳回頹勢。「幸好，事情尚有轉圜的餘地，」巴哲說：「首先，我們對弦的了解根本還不夠充分，還不能達到從理論導出能否在低能區域分辨測試的地步。我不否認它有點困擾我，我也覺得目前的光景不甚樂觀，可是在此同時，弦又是那麼有魅力！我們本來在量子場論的某些問題上，已經山窮水盡，哪知道柳暗花明又一村。既然它提供了一條出路，我們自然要先盡情在數學上探索，而暫時擱置實際的實驗設計。」

無畏於這個領域中充滿的危機和變數，巴哲仍舊全速前進，鑽研超弦，因為它們可能有辦法解出物理學上幾個重大的問題。

「超弦理論也許可以告訴我們，」巴哲說：「宇宙的外觀為何是目前這個樣子？為什麼這麼大？為什麼不是像顆彈珠之類的那麼小？換句話說，如何由理論算出所謂的『真空結構』？忘掉行星，忘掉人類、動物什麼的，只問你，宇宙為何是現在的這般大小？沒有人真的知道答案之所在，這是個老掉牙的問題，關係到宇宙常數為什麼那麼小？」

「宇宙常數」是物理學上的參數，用以描述一種空間，這種空間沒有任何大質量物體存在，以致扭曲其空間結構。換句話說，它描述的乃是沒有物質的空間曲率。宇宙常數值已經量測出來了，並且其準確度在科學史上無出其右者，但量測值卻只有理論值的 $1/10^{120}$。宇宙常數竟然是幾乎等於零，意思就是說：全空的空間（empty space）居然幾乎是絕對平坦的形狀。

「但為什麼會如此接近零呢？」巴哲問道：「答案是沒有人知道為什麼。宇宙常數基本上是全真空空間的能量密度，而能量密度又是相對論中曲率會發生的原因。如果宇宙常數很大，宇宙就非常小，非常捲曲。所以說，宇宙為什麼這麼大還是個謎，為什麼宇宙常數這麼小？沒有人知道。」

假如超弦理論能解這個謎，它還包含著另一個謎。為什麼可見宇宙只有時空的四維，而緊緻化後的另外六維卻捲縮成極小的球呢？超弦的解答是，大霹靂時十維的空間多少是等價的，但是有些慢慢萎縮不見，只剩現在的四維時空了。這就是維敦所謂大自然從比我們看到更多的狀況開始，再減掉一些東西。但是為什麼有東西會變少呢？

「大自然如何得知超弦偏好哪些維的空間呢？」巴哲繼續說道：「那才真正是弦論的關鍵問題：如何曉得四維空間大，而六維

空間小呢？不知道！我想物理學家寧可相信宇宙是獨一無二的：一定是這樣，上帝在創造宇宙時，根本別無選擇。不過到目前為止，誰都沒有十足的把握，如果有一百萬個可能的世界，而上帝只是隨機的選擇其中之一，那我想物理就沒那麼吸引人了，因為人們總是在嘗試，基本上是單純憑空想像，有時也做做實驗印證，去了解宇宙為何是現在的這種面貌。一旦只是上帝單方面隨興所至的挑選，則整個探究的過程豈非差不多要破產了。」

大自然的真理

維敦的辦公室在普大傑德溫堂（Jadwin Hall）三樓，相當狹窄、簡陋，但可俯視中庭花園。書架上排滿了一疊疊的物理書籍，房間裡還有一部電腦終端機，但維敦很少用它來解決物理問題。

「在把什麼東西丟進電腦以前，」維敦說：「你得先對這個理論有相當的認識及了解才行，但目前我們對超弦的了解還太粗淺。」

不過，維敦倒是利用電腦來寫作。他與格林、施瓦茨等人合寫了一本書，名叫《超弦理論》（Superstring Theory），由劍橋大學出版社於 1987 年發行。至少在更進一步的理論出現之前，這本書是該主題的權威之作；至於理論的進深與成熟需費時多久，則是言人人殊。「我的一些同事認為會比我想像中來得快，」維敦說：「我認為那些天真的認為未來數年就會開花結果的人，是低估了整個架構的宏偉。它可能耗時非常久，或許要五十年，就和量子電動力學一樣。」維敦身上穿著灰色毛衣，邊吃三明治邊說道。

維敦認為，弦論的問題之一是它的發明順序和別人相反：數學推導走在概念理解的前頭，和愛因斯坦的方式恰恰顛倒。愛因斯坦

是先有概念才發展理論的。

「廣義相對論就是那種先有概念的理論。」維敦說：「自愛因斯坦以降，人人便都依樣畫葫蘆。其實愛因斯坦是第一位先從觀念著手的人，而不是像牛頓、馬克士威等老前輩那樣，先擺弄數學的方程式。很不幸的，超弦是個較數學化而非概念化的理論，弦的發明只是機緣巧合，而不是遵循任何邏輯的推演；超弦的癥結所在，就是我們還未在概念上有清楚的了解。我現在正在努力的，就是嘗試建立一套目前尚付之闕如的觀念架構。」

維敦深信超弦有朝一日，終將獲得證實是大自然的真理、宇宙獨一無二的真理。

「一年以前，我可能還得列出三個橫在超弦理論前途上，無法超越的障礙：第一是找出正確的、低能量的規範交互作用（gauge interaction）；第二是對掌性的問題；第三是解釋宇宙常數為何趨近於零。」前兩個問題已經在 1984 年 8 月由施瓦茨和格林悉數排除，因此維敦說：「這讓我完全明白，超弦理論是正確且禁得起考驗的。」

維敦已有心理準備全心投入研究這個問題，哪怕得花上一輩子也願意。

「如果超弦理論不是大自然的真理，」維敦說道：「那它也會是我們邁向真理所跨出的一大步。既然物理學家研究自然，是為了能理解自然，因此徹底理解超弦理論，就成了我們的生涯要務，也是對未來的想像。」

這個時刻，對高等研究院的粒子物理學家而言，真是千載難逢的好機會，幾乎可以媲美本世紀初量子力學從拓荒時期，進展到如日中天那幾十年的黃金歲月一般。有些物理學家常常感慨生不逢

時，他們希望自己可以恭逢科學盛事，共同分享探索大自然過程中的偉大成就與超越。超弦理論的問世，不啻是給予物理學家另外一次的良機，可以重新站在起跑點，親眼目睹，甚且親身經歷宇宙理論從上而下、由下而上的大整合。

　　你必須具備少許狂傲之氣，才敢大膽假設那最後的大一統理論終將實現。更必須有些極端的狂妄傲骨，才不致低估人類的心靈與腦力。

　　「理論物理學家迄今仍為了我們在量子理論上的成就，而感到驕傲，」超弦理論擁護者葛羅斯說：「但是，他們倚賴的一直是實驗物理學家所提供的數據，並且強迫我們照單全收。如今情勢卻有了一百八十度的轉變，我們沒有任何實驗上的線索，只仰賴對本理論的直覺與信心，深信它必是正確的。我們目前的處境是孜孜矻矻於突破門檻，因為它比我們所能測試的，在數值上高出十八個數量級之多，所以非得有充分的高傲自負不可。許多物理學家不但覺得這是高傲，而且還是痴傻。」

　　當然，或許實驗派才是痴傻的一群。他們日復一日，週復一週，月復一月，甚至年復一年的守候在礦坑的深處，等待質子的衰變，或者是太陽微中子的臨幸，以點亮儀器面板。對於理論派的人，他們可受不了這種生活，最好是找到一套漂亮的理論，總強過枯坐終日，玩弄手指自娛，只能呆呆的等候一絲光明的造訪。

　　理論家的雙眼總是定睛在「理型」——數學的實體，不管它們是在物質的深處，或在宇宙的邊緣。抽象思考、方程式、純數學上的一致性，或許就能提供有關自然的完全且終極的真理。我們或許終將恍然悟到，單用心靈即可通曉世界之理，誠如柏拉圖的一貫主張。

歸宿

第**12**章

智慧樂園

1940 年代，當我還在普林斯頓的時候，我曾親眼見識到高等研究院內那些偉大心靈的種種生活點滴。他們都是因為過人的頭腦而特別召聚到此地，得以有機會享受茂盛樹林中的漂亮住宅，不用上課，也沒有任何的義務。這些可憐的傢伙可以舒服的坐著，單獨思考，不受干擾。好啦！於是他們就腦袋空空好一陣子：他們有絕佳的機會可以一展身手，可是卻靈感盡失。我相信在這種處境久了，心中會自然升起一種罪惡感、挫折感，然後開始擔心為什麼沒有新點子，什麼事都沒發生，就是一點靈感都沒有。

什麼事都沒發生，是因為缺乏足夠真實的活動與挑戰所致：你若不和實驗室那些人接觸，也不需思考如何回答學生的問題，簡直就是一無所有！

—— 費曼《別鬧了，費曼先生！》

　　老前輩首先出現，每天中午十二點整，他們必會準時報到，為午餐揭開序幕。他們穿戴整齊，外套領帶，一如往昔。他們泡在一起，這一小群年長的先生圍坐在高研院的餐廳，邊用午餐邊討論……不管題目是什麼。或許這就是往日的美好光景吧！對某些人而言，等著吃午餐似乎成了他們來上班的目的。

　　不過他們倒是很少逗留。頂多到十二點半，他們就又走回戶外，再踱回各自的辦公室，一副要事在身，非得火急趕去處理不可的樣子。就這樣，這群矮小、神色枯槁的老人各歸各位，回到他們老舊、遭遺忘且裝滿書籍的房間，沒有人會來拜訪他們，沒有人來請教他們的高見、經歷年歲累積的智慧……然後，他們不經意的翻開一本書，稍事閱讀。很快的，這群人就又陸續下班回家了。

　　但是，其中仍不乏一、兩位真正的大師，會一直留在高研院到下午茶時間，也就是三點鐘。他們當中最老的，有人在 1930 年代就寫出了成名作，那時高研院都還沒成立呢！有一些人會起身離開書桌，在這個時刻不約而同的漫步到交誼廳，為自己倒滿一杯茶，撿起一條餐巾鋪上，拾起幾片餅乾，或許到架上拿份報紙，再坐在舒適的座椅上邊看邊吃。慢慢的，他們就一個個開始點頭見周公去了，瞌睡的時間絕不會太久。我敢保證！過一下子就看到他們胸部緩緩規律的起伏，在下午金黃色的陽光下，沉沉的進入夢鄉了。

　　又過一陣子，當他們睡醒，端著空杯子回到老祖父式掛鐘旁的茶車上時，他們的手總是劇烈抖動，就算是在對門的房間，都可以聽見杯盤互撞的叩叩聲。

高研院之功過

「那高研院到底做了什麼東西出來沒有呢？」歐史崔克非常想知道。他坐在紐澤西州羅倫斯維（Lawrenceville）的卡薩盧比塔（Casa Lupita）墨西哥餐館中，這家店就位在普林斯頓大學的附近，正是當年蓋樂在高研院，接著在普大演講後，眾天文學家聚餐的地方。歐史崔克就是普大的天文物理教授。

「我是說，」他繼續說道：「那裡匯集了那麼多巨擘，像愛因斯坦、哥德爾等人，但是就科學進展而言，他們到底有多少貢獻？」

「呃！譬如說，」有人說：「楊振寧和李政道的宇稱不守恆研究，再則，像哥德爾的連續統假說，還有……」

差不多也就是這麼多了。高研院很值得一訪，這個印象已牢不可破，但是你不會想在那兒長住，因為……那兒真的沒有什麼事情發生，滿無聊的。那裡的人都沒有什麼建樹，高研院悠哉得令人吃驚，簡直毫無壓力可言，完全放任其成員隨己意行，以致於有些人就苟且度日，一事無成。「早在 1950 年，當時我還是哈佛大學三年級的學生，」一位前研究員指出：「我以前常說我喜歡研究工作，但是有人跟我說：『哦！不會吧！你看某某教授，自從去了高研院以後就什麼都沒做了。』」

當然也並非必然如此，有些人不管在高研院或在任何地方工作都是一樣賣力。然而，高研院似乎仍給外界一種特殊的觀感，毀譽參半，一方面吸引著最具潛力的科學家如潮水般湧入，然後……然後又漸漸銷聲匿跡於科學的洪流之中。

高研院的成員自己也常常納悶，這種無憂無慮的生活方式是不是對他們最有利。年復一年，戴森一直在考慮轉到大學去，「賺取

較為實在的薪水，」誠如他所說：「有好幾次，幾乎成行。但是最後說服我留下的原因是家庭因素──我在此育有六個孩子，孩子們不想被連根拔起。唯一的困擾是這種悠哉、縱容的生活，對一個人真的最好嗎？我真的是無從判斷。」

粒子物理學家艾得拉心有戚戚焉的說：「我無法決定，特別是對我研究上的衝擊而言，到底是浸淫於教學，並接受隨之而來的驅動力好呢？還是就讀點你感興趣的東西，然後把多餘的時間保留給自己的工作比較好？我沒有答案，人生不能重來，我並不後悔來到這裡，可能高研院還滿適合我的工作風格的。」

但是，如果高研院並不比其他學術機構更善於激勵研究人員，投入原創力強而高品質的研究，如果連其成員都無法決定這個地方是恩賜或是敗筆，那究竟存在的價值何在？為什麼還屹立到今天？是否充其量只是汽車旅館、知識份子的渡假村，專門提供給江郎才盡的學者休假去處……或者僅僅只是為了他們年輕時的天才橫溢，提供的最後獎賞罷了？究竟高研院是不是讓生性怕羞或行將退休的理論家，享用知識糖果、逗弄知識玩具的場所？

沒有責任，只有機會

年輕後輩通常較晚去吃午餐。他們已花了大半個上午，在走道上辯論，畢竟這些辯論總是沒完沒了。他們的穿著較隨便，牛仔褲、休閒衫，甚至常常只身著一件 T 恤，或者是一件「主題衫」，像那些天文物理學家一般。主題衫前面印著一座銀河，一道箭頭指向銀河的邊緣，寫道：「你在這兒。」

當這些後生小輩終於進入餐廳，他們也和那些老前輩一樣，圍

坐成一堆。他們的午餐動輒吃上一個小時，談論他們感興趣的題目
——混合弦論（heterotic string theory）、複雜系統，或任何話題都
好，他們會在餐廳逗留相當長的時間再各歸各位。

回到辦公室以後，他們會在電腦前面消磨下午剩餘的時光，找
找程式的錯誤，或者寫寫文章。若說他們有什麼閱讀的話，很可能
也僅止於檢視參考資料，以便成為他們在科學期刊上發表論文的注
腳。或許他們會回回電話或者寫寫信。到了下午茶時間，年輕人便
三五成群圍成一圈說說笑笑，再不然就像渥富仁的習慣，倒些茶在
塑膠杯裡，抓一把餅乾回辦公室吃，並繼續未完成的工作。大部分
的人會留在院內到五點左右，有些人甚至留到深夜才回家。

無論如何，院內的年輕同仁總是睡眠時間較少的一群。他們
許多人都正在生涯的節骨眼上，因此來到高研院多少抱持著成王敗
寇的心理，努力以赴。有些正處於兩項工作之間的過渡期，或者是
準備爭取母校的永久聘書，他們亟需在自己的研究生涯搞點名堂出
來，發表幾篇重要有份量的文章。若是為了這個特定目的，那麼高
等研究院真是天賜之所：無限制的自由時間，沒有課程，也不用多
費唇舌。這些博士後研究員知道如何獲致最大效益之道，根本不需
他人在背後鞭策。

光芒漸淡

至於終身職的教授，那就另當別論了，「每一位應聘到高研院
擔任終身職教授的人，」貝寇說：「之所以能到這裡，概括言之，
均是因為他已有至少兩項重大成就，否則必然沒有資格進來。」

問題是，我們當然要問有了兩項重大成就之後，一個人是否還

能有所突破,「在科學上,一個人想要有兩項以上重大成就,是難如登天的。」貝寇繼續道:「即便只是一件也都很了不起了,所以通常最偉大的成就都是到此應終身聘之前就已發生。」

不過高等研究院並不是唯一有此兩難的地方,同樣的事情也發生在任何好單位、好職缺上面:登峯造極之日,正是他們走下坡,告別科學生涯之始。想想歷年的諾貝爾桂冠得主,他們贏得殊榮後還能有什麼作為嗎?十之八九,都是乏善可陳。就像當選美國小姐,雖然一時三千寵愛立即集於一身,成了全世界最有名的人,但是從此就再沒聽見她們的消息了。噢!每個人都知道世上頂尖的人物流向何方,他們到哈佛大學、加州理工學院、德州大學或其他知名大學,手下會有一大群聰穎過人的研究生為他們效力,至於說到重大的原創性研究,那就……。

但是高等研究院當然也有其特別獨到之處,社會科學學院的吉爾茲就一語道盡:「我這是從歐本海默的口中聽來的。他說本院的宗旨,就是使你找不到偷懶的藉口以及一事無成的推托之詞。而實際上也真是這樣,沒有藉口可找,所以如果你不好好幹,眾目睽睽之下,那種焦慮的程度可不是鬧著玩的。所以我想一個人若承受不起這種無形的壓力,在接受聘書之前最好三思而後行。」

「沒有責任,只有機會,」傅列克斯納以前常說。

接下來就是愛因斯坦的迷思,他的畫像幾乎無所不在,想躲都躲不了。接待室有一張愛因斯坦的海報、餐廳有一尊愛因斯坦的半身雕像,院長辦公室有一幀愛因斯坦的放大照片,不勝枚舉。「意思就是說,如果你進得來,你應該也是個天才。」吉爾茲說:「既然進得來,大家也都期待你能創造奇蹟,就像在水面上行走一樣;愛因斯坦的確創造了奇蹟,可是我們其餘的人何德何能……而且你

一旦進入高研院，如果不但無法在水面上行走，甚至連涉水過河都
不會，那你就有麻煩了。心理上，你會覺得日子很難過，因為這裡
除了工作之外還是工作，如果不做事，可能自己都會良心不安而神
經緊張。」

一代不如一代？

近來，有一種甚囂塵上的說法，指稱高研院在自然科學學院方
面，有某種特殊問題存在，導致物理教授的素質一年不如一年，到
今日算是跌到了谷底。特別是年輕的同仁更常發出這樣的怨言。

一位少壯派人士說：「高研院目前的景況可以用庸庸碌碌、每
況愈下來形容。」雖然天色已經不早，大部分的人都已下班回家，
但是這位少壯派還是關起門來說話。他在自然科學學院已經好幾
年，事實上也快離職了，但是他覺得還是不要在高研院落人口實。

「在物理方面這是千真萬確的，」他說：「但是我想人文方面
那邊也好不到哪裡去，我不敢確定，因為歷史學家和社會科學家，
我一個也不認識。但平心而論，現在這邊搞物理的人，尤其老一輩
的，充其量也只能算是平庸之輩。我可以告訴你，他們真的是乏善
可陳。當一個單位擁有像愛因斯坦、馮諾伊曼等優秀人才時，他們
會聘雇其他優秀人才。但是，如果在位的人並不是什麼世界級的大
師，那麼就會有兩種情況產生；一種是他們專門雇一些能力不及他
們的；一種是較為大公無私，竭力找尋能力優於他們的人才，只是
後者出現的機率非常小。通常，根據群體互動結果，你只會聘雇一
些不會對既得利益者造成威脅的人。」

「可否舉例說明？」

「維敦就是相當廣為人知的例子，」那位少壯派人士說：「很早以前就有人提議要聘他，早在他還沒有這麼有聲望之前，但那時早就明顯看出他極為優秀。而我真的覺得最後不了了之的原因，只是有一小撮人感覺受到威脅所致，很簡單。」

高研院的忠貞份子當然會告訴你說，選聘人才不能太草率，「受到威脅不是把聘書發給二流人才的唯一理由，」有人說：「差勁的判斷是另一個理由；但是偶爾還會歪打正著，庸碌之輩選中了比他們自己好上好幾倍的人才。」

還有一個原因是高研院教職員的規模太小，所以每一個職缺的重要性乃相對變大。「高研院的每一份工作都極其寶貴，」葛爾曼說：「而且權限都和大學的教授或英國的講座教授相當，使得人們對聘用的人選格外謹慎，至少在物理方面是這樣的。在沉重心理壓力下，往往不能做出最好的決定，如果心情輕鬆一點，也許反而想得更清楚，而獲得最佳人選。」

然而，有時候太優秀、太有名的人似乎也會造成高等研究院任用的困擾。譬如數學學院曾經有兩個缺，當時一位資深的教授在被問到高研院會不會考慮碎形幾何的發明人曼德博時，說道：「我不曉得我們會不會選他，」這位數學教授說：「他在一般大眾心目中，名氣非常響亮沒錯，但是他真有這麼了不起嗎？我在雜誌上看過他的文章，知道他是個好人。」

「你不認為他在數學上啟發了既基本又重要的新觀念嗎？」

「這我不敢說得太肯定，」教授回答。

「為什麼呢？」

「你看到了一些美麗的圖形，由簡單圖案構成……很不錯，我同意是有些值得研究。」

「但大家不是都說，歐氏幾何不足以捕捉我們在大自然中看到的形狀，像樹啊！雲啊！而碎形幾何卻能勝任愉快？並且因為這樣，它是開啟自然的鑰匙，所以也是以前的幾何學望塵莫及的嗎？」

「我不認為如此，我不同意。」這位教授搖頭說：「我知道你在很多地方都可以讀到那一類的吹捧之詞，所有的雜誌都可以這麼寫。但是，我不知道。我的意思是，我曾問過一些比我內行的人的意見，他們似乎也不敢打包票。我曉得你可以發現許多人獲得學術上的聘約，是基於在《時代》雜誌上所報導的片語隻字。」

「可是對碎形幾何的學說，有什麼反面的意見嗎？是不是這個想法有什麼窒礙難行之處？」

「那又有什麼正面評價嗎？」數學教授反問：「它真的是什麼令人耳目一新的想法嗎？」

「你是數學家，應該比我清楚啊！」

「我剛剛說過，我不是很清楚也不是很同意。」

「你研讀過曼德博的書和論文嗎？」

「沒有！」教授說：「但是其他人有談論過他嗎？」

總而言之，高研院不論何故，反正沒有聘用曼德博就是了。

各方批評

可是即便高研院找到完全符合標準的人，有時也會因為待遇、福利談不攏而宣告失敗。像葛爾曼就是，高研院已經試過一次又一次要網羅他，可是都因為待遇的因素而沒有成功。

「我不去的理由很複雜，」葛爾曼說：「部分是因為待遇的關

係，還有暑假等等福利。我們全家都喜歡夏天到白楊鎮（Aspen）渡假，可是要找到暑假薪水夠我們去白楊鎮渡假的單位並不容易。對我來說，只要不包括暑期的薪水，吸引力就大大削減了。」

至於維敦，高研院在他剛拿到普大博士學位時，就提供給他長期研究員資格，可是維敦選擇到哈佛而婉拒了這項邀請。後來，又有一次機會，可是高研院遲遲未採取行動，因為維敦連一個學期都沒有在院裡待過，所以院裡的教授對他這個人不熟悉，也不知道他能不能適才適所。相反的，普大的教授對他都非常熟悉，因為他是在普大拿的學位，大家都很高興請他回來，加入他們的陣營。就這樣，高研院又錯失大好機會，又和一位奇才失之交臂。

維敦絕不是唯一的例子，「依我看，」派卡德有一次說：「高研院好像有某種保守勢力，妨礙其成為真正第一流的研究院，或許這正是因為有人為偏見所致。比方說，渥富仁、蕭和我本人進行的研究計畫，往後是否還能獲得支持也還在未定之天，而我個人認為本計畫的研究方向真的很重要；如果高研院讓整個研究事業泡湯，那麼我們勢必會另謀發展，而本計畫所代表的生命力也將跟著離開此地。」

派卡德說這番話的時間是在 1986 年 1 月。過了九個月之後，渥富仁、派卡德、蕭與帖梭羅這四位主力，其實也就是高研院複雜系統研究小組的全部成員，都搬到渥富仁在伊利諾大學新的「複雜系統研究中心」那邊去了。

為了能延攬到最佳人才，高研院不是要付出像以前那樣豐厚的薪水（就像傅列克斯納任院長的年代，陳尼斯說過：「錢不是問題！」），再不然就是得大力改革。「有人主張高研院不應該漫無目的冒太多風險，而應停止那些希望渺茫或過分投機的研究。」派

卡德說：「但我若有幸主持高研院，我的態度是不入虎穴，焉得虎子。」

不過，在 1987 年春，高研院因為已順利聘請到維敦擔任終身職教授，大大杜絕了各種批評和流言。

不授學位難育新血

一位上了年紀的數學教授坐在他昏暗的辦公室裡。這一天，外面陰霾的天空顯得蒼白無力，透進室內的光也相當微弱，但是教授並沒有開燈，只有桌上那管小小的日光燈亮著，燈光瀉在桌上零亂放置的期刊論文，還有一封未完成的信上。他來到高研院已經三十多個年頭，偶爾會感到與外界最新的數學新秀有些脫節，雖然有很多就在對門。不過，他又緊接著做了些補充。

「高研院的一個弱點是不提供博士學位，儘管有充分的資格。」他說：「其實這項堅持並不大受歡迎，我覺得根本就是大錯特錯。我認為不應該讓高研院的終身教授與年輕一代長期隔離。雖然這裡設有短期客座研究，但那是不同的。我希望他們來的年紀是還未定型的階段……還未確定要研究什麼特定問題，在這邊多待幾年，寫論文，聽一些建議，並且可以問教授一些問題。這樣雙方都必獲益匪淺，學生、教授都可因更多接觸而得到幫助。」

雖然他是那種清高型的理論數學家，不屑做應用或較實際的研究，不過他卻希望高研院能多一點生氣，能夠比現況稍微世俗一點。「有幾個教授提議院裡聘些現代生物學方面的專家，賦予教授職權，」他說：「但是，那就得建實驗室且與高研院宗旨不符，錢不應該花在那方面。」

　　另外一位在歐本海默初上任時就到高研院的元老級人士，指責高研院的行政是每況愈下了，「行政部門自我膨脹得太厲害了，」他抑揚頓挫的語調顯得鏗鏘有力：「歐本海默當院長的時候，沒有花太多時間在管理上，有一半的時間在從事物理研究，只請一位祕書、一位業務經理，以及一位打理房舍的女士。現在則是一位院長、一位副院長，他們各有一位助理、一位祕書，有時還請兩位。再這樣下去，行政部門自成系統，教授反而成了陪襯的配角了。」

犯了大忌

　　高等研究院的行政部門是聖像的管理者，是形象的捍衛戰士。畢竟，高研院是這世界上獨一無二的真正柏拉圖天空，這種形象說什麼也要維持，外界只能對它保持這種清高的印象，那是愛因斯坦研究思考的聖地，一切都是和諧而安詳。如果偶有小小的瑕疵出現在這幅完美的畫面上，那就必須立刻理平，或者不惜一切阻止其外揚。反正，絕對不能公諸於世，一絲一毫都不允許外洩。

　　早在 1960 年代初期，歐本海默有鑑於高研院之於科學發展史上的重要地位，以及對二十世紀學術的重大影響，有必要讓後代子孫能對高研院篳路藍縷的創辦過程能知所緬懷，所以他委請舊金山的史坦（見第 47 頁）女士來研究並撰寫高等研究院的沿革。

　　史坦女士來到普林斯頓以後，授權得以調閱高研院的檔案及公文，包括院務會議的會議紀錄、信件、備忘錄等等。她訪晤了教職員、短期研究員，幾乎只要願意接受訪問的，她都曾和他們談過。史坦女士前後總共花了九年的時間在這項計畫上，並完成厚達八百頁的報告書，呈給高研院最高當局。結果，這份報告書卻成了高研

院各方矢口否認的手稿，並且禁止流傳，好像它描寫的是一樁年輕處女在福德大樓地下室遭屠殺的慘案，或是教授之間駭人聽聞的吃人事件似的。不知道內容到底寫什麼，只是很清楚的是，一個字都不准外洩就是了。

「沒有什麼高研院正史這回事！」院長伍爾夫說：「史坦女士的手稿不是什麼官方歷史，我也不曉得哪裡有影本。」

「為什麼她的手稿那麼神祕，好像是什麼機密文件似的？」我問他。

「它不是機密文件，」伍爾夫說：「只是影本太少。」

有人說陳尼斯可能擁有一份，「這份手稿是我私人的。」陳尼斯說：「你不能看。」我問他可不可能從其他人手上借到，他說：「但願你借不到。」

有人猜高士譚可能有一份，「我沒有！」高士譚說：「反正沒什麼內容。那位女士未受過正統歷史研究訓練，寫的只是二十六位教授互揭瘡疤的故事。」

又有傳聞說蒙哥馬利有一份，「我沒有，」蒙氏說：「沒人允許我收藏這樣的東西。」

貝寇有一份，可是他不想讓任何人看。「我不能讓你看那份手稿，」他說：「要先經過行政部門開會後，才能決定要不要公開，我不能擅作主張。」

「為什麼？」我問他，「它有什麼大問題嗎？」

「哦！它寫得不太好。」貝寇說。

家醜不外揚

史坦原姓馬克（Beatrice Mark），1918年加州大學畢業，主修經濟，畢業後任職於加州州政府理賠保險部。1920年代與舊金山的報社記者麥克斯·史坦（Max Stern）結婚。婚後移居首都華盛頓，旋即又搬回加州。1950年，史坦女士受雇於優比速（UPS）公司，為公司寫歷史。該計畫花了她大約兩年的時間。

史坦女士來到高研院後，將空前的心力投注在她的研究寫作上。最後寫成了上、下兩冊的手稿，名為《高等研究院歷史：自1930年至1950年》。這份手稿非常普通，並不是什麼重大瀆職或惡行紀錄，也沒有揭發什麼活人或死人的罪狀，若照一般標準來看，應該不會造成什麼難堪或不良後遺症。

如果記錄的是地球上一所普通的機構，那當然沒錯，只是史坦女士很顯然忘了她編纂的是柏拉圖天空的大事記，於是她便不假思索的下筆，而且顯然把她所接觸到的人、事、物做了相當逼真的串聯，呈現出任何一群凡人相處久了必然會遭遇到的紛爭、擾攘與不和。她筆下的歷史提供了充分的例證，顯示即使素質最高的人、即使是科學上最偉大的聖者，也無法擺脫在一般凡人身上所常見的小器與嫉妒、惡毒與誤判等弱點。史坦的手稿中肯定了高研院存在的價值，也忠實反映了它的弱點與缺陷；很顯然，這就是為什麼它一絲一毫都不允許外洩的原因了。

後來，在1970年代中期，整個事件又重演了一次。當時高研院上下卯足了勁籌備愛因斯坦百年誕辰紀念，預定時間是1979年3月4日至9日。為了替這項盛會增色，所以要蒐集一些輔助資料，包括該院歷史沿革的簡單介紹。副院長韓特（John Hunt）請

了曾任《紐約前鋒論壇報》（*New York Herald Tribune*）記者的溫應
（William G. Wing）來研究撰寫。於是溫應隨即展開研究、拜會、
訪談、寫作的工作。他將手稿逐一呈給韓特過目，韓特似乎也相當
滿意，雙方合作愉快、進展順利。直到有一天，溫應寫到電腦計畫
這個部分……

　　當然，電腦計畫當時就頗多爭議，鬧得風風雨雨，人心激動，
因此高研院刻意掩蓋，不願讓溫應輕易取得資料，諸如誰贊成、誰
反對、誰對誰說了什麼話等等。但是，欲蓋彌彰，原本早已平息的
情緒，現在吵得恐有再度暴發之虞，所以在事情還尚未一發不可收
拾之前，溫應的計畫就被腰斬。這件事後來也就不了了之。

亟需「仙人掌」

　　雖然高研院其實還未臻獨一無二、真正柏拉圖天空的境界，不
過其所展現的真誠寬厚與完美，大概也相去不遠了。人們不免要納
悶，地球上的真正天堂樂園還能好到什麼程度呢？這裡要成為理想
中完美、柏拉圖天空式的高等研究院，需要什麼取捨去留呢？

　　首先，博士後研究制度要維持現狀。若要說高研院有什麼引以
為傲之處，那就非博士後研究莫屬了，可以說高研院將這項制度的
優點發揮得淋漓盡致，甚至可算是高研院對科學最大的貢獻，因為
重要的科學進展，通常是從這支年輕的行伍中產生的，而不是靠院
裡的正規軍，更不是靠那些耄耋老人。就這點而言，高研院已經是
烏托邦了。

　　至於終身職教授的取捨，則是冷峻的現實問題。典型的爭議，
就像歐本海默與蒙哥馬利多年以前的著名對話所代表的：

「我需要全世界最優秀的人才。」蒙哥馬利說道。

「我了解，」歐本海默說：「但是我們得考慮他們是否可以和大家和平共處。」

歐本海默的說法大有問題。如果說有什麼是高研院早已過剩的，那就是和諧與寧靜。這裡沒有上司的壓力，空氣中沒有一絲火藥味，這對於臥虎藏龍的地方而言，實在不太正常。

「但願這裡能多幾個狂人。」戴森說道。

正是如此。

解決之道，倒不是引進研究生、實驗室、線型加速器，或任何這一類人造的協助器具來攪亂局面。理想而完美的學術機構，最需要的是一、兩位「仙人掌型」的教授在其中。通常世界上最富創造力的天才，都是些超級自我中心的怪人，但是這種人高研院裡一個也沒有，只因為院裡氣氛要和諧得像晴朗藍天一樣萬里無雲。美學有一項基本原則，是說：稀世的美麗珍品，通常都是在平整無瑕的整體上，故意加點不調和的小變化得來的。像是打破對稱、刻意的模糊、和諧音符上加了一點半音階的裝飾音——這些都可以使得機械性的劃一，提升為有機性的合一。

研究機構也是一樣，為了平衡過分的和諧一致，高研院需要在原來的整體裡面，加一點不和諧，一點雷聲，一點點怪異行徑……。

它還需要有一些耆宿，一些老翁在走道上緩步微吟，讓茶杯因發抖而撞擊出聲，或者在午后點頭瞌睡。就某種層面而言，這些活歷史標本是最為重要的人，他們是高研院的回憶，與過去連結的通道，令人緬懷輝煌過去的景象。對他們而言，高研院其實應該是最終的休憩所、安逸的遊樂園，送給他們的最大回饋與褒獎。

光與熱

　　一天早上大約九點半，數學家奈吉包爾（Otto Neugebauer）走進高研院的餐廳吃早餐。奈吉包爾是如假包換，從另一個時代來的人，因為他生於十九世紀的 1899 年。在那段太平歲月裡，他就在哥廷根大學，那時正是希爾伯特主掌數學學院的時候，也正是海森堡、狄拉克、包立、歐本海默等一代科學宗師齊聚哥廷根，建立物理新秩序的年代。其他的人都早已作古，只有奈吉包爾還輕飄飄的走過高研院的餐廳，一襲淡棕色西裝，漿得挺直的襯衫、領帶，一副預備要接任院長大位的裝扮。看他穿越房間就像看到鬼魅似的，可是他卻活生生的在那兒，童顏鶴髮，像在為生命做見證。

　　雖然早已過了退休的年紀，奈吉包爾還是一如往常，每天早晨到他的辦公室，因為他真是老當益壯，到今天仍能活躍的工作，所以他照常爬上福德大樓三樓的辦公室，潛心研讀一些書籍，以及天文方面的論文，那是他的最愛。他也可能打電話給院內的其他專家或普大的教授，澄清天文物理上的一、二疑點；也可能寫幾行彎彎曲曲的字。十二點一到，就去吃午餐，然後在下午茶時間再度出現。除此之外，他就待在辦公室閱讀、工作、讓火焰繼續發出光和熱，一刻不停，這就是奈吉包爾。

　　奈吉包爾現在已經吃完早餐，正準備回辦公室，迎面走來了蒙哥馬利。相較之下，蒙氏還是年輕小輩，才不過七十七歲而已，不過他是從一早七點半就已經在辦公室用功，並思考他的扭曲拓樸形狀。他也是個活聖者，從過去歲月傳來的耳語輕哼。當他停下來和奈吉包爾閒談寒暄時，那真是形而上的一刻，有點像歷史上的一齣戲活生生的在你眼前上演。

　　這兩位老小孩，彼此戲謔一番後，奈吉包爾慢慢踱去工作，蒙氏則走進餐廳倒了一杯番茄汁一飲而盡。出來時，在投錢箱裡丟了五十分錢。奈吉包爾和蒙哥馬利離開後，餐廳又暫時恢復空蕩，兩位黃金時代的天之驕子都消失在晨光之中*。

---

　　* 編注：奈吉包爾逝於1990年。蒙哥馬利兩年後也告別人世。

附錄

曼德博集合與格狀自動機程式

　　本書有兩章（第 4 章〈碎形之美〉和第 10 章〈生命遊戲
——渥富仁〉）談論到，可以很容易用個人電腦程式來產生數學物
件。下面就是曼德博集合與格狀自動機的 BASIC 程式語言，分別
由米爾諾與涂非拉格（Nicholas Tufillaro）寫成。感謝他們兩位允許
我將程式放在附錄中以饗讀者。

```
0 REM: BASIC program for the Mandelbrot set. Program written by

1 REM: John Milnor, Institute for Advanced Study, January 14, 1986.

2 REM: Macintosh version (Microsoft BASIC 2.0) by Linda Eshleman

3 REM: and Ed Regis for monochrome 512 x 342-pixel screen.

4 REM: For more accuracy (but less speed), insert 15 DEFDBL A, B, W-Y
```

5 REM: Inputs for:	a-center	b-center	screenwidth	h0	h1	h2
6 REM: Whole set:	−.765	.21203	2.5	12	18	60
7 REM: Top part:	−.11	1.02	.27	13	18	100
8 REM: Right side:	.442	.338	.06	20	32	120

9 REM: Pix-size: Choose 1 for high-res and slow; 8 for low-res and fast.

10 DEFINT C-P

20 PRINT "Plot of those a +ib for which the orbit of zero under the map"

25 PRINT "x +iy $\rightarrow$ (x +iy)*(x +iy) + (a +ib) is bounded"

30 INPUT "a-center"; ACENT: INPUT"b-canter"; BCENT: INPUT "screenwidth"; WID

35 PRINT "Color cutoff points (say 10, 20, 60)"

40 INPUT "h0="; H0: INPUT " $<$ h1="; H1: INPUT" $<$ h2="; H2

50 INPUT "pix-size (1,2,4,5 or 8)"; PS

60 ASCALE = PS*WID/512: BSCALE = 1.18*ASCALE

70 AMIN = ACENT –256*ASCALE/PS: BMAX = BCENT + 171*BSCALE/PS

80 CLS: REM: Screen now in graphic mode, ready to go

100 FOR I = 0 TO 512/PS-1: A = AMIN + I*ASCALE

110 FOR J = 0 TO 342/PS-1: B = BMAX –J*BSCALE: X = 0: Y = 0

120 FOR H = 0 TO H2

130 XNEW = X*X – Y*Y + A: REM: Computing (X +iY)*(X +iY) + (A +iB)

140 Y = 2*X*Y + B: X = XNEW

150 IF X*X + Y*Y $>$ 342 THEN GOSUB 800 ELSE NEXT H

200 NEXT J,I

300 IF INKEY\$ = " " THEN 300: REM: Done; waiting for input before restart.

310 PRINT "Center = ("; ACENT; BCENT; "), width = "; WID

320 PRINT "h = ("; H0; H1; H2; ") ": GOTO 30

800 IF H $<$ H0 THEN COL = 1 ELSE IF H $<$ H1 THEN COL = 3 ELSE COL = 2

810 FOR K = 0 TO PS-1: FOR L = 0 TO PS-1: PSET (I*PS +K, J*PS +L), COL: NEXT L, K

820 RETURN

```
10 REM Cellular Automata Program

15 REM Mod 2 Cellular Automata Rule. Initial value: single site

20 REM Macintosh Microsoft BASIC 2.1 Version

30 REM Copyright 1986 by Nicholas B. Tufillaro.

40 DEFINT i,j,k

50 REM Site arrays, R is current row, Q is previous row

60 DIM R (512), Q(512)

70 DEFINT XMAX, YMAX: XMAX = 512: YMAX = 342

75 REM Initial Value single site at top center of screen

80 Q(255) = 1: PSET (255, 0)

90 FOR n = 1 TO YMAX-1

100  FOR j = 0 TO XMAX-1

120   i = j–1

130   IF I = –1 THEN i = XMAX–1

140   k = j + 1

150   IF k = XMAX THEN k = 0

160   REM Cellular Automata Rule "Mod 2"

170   site = (Q(i) + Q(k)) MOD 2

180   R(j) = site

190   IF site = 1 THEN PSET (j,n)

200  NEXT j

210  FOR j = 0 TO XMAX–1

220   Q(j) = R(j)

230  NEXT j

240 NEXT n

250 END
```

科學文化 A04

愛因斯坦的辦公室給了誰？
普林斯頓高研院大師群像

Who Got Einstein's Office?
Eccentricity and Genius at the Institute for Advanced Study

國家圖書館出版品預行編目(CIP)資料

愛因斯坦的辦公室給了誰？：普林斯頓高研
院大師群像 / 瑞吉斯(Ed Regis)著；邱顯正
譯. -- 第三版. -- 臺北市：遠見天下文化，
2016.06
面；　公分. -- (科學文化；A04)
譯自：Who got Einstein's office? :
eccentricity and genius at the Institute
for advanced study

ISBN 978-986-320-989-8(平裝)

1.科學家 2.傳記

309.9　　　　　　　　　　105005627

原著 ── 瑞吉斯（Ed Regis）
譯者 ── 邱顯正
科學文化叢書策劃群 ── 林和（總策劃）、车中原、李國偉、周成功

總 編 輯 ── 吳佩穎
編輯顧問 ── 林榮崧
主　　編 ── 林文珠
責任編輯 ── 嵇燕兒、鄭懷超、李怡慧；林柏安
封面設計 ── 張議文
版型設計 ── 江儀玲

出版者──遠見天下文化出版股份有限公司
創辦人──高希均、王力行
遠見‧天下文化 事業群榮譽董事長──高希均
遠見‧天下文化 事業群董事長──王力行
天下文化社長──林天來
國際事務開發部兼版權中心總監──潘欣
法律顧問──理律法律事務所陳長文律師
著作權顧問──魏啟翔律師
社址──臺北市 104 松江路 93 巷 1 號
讀者服務專線──02-2662-0012 ｜ 傳真──02-2662-0007；02-2662-0009
電子郵件信箱──cwpc@cwgv.com.tw
直接郵撥帳號──1326703-6 號　遠見天下文化出版股份有限公司

電腦排版 ── 極翔企業有限公司
製版廠 ── 中原造像股份有限公司
印刷廠 ── 中原造像股份有限公司
裝訂廠 ── 中原造像股份有限公司
登記證 ── 局版台業字第 2517 號
總經銷 ── 大和書報圖書股份有限公司　電話／ (02)8990-2588
出版日期 ── 2016 年 6 月 30 日第三版第 1 次印行
　　　　　　 2023 年 8 月 7 日第三版第 3 次印行

定價 ── NT420 元
ISBN 978-986-320-989-8
書號 ── BCSA04
天下文化 ── bookzone.com.tw